細胞生物学

東京大学大学院薬学系研究科教授
堅田 利明 編集

東京 廣川書店 発行

執筆者一覧 (五十音順)

牛木 辰男	新潟大学大学院医歯学総合研究科教授
堅田 利明	東京大学大学院薬学系研究科教授
甲賀 大輔	新潟大学大学院医歯学総合研究科
木南 凌	新潟大学大学院医歯学総合研究科教授
佐々木 啓子	千葉科学大学薬学部助教授
白土 明子	金沢大学大学院医学系研究科講師
高橋 悟	九州保健福祉大学薬学部教授
中西 義信	金沢大学大学院医学系研究科教授
松岡 耕二	千葉科学大学薬学部教授
光本 篤史	城西国際大学薬学部教授

序　文

　生物における基本的な単位は細胞であり，それは，細胞が適当な環境下で外界からエネルギーを獲得してそれ自身で育ち，分裂して同じものを作り出す自己複製の能力をもつからである．しかしながらヒトを含む高等多細胞動物では，こうした細胞の基本的な特質に加えて，細胞間相互の働きかけによって形態や機能が異なる多様な細胞が生み出され，個体を形成している．また，高等動物の組織・器官を構成する様々な細胞は，互いに協調し，また外界からの様々な刺激に適切に応答し，個体としての合目的性をもった生理機能を営んでいる．

　DNAの分子構造の解明と遺伝情報の解読に始まった分子生物学の進展は，遺伝情報が種を超えてDNAを構成する4種のヌクレオチドの並び方によりコードされ，しかも同じ個体内の細胞には，基本的に同一の遺伝情報が含まれることを明らかにした．また，生化学の発展によって生物を構成する物質の化学的理解が進み，有機的に統合された化学反応が生命活動の基礎を支え，個体においてそれらが見事に調和していることが理解できるようになった．

　しかしながら，いかにして均一な遺伝情報から各細胞の形態や機能における多様性が生じるかなど，未解明な部分も残されている．さらに，遺伝子の変異や細胞応答の過剰負荷は，高血圧，動脈硬化や糖尿病などのいわゆるメタボリックシンドロームとも関連しているので，ヒトを対象とした分野においては，それらの理解も必要とされる．こうした背景から現代の生命科学においては，DNA-RNA-タンパク質-細胞内器官-細胞-組織-個体といった各階層を統合し，細胞を中心に置きながら分子から個体レベルに至る生命現象を理解することが重要である．「細胞生物学」はこの理解を可能にする学問であるといえよう．

　本書は，それぞれの専門分野の研究者が分担執筆し，そのレベルについては，薬学生や医療従事者の育成を対象とした生命科学系の基礎課程の学生にも十分理解できるように心掛けた．また，本書の内容は，薬学教育モデル・コアカリキュラムの［生物系薬学を学ぶ］の「C8：生命体の成り立ち」と「C9：生命をミクロに理解する」の中から，細胞生物学的な色彩の強い，生命の基本単位としての細胞，細胞の構造，生命の維持と継続，遺伝情報の発現と制御，膜透過と物質輸送，細胞の情報伝達，細胞間コミュニケーションなどについても留意している．本書の出版に際して，執筆者一同はできる限りの努力をしたが，未だ至らぬ点があるものと思われる．読者の皆さんの率直なご意見をお聞かせ頂き，次版では指摘事項に応えてより良い教科書にしたいと考えている．

　なお，本書の出版に当たっては，廣川書店社長廣川節男氏を始め編集部の皆様に多大なご協力を頂いた．ここに深く感謝の意を表したい．

2007年1月

編　者

目 次

第1章 生命の基本単位としての細胞 ……………………………………1

はじめに：生命とは……………………………………………………………1
1・1 細胞に共通する基本的な機能…………………………………………2
1・2 生物の遺伝と進化………………………………………………………3
1・3 多細胞生物の成り立ち…………………………………………………4
　　1・3・1 高等生物を構成する細胞の特徴　4
　　1・3・2 細胞による組織，器官の構築　6

第2章 細胞の構造 ……………………………………………………………7

はじめに…………………………………………………………………………7
2・1 細胞を包む膜：細胞膜…………………………………………………8
2・2 細胞小器官………………………………………………………………10
　　2・2・1 ミトコンドリア　10
　　2・2・2 小胞体とリボソーム　11
　　2・2・3 ゴルジ装置　13
　　2・2・4 ライソソーム　15
　　2・2・5 ペルオキシソーム　16
2・3 核…………………………………………………………………………17
2・4 細胞骨格…………………………………………………………………18
　　2・4・1 微細管　18
　　2・4・2 マイクロフィラメント　20
　　2・4・3 中間径フィラメント　20
2・5 細胞の集団としての組織………………………………………………20
　　2・5・1 上皮組織　21
　　2・5・2 結合・支持組織　22

    2・5・3 筋組織 23
    2・5・4 神経組織 24

第3章 生命の維持 …………………………………………………………………27

 はじめに …………………………………………………………………………………28
 3・1 食物とエネルギー ……………………………………………………………28
   3・1・1 消化器官と摂取 29
   3・1・2 栄養素の消化と吸収 33
 3・2 組織内でのエネルギーの変換 ………………………………………………36
 3・3 エネルギー代謝, 肥満と糖尿病 ……………………………………………41
   3・3・1 代謝量と脂肪組織 41
   3・3・2 食欲とホルモン 43
   3・3・3 倹約遺伝子型 44
   3・3・4 血糖の調節と糖尿病 45
 3・4 個体の成長, 組織の新陳代謝 ………………………………………………49
 3・5 増殖, 細胞周期と体細胞分裂 ………………………………………………54
   3・5・1 体細胞分裂 54
   3・5・2 サイクリン/CDK系 57
   3・5・3 がん抑制遺伝子産物pRBとp53 60
   3・5・4 細胞周期チェックポイント 62
 3・6 細胞の死, がん化と老化 ……………………………………………………64
   3・6・1 アポトーシス 64
   3・6・2 がん細胞 66
   3・6・3 細胞の寿命 70

第4章 生命の継続 …………………………………………………………………77

 はじめに …………………………………………………………………………………77
 4・1 生殖と減数分裂 ………………………………………………………………78
   4・1・1 無性生殖と有性生殖 78
   4・1・2 減数分裂 80
 4・2 配偶子形成と受精 ……………………………………………………………82
   4・2・1 精子形成 82
   4・2・2 卵の形成 86

4・2・3　受精　87
4・3　受精卵から個体へ……………………………………………………………88
　　　4・3・1　初期発生　88
　　　4・3・2　原腸胚形成　89
　　　4・3・3　器官形成　90
　　　4・3・4　発生の方向付け　90
　　　4・3・5　細胞死の役割　91
　　　4・3・6　胚性幹細胞の応用　92
4・4　遺伝……………………………………………………………………………93
　　　4・4・1　遺伝子型と表現型　94
　　　4・4・2　メンデルの実験　95
　　　4・4・3　遺伝現象の不思議　99
　　　4・4・4　連鎖と乗換え　101
　　　4・4・5　ヒトの性決定　103
　　　4・4・6　ヒトの遺伝病　103

第5章　遺伝情報の発現と制御……………………………………………*107*

はじめに………………………………………………………………………………108
5・1　ゲノムの構造，複製と維持…………………………………………………109
　　　5・1・1　ゲノム，染色体と遺伝子　109
　　　5・1・2　DNAとRNA　110
　　　5・1・3　細胞増殖とDNA複製　111
　　　5・1・4　試験管内でのDNA複製：PCR反応　111
　　　5・1・5　DNA複製　113
　　　5・1・6　遺伝子変異　114
　　　5・1・7　DNA修復　115
　　　5・1・8　相同組換え　120
5・2　ゲノムの発現と調節…………………………………………………………121
　　　5・2・1　ゲノム中の遺伝子とその基本構造　121
　　　5・2・2　遺伝子の発現制御の概略　122
　　　5・2・3　特殊な例：DNA再配列による遺伝子発現調節　123
　　　5・2・4　クロマチンの構造と変化　124
　　　5・2・5　転写調節因子と制御DNA配列との相互作用による転写制御　126
　　　5・2・6　RNAプロセッシングとその制御　129

　　　　5・2・7　選択的スプライシング　131
　　　　5・2・8　遺伝コードと翻訳　131
　　　　5・2・9　翻訳開始と調節　132
　　　　5・2・10　翻訳の伸長と停止　134

第6章　膜透過と物質輸送　137

　　はじめに　137
　　6・1　生体膜の機能と性質　138
　　　　6・1・1　生体膜とその基本構造　138
　　　　6・1・2　脂質二重層　138
　　　　6・1・3　生体膜の流動性　142
　　　　6・1・4　脂質二重層の物質透過性　143
　　　　6・1・5　無機イオンの濃度勾配　144
　　　　6・1・6　膜タンパク質　145
　　6・2　物質輸送　147
　　　　6・2・1　膜輸送と膜動輸送　148
　　　　6・2・2　膜輸送——受動輸送と能動輸送　148
　　　　6・2・3　膜輸送タンパク質　149
　　　　6・2・4　単純拡散による受動輸送　149
　　　　6・2・5　チャネルを介した促進拡散による受動輸送　150
　　　　6・2・6　輸送担体（運搬体）を介した促進拡散による受動輸送　153
　　　　6・2・7　ポンプを介した能動輸送　155
　　　　6・2・8　共役輸送体を介した能動輸送　156
　　　　6・2・9　膜動輸送——エンドサイトーシスとエキソサイトーシス　158

第7章　細胞の情報伝達　161

　　はじめに　162
　　7・1　化学構造に基づく細胞外シグナルの分類と作用様式　162
　　7・2　細胞外シグナルを受容する細胞膜受容体　164
　　　　7・2・1　細胞膜受容体の分類　165
　　　　7・2・2　イオンチャネル型受容体　166
　　　　7・2・3　Gタンパク質共役型受容体　168
　　　　7・2・4　受容体刺激のシグナルを細胞内に伝達するGタンパク質　169

7・3　細胞内情報因子：セカンドメッセンジャー……………………………………172
　　7・3・1　サイクリックAMP　173
　　7・3・2　ジアシルグリセロールとイノシトール1,4,5-トリスリン酸　174
　　7・3・3　カルシウムイオン（Ca^{2+}）　176
　　7・3・4　cGMPと一酸化窒素（NO）　177
7・4　細胞膜受容体から遺伝子発現へのシグナル伝達……………………………178
　　7・4・1　チロシンキナーゼ受容体　179
　　7・4・2　細胞質のチロシンキナーゼと会合する細胞膜1回貫通受容体　180
　　7・4・3　チロシンリン酸化によって発動する細胞内シグナル伝達系　181
　　7・4・4　細胞の増殖・分化を制御するMAPキナーゼカスケード　183
7・5　遺伝子発現へのシグナルを伝達する核内受容体……………………………184
　　7・5・1　核内受容体の構造と転写の活性化機構　185
　　7・5・2　核内受容体が結合するDNA応答配列　186

第8章　細胞間コミュニケーション……………………………………189

はじめに……………………………………………………………………………190
8・1　細胞間コミュニケーションの必要性とその概要……………………………190
　　8・1・1　多細胞生物に必要な細胞間コミュニケーション　190
　　8・1・2　多細胞生物の組織化　191
8・2　細胞間コミュニケーションの一般則…………………………………………194
　　8・2・1　シグナル分子の種類とその発信　194
　　8・2・2　細胞接着非依存性のシグナル分子の概要　194
　　8・2・3　細胞接着依存性のシグナル分子　195
　　8・2・4　シグナル分子の受け取りにより細胞内に生じる変化　196
8・3　細胞のシグナル受け取り装置…………………………………………………198
　　8・3・1　細胞内でのシグナル分子の受け取り方　198
　　8・3・2　物質が細胞膜の隙間を通過する方法　198
　　8・3・3　細胞膜を通過するシグナル分子　199
　　8・3・4　膜に包まれて細胞膜を通過する方法　200
　　8・3・5　膜ごと細胞内に入るシグナル分子　200
　　8・3・6　細胞膜を通過しないシグナル分子とその受け取り方法　200
8・4　細胞の接着と結合………………………………………………………………201
　　8・4・1　細胞の作る結合　201
　　8・4・2　細胞間の閉塞結合　202

　　　　8・4・3　細胞間の固定結合　　203
　　　　8・4・4　細胞と細胞外マトリックスとの固定結合　　205
　　　　8・4・5　細胞間の連絡結合　　206
　8・5　神経細胞における情報のやりとり……………………………………207
　8・6　ホルモンによる情報のやりとり……………………………………209
　8・7　サイトカインによる情報のやりとり………………………………212
　8・8　免疫応答における情報のやりとり…………………………………213

索　引………………………………………………………………………………219

第 1 章

生命の基本単位としての細胞

第1章の学習目標

1）細胞は生命体の最も小さな構成単位であり，外界からエネルギーを獲得してそれ自身で育ち，自己を複製する能力をもつことを理解する．
2）細胞のもつ様々な機能はDNAに組み込まれており，その変異と選択の蓄積が生物を進化させたことを理解する．
3）ヒトの細胞は核と細胞小器官をもつ真核細胞で，細菌に代表される原核細胞とは異なり，組織，器官を構築して個体を形成することを理解する．

はじめに：生命とは

「生命とは何か」を厳密に定義することは難しいかもしれないが，生命あるものはすべて，**細胞 cell** を基本的な単位としているといえよう．細胞は様々な物質を濃厚に含む溶液を，外部の環境から隔離するために膜構造で包み込んだ形状の小さな構成単位である．この細胞の特質は，適当な環境下において，外界からエネルギーを獲得してそれ自身で育ち，2つに分裂して同じものを作り出す自己複製能力をもっている点にある．細胞は生命体の最も小さな構成要素であり，これより下等なものは生命体のカテゴリーには属さないと考えられる．例えば，ウイルス粒子は細胞と同じような分子と膜様構造をもつが，自分の能力だけではその分身を作り出すことができない．細胞に感染して侵入し，細胞のもつ作業機械（複製装置）を借りてはじめて増えることができる．

生命の最も簡単なかたちは1つの細胞からなる細菌のような単細胞生物であるが，ヒトを含む高等動物は，多数の細胞が集合して組織，器官を形成している．個々の細胞は独自の役割を果たしながらも，入り組んだ情報連絡網により機能的に統合されて，細胞の社会を形成している．地球上には，少なくとも1千万以上の生物種が存在するといわれているが，それらの細胞はどのような共通性をもち，またいかなる点で異なっているのであろうか．この章では，細胞を特徴づける基本的な機能を学び，生物の遺伝と進化を考えながら多細胞生物の成り立ちを理解する．

1・1　細胞に共通する基本的な機能

比較的単純な単細胞生物である大腸菌などの細菌から，ヒトの個体を構成する様々な細胞に至るまで，それらに共通する基本的な構造と機能についてまず考えてみよう．図1・1・1に示すように，細胞は様々な物質を濃厚に含む溶液を，外部の環境から隔離するために膜 membrane で包み込まれた形態をもち，生命体の最も小さな構成単位である．細胞の内部を埋めつくしているゲル状の部分を細胞質 cytoplasm（または cytosol）というが，この細胞質には後で述べる様々な細胞内器官が詰め込まれている（1・3および第2章を参照）．細胞が外界と接する外側の膜を細胞膜（形質膜）plasma membrane，細胞内器官の膜を内膜という．細胞は適当な環境下でエネルギーを獲得してそれ自身の能力で育ち，自己を複製する能力をもつ．近年の生化学・分子生物学の進展から，すべての細胞の機能は遺伝子 gene の中に組み込まれていることが明らかにされた．

遺伝情報は遺伝子を構成するデオキシリボ核酸 deoxyribonucleic acid（DNA）（より厳密に

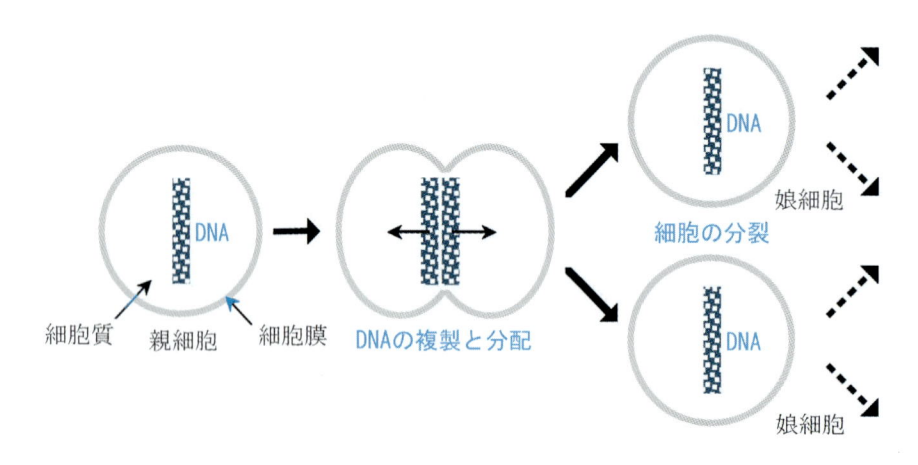

図1・1・1　自己を複製する能力をもつ細胞
細胞は適当な環境下で，エネルギーを獲得して成長し，自己を複製する能力をもつ．分裂のたびに，複製されたDNAは2個の娘細胞に渡され，親細胞と遺伝的に同一な細胞を再生産する．

はDNAを構成している4種類のヌクレオチドの並び方）の中に貯蔵されており，すべての細胞において同じ法則に基づく暗号コード（コドン）が用いられ，本質的に同じ作業装置によって解読されている．また，細胞が2つに分裂して増えていく際にも，DNAは同じ方法で複製されて娘細胞に渡される．DNAは極めて長い重合体であり，膨大な種類のタンパク質分子の生産を指令するが，生産されたタンパク質は細胞の構成成分や作業装置として，細胞の様々な機能を担っている．どの細胞でも，タンパク質分子は同じ20種の単位成分（アミノ酸）が連結してつくられているが，その配列は様々で，それがタンパク質の固有の性質，さらには生物種の違いを決めている（詳しくは第4章と第5章で学ぶ）．このように，本質的には同じ法則と作業装置が使われているにもかかわらず，異なる遺伝子からじつに多彩な生物が生み出されているのである．

1・2　生物の遺伝と進化

　細胞はDNAを複製して，2つに分裂し，DNA内に暗号化された遺伝情報のコピーを娘細胞に渡すことで増殖する．したがって，子は親に似る．しかしながら，DNAのコピーづくりはいつも完全とは限らず，時としてエラーが生じてしまう．DNAに生じた**変異 mutation** は，子孫の生存や繁殖に悪い影響を与えることもあるが，逆に有利な変化を生み出すこともあり得る．生存競争の場においては，不利なものは消え，有利なものは生き残りやすく，また中立的なものは影響を与えないことになる．生命の誕生からこの数十億年の間に地球の環境は大きく変化しており，最初に出現した細胞は，外界の環境に徐々に適応しながら多世代にわたって生じた変異を様々に選択し，広範な生物種を地球上に誕生させたと考えられる．このように，生物の**進化 evolution** はDNAに生じた変異と選択の蓄積にその基本があるといえよう．

　数十億年以上も前に出現した先祖的な細胞は，地球上に現存する全生物のしくみの原型をもっていたと考えられるが，太古の化石からその実体と詳細を探ることは難しい．しかしながら，生物進化の歴史については，むしろ現存する生物種の比較からその手がかりが得られる．あらゆる細胞に共通して存在するある分子（タンパク質の生産に介在するリボソームRNAなど）の規則性（ヌクレオチド塩基の配列）から，それらの類似性を調べると，図1・2・1に示すような生物間の類縁関係を示す**系統樹 phylogenetic tree** が得られる．こうした研究から，生物界は，原核生物としての古細菌 archaebacteria と真正細菌 eubacteria，そして真核生物の大きな3つの部門に分類されることが示された．原核細胞と真核細胞を特徴づける形態学的な違いについては次節で述べるが，生物界全体から見ると，馴染みのある動物，植物や菌類などは，生物界のほんの片隅を占めるにすぎないことが理解できる．系統樹の真核生物と真正細菌，古細菌に共通の先祖とを結ぶ線の長さから，原始的な真核生物の出現は30億年以上も昔であることがわかる．

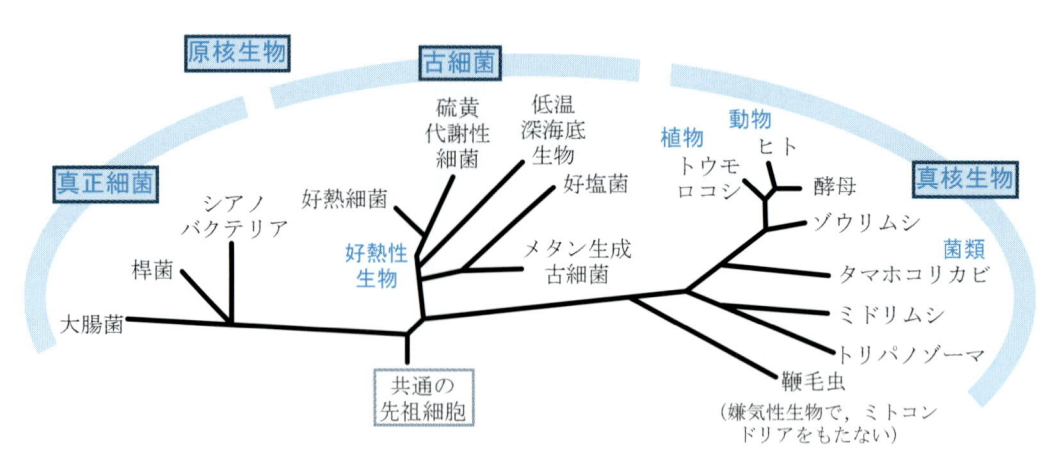

図 1・2・1　ある生体分子に基づく生物の系統樹
原核生物の真正細菌と古細菌，および真核生物に属するいくつかの生物種を選んで，その類縁関係を系統樹で示した．生物を結ぶ線の長さは相違度に比例し，違いが大きくなるほど線は長くなり，両者の類縁関係が遠くなることを示す．

1・3 多細胞生物の成り立ち

1・3・1 高等生物を構成する細胞の特徴

　ヒトの個体は200種以上の，しかも総数で50〜100兆個にも及ぶ細胞によって構成されている．これらヒトの細胞は，進化上古いと考えられる細胞の一群である細菌 bacteria とは，形態学的にいくつかの点で大きく異なっており，真核細胞 eukaryote と呼ばれる．その第1は，細胞質に核膜 nuclear envelope に囲まれた明瞭な核構造をもつ点にあり，eukaryote の言葉は，ギリシャ語で"真の"を意味する eu と"中核"を意味する karyon に由来する．細胞小器官の1つである核 nucleus の中（核膜の内側）には，遺伝情報を担う重合体分子のDNAが貯蔵されているが，細胞が2つの娘細胞に分裂する前段階で凝縮して染色体 chromosome となる（第4章を参照）．一方，大腸菌などの核構造をもたない細胞は，原核細胞 prokaryote（pro は"以前"を意味する）と呼ばれる．DNAは原核細胞においても遺伝情報を担っているが，真核細胞とは違って核膜には包まれておらず，細胞質に存在する．

　別の細胞小器官として，ミトコンドリア mitochondrion があるが，この器官は2層の膜で包まれており，ほとんどすべての真核細胞に存在する．ミトコンドリアは独自のDNAをもち，分裂の際に細胞のDNAと同様に複製されて娘細胞のミトコンドリアに渡される．ミトコンドリ

アの DNA もタンパク質の生産を指令するが，そのしくみや動態はむしろ細菌の DNA に似たところが多い．図 1・3・1 に示すように，真核細胞の祖先において原核生物の細菌が取り込まれ，宿主の細胞内に共生して進化したものがミトコンドリアであると考えられている．ミトコンドリアは，細胞に取り込まれた栄養源の酸化で得られたエネルギーを利用して，細胞の活動源となる**アデノシン 5′- 三リン酸 adenosine 5′-triphosphate（ATP）**を産生している（詳しくは第 3 章で学ぶ）．したがって，ミトコンドリアなしでは，動物も植物も栄養源から酸素を用いて十分な ATP を産生することができない．こうして酸素を使って成育する生物を**好気性 aerobic** 生物と呼ぶが，逆に酸素の存在する環境では生存できない真核生物もあり，それらは**嫌気性 anaerobic** 生物と呼ばれる（原核生物は嫌気性である場合が多い）．

　植物と藻類の細胞には，ミトコンドリアよりさらに込み入った構造をもつ**葉緑体 chloroplast** がある．葉緑体は外側の 2 層の膜に加えて，その内部に層状の膜構造をもち，そこに**クロロフィル chlorophyll** が存在する．葉緑体はこのクロロフィルを使って，光のエネルギーを捕らえて栄養素（糖質）を産生することができる．この糖質の産生過程と共役して酸素を放出する．これが**光合成 photosynthesis** である．植物細胞も動物細胞と同様に，必要に応じてミトコンドリアで糖質を酸化し，得られた化学エネルギーを ATP として貯蔵するが，葉緑体は，ミトコンドリアが必要とする糖質と酸素の両者を生み出すことができるのである．葉緑体もミトコンドリ

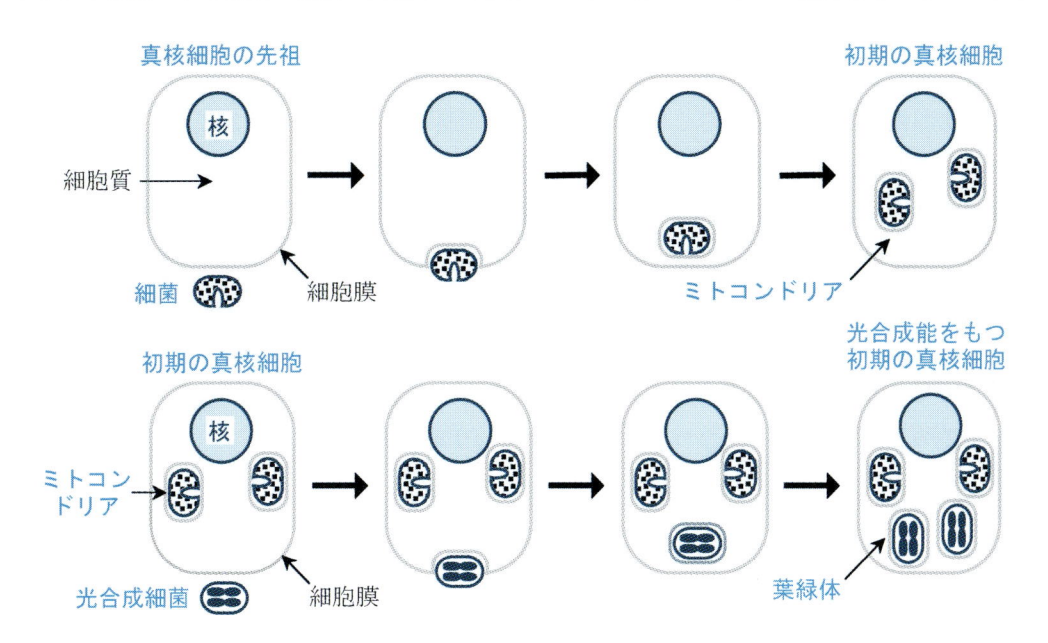

図 1・3・1　ミトコンドリアと葉緑体の起源

　ミトコンドリアは，細菌が真核細胞の祖先に取り込まれて共生し，生き残って進化したものと考えられている．一方の葉緑体は，すでにミトコンドリアを含む初期の真核細胞に，光合成細菌が取り込まれたものと考えられる．こうした共生説の考えは，細胞小器官の膜構造が細胞膜とは異なり，2 層から成ることをよく説明できる．

アと同じように独自のDNAをもち，分裂して複製されるが，この細胞小器官は，ミトコンドリアをすでにもつ初期の真核細胞に光合成細菌が取り込まれて共生し，進化したものと考えられている．

真核細胞には，核，ミトコンドリア，葉緑体の他にも，膜に包まれた細胞小器官が多数存在し，様々な機能を司っているが，それらの働きやより詳しい細胞小器官の形態学的な特徴については，第2章で紹介する．ヒトに限らず，他の動物，植物や菌類などの多細胞生物は，すべてこうした特徴をもつ真核細胞からできており，さらに酵母からアメーバに至る多くの単細胞生物もまた真核細胞の仲間達である．

1・3・2　細胞による組織，器官の構築

細胞は多細胞生物をつくり上げている構成単位ではあるが，ヒトを含む高等動物では，類似の細胞が協調的に集まって一定の配列や形態をとっており，この一定の細胞集団を組織 tissue という．ヒトであれば，結合（支持）組織，上皮組織，神経組織，筋組織などに分けられる．これらの組織がさらに統合されて，一定の形態と機能をもつようになったものが器官 organ である．胃，肝臓，腎臓，膵臓，肺などから，骨，筋肉，皮膚，気管，血管のようなものがこれにあたる（詳しくは第2章で学ぶ）．こうした各種の器官が秩序立って配置され，さらに機能的にも統合されて，ヒトの個体ができ上がっている．

各種の組織，器官を構成するそれぞれに分化した細胞は，その形態と機能において大きく異なってはいるが，それらはすべて1個の受精卵から胚発生の過程を経てできてきたものである（詳しくは第4章で学ぶ）．したがって，ヒトの生物種としてはすべて同じコピーのDNAをもっており，これは個々の細胞が異なる遺伝情報の使い方をするためである．細胞は自分自身やその前身が周囲の細胞から受け取った情報（シグナル）に基づいて，独自の遺伝子を適切に発現するのである．細胞は周囲のシグナルを受け取るセンサーを備え，固有の作業装置の活動能力を調節することができる（詳しくは第6～8章で学ぶ）．これから本書では，こうした素晴らしい働きをもつ細胞のしくみは何か，すなわち"細胞生物学 cell biology"を学んでいくことにする．

第2章

細胞の構造

第2章の学習目標

1) 細胞膜を構成する代表的な生体分子と，それがつくる細胞膜の構造を，細胞膜の機能と結びつけて理解する．
2) 細胞小器官（ミトコンドリア，小胞体，リボソーム，ゴルジ装置，ライソソーム，ペルオキシソーム，核）の構造と機能を理解する．
3) 細胞骨格の構成要素（微細管，マイクロフィラメント，中間径フィラメント）を理解する．
4) 細胞が集まってつくる組織の基本形態（上皮組織，支持組織，筋組織，神経組織）を理解する．

はじめに

　真核細胞の代表である動物細胞は，すでに述べたように細胞膜 cell membrane に包まれた袋状の構造をしており，その内部は細胞質 cytoplasm と呼ばれるゲル状の物質で満たされている（図2・1）．分裂期以外の細胞では明瞭な核 nucleus が内部にあるが，分裂期になると，核の姿は消えて，染色体 chromosome という構造が出現する．

　動物細胞は一般に直径 $10 \sim 30$ μm 程度の大きさをしているが，卵子のように大きなもの（ヒトの卵子は 0.2 mm）もあるし，血小板のように 3 μm に満たない小さいものもある．周囲に影響されない細胞は球形に近い形をするものが多いが，隣の細胞と接することで多面体をつく

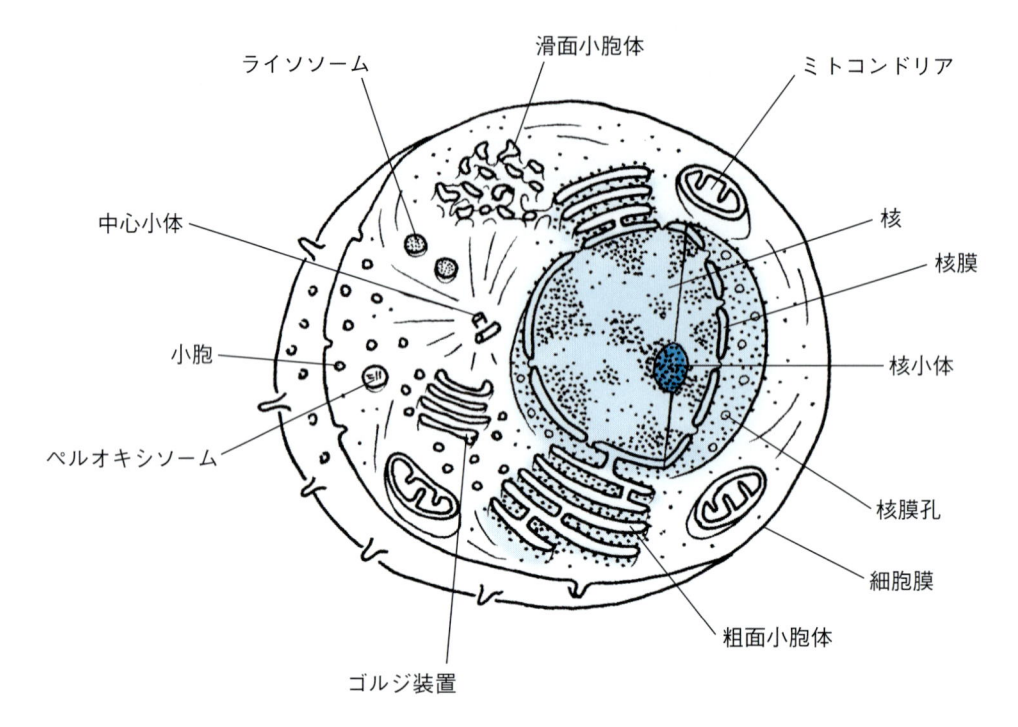

図2・1　真核細胞（動物細胞）の基本構造
一般的な動物細胞の構造を示した．植物細胞では，さらに細胞膜の周囲がセルロースでできた細胞壁で覆われる．また，細胞質に葉緑体があるのも植物細胞の特徴である．

るものも多い．また，精子のように鞭毛をもった細胞，神経細胞のように複雑な突起をたくさん出した細胞などもある．白血球のように刺激や環境により形を自在に変える細胞もある．

　細胞質には一定の機能をもった構造物が存在し，細胞小器官 cell organella と呼ばれる．細胞小器官には，ミトコンドリアやゴルジ装置，中心小体のように光学顕微鏡でみることができるもののほかに，リボソームや小胞体，ライソソームなど電子顕微鏡ではじめて観察できるようになったものがある．また，核も広義には細胞小器官に含めることができる．細胞質にはこれ以外に，細胞内に細胞骨格 cytoskeleton と呼ばれる構造が存在する．この章では，まずこれらの細胞の諸構造を理解する．ついで，細胞が集まって組織を構成するさいの基本構成を知る．

2・1　細胞を包む膜：細胞膜

　細胞膜 cell membrane は，細胞の内外を仕切る膜であるが，光学顕微鏡では薄すぎて構造としてみることができない．しかし，電子顕微鏡で観察すると厚さ約 9 nm の三層構造をした明瞭な膜として観察できる（このような構造は細胞内部にも存在し，ゴルジ装置やミトコンドリ

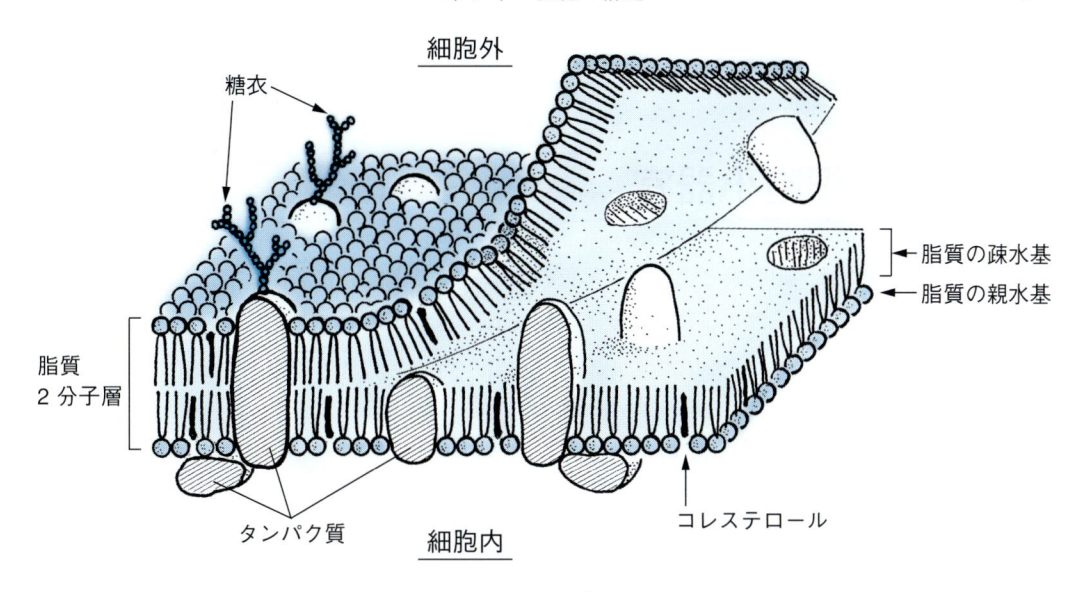

図 2・1・1　細胞膜の構造

細胞膜は脂質2分子層の中にタンパク質が埋まったような構造をしている．図の右側は，電子顕微鏡のフリーズフラクチャー法で離開する面を部分的に剥がして描いてある．コレステロールが脂質のなかに埋まって存在することにも注意．

ア，小胞体の膜にも共通していることもわかったので，まとめて単位膜 unit membrane と呼ぶこともある）．

　細胞膜は生化学的にはリン脂質とタンパク質を主体とし，これに少量の糖質が加わってできている．このうちリン脂質は，疎水基を向かいあわせて2分子層を形成し，そのなかにタンパク質の粒子がモザイク状に点在した構造をとる（図2・1・1）．タンパク質は，膜を貫いていることもあり，膜の表面に表在するものもある．脂質2分子層には流動性があるため，タンパク粒子は自由に膜を移動することができる（流動モザイク説）．細胞膜内に埋め込まれたこうしたタンパク質は，凍結割断レプリカ法という方法で細胞膜のレプリカ膜をつくると，膜内粒子として明瞭に観察することができる．糖はこの膜のタンパク質や脂質と結合して糖タンパク質や糖脂質をつくっており，細胞膜の外界側に伸び出している．この部分を糖衣 glycocalyx と呼ぶ．

　このように細胞膜にはたくさんのタンパク質が埋め込まれているが，これらのタンパク質は特定のイオンや物質を輸送するポンプ，チャネル，トランスポータなどからなる．したがって，これらのタンパク質のおかげで，細胞の外と内の物質の濃度差に関係なく選択的に物質の輸送を行うことができる（第6章参照）．また，細胞膜の糖衣は，細胞同士の認識やホルモンのレセプターなど，外界のいろいろな情報を受けるアンテナのような機能を担う（第7章）．このほか，細胞膜には，細胞と細胞を接着・連結させる装置（デスモソーム，タイト結合，ギャップ結合など）が発達することもあるし，細胞を細胞外マトリックスと接着させる装置が発達することもある．細胞の表面にひだや突起（線毛や微絨毛）が発達することもある．

2・2 細胞小器官

細胞小器官の多くは，細胞膜とよく似た単位膜によってできている．ここでは，ミトコンドリア，リボソームと小胞体，ゴルジ装置，ライソソーム，ペルオキシソームについて理解し，さらに核について学ぶ．

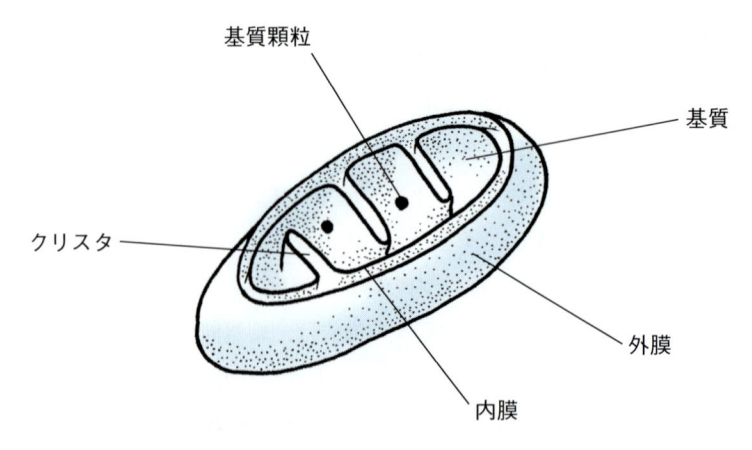

2・2・1 ミトコンドリア

ミトコンドリア mitochondrion（複数形は mitochondria）は，細胞質中に散在する糸状や顆粒状の構造物である（mitochondrion という言葉は，ギリシャ語で"糸"を意味する mitos と"粒"を意味する chondros に由来する）．この糸や粒のようなミトコンドリアは，特別な色素で染色すると光学顕微鏡で明瞭に観察することができる．また，生きたままの細胞を位相差顕微鏡で見ると，細胞内を動きまわる糸や粒としてみえる．大きさは直径 $0.2 \sim 1\ \mu m$，長さ $2 \sim 5\ \mu m$ 程度のものが一般的である．一方，1 個の細胞に存在するミトコンドリアの数は細胞の種類によってさまざまで，十数個のものから千個を超すものまで知られている．一般に心筋細胞や骨格筋細胞，分泌細胞など常にエネルギーを必要とする細胞にミトコンドリアが多く含まれる．

電子顕微鏡でミトコンドリアを観察すると，内外 2 枚の膜（内膜と外膜）に包まれてできている（図 2・2・1, 2・2・2）．内膜の一部はさらにミトコンドリアの内方に向かって突出し，クリスタ crista（複数形は cristae. ラテン語で"櫛"という意味）と呼ばれる構造をつくる．このクリスタは層板状をしていることが多いが，細胞によっては管状や小胞状のクリスタをもつ

図 2・2・1　ミトコンドリアの構造
ミトコンドリアは外膜と内膜からなる．内膜はひだ状に折れ込んで，クリスタをつくる．

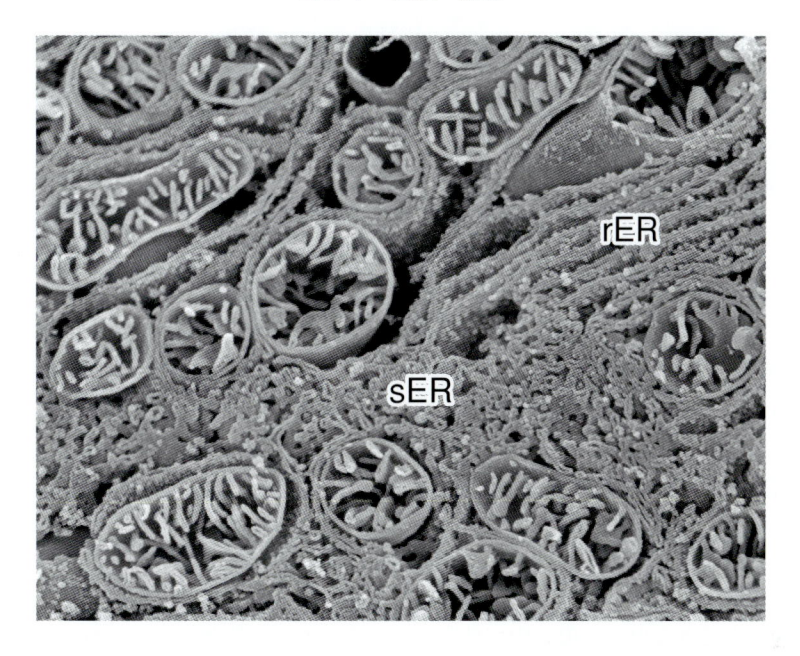

図 2・2・2　ミトコンドリアと小胞体の走査電子顕微鏡写真
丸いミトコンドリアのほかに粗面小胞体（rER）と滑面小胞体（sER）がみえている．

ミトコンドリアをもつものもある．

　ミトコンドリアのクリスタのあいだ（内膜で囲まれた膜間腔）に詰まった基質には，クエン酸回路（TCA 回路）に必要な酵素が存在し，ミトコンドリアの内膜には電子伝達系に関する諸酵素が埋まっている．これらの働きで，細胞内のエネルギー源であるアデノシン三リン酸（ATP）がミトコンドリア内で産生されるのである（第3章参照）．つまり，ミトコンドリアは，細胞内に取り込まれた栄養源を利用して，細胞内呼吸を行い，細胞のエネルギーを産生する装置ということができる．

　ミトコンドリアは自身のDNAを多少ながらもっている．これにより部分的にタンパク質の合成を行い，また自己増殖をする．細胞内のミトコンドリアは，すべて母親由来であるため，個人識別や母子の鑑定などにこのDNAが利用されることがある．

2・2・2　小胞体とリボソーム

　細胞質内に，膜で囲まれた管状ないし層状の構造物を電子顕微鏡でみることができる．これが小胞体 endoplasmic reticulum である．英語の endoplasmic reticulum という名前は，核周囲の細胞質（内形質 endoplasm）に発達した網状構造（reticulum）という意味をもつが，和名ではこの訳（内形質網）を用いず「小胞体」と呼ぶ．小胞体には，リボソーム ribosomes という粒子が付着した粗面小胞体 rough-surfaced endoplasmic reticulum（rER）と，付着

していない滑面小胞体 smooth-surfaced endoplasmic reticulum（sER）の2種類が区別される（図2・2・3, 2・2・4）．

　リボソームは直径約15 nm の粒子で，さらに詳しく電子顕微鏡で観察すると，大小2つの亜粒子が雪だるまのように積み重なった構造をしている．リボ核酸（RNA）とタンパク質でできており，核の中のデオキシリボ核酸（DNA）の情報を伝える messenger-RNA と結合し，その情報を翻訳してタンパク質を合成する．リボソームには粗面小胞体の膜表面に付着するもの以外に，細胞内に散在するものもある．前者を付着リボソーム attached ribosomes，後者を遊離リボソーム free ribosomes という．ところで，付着リボソームも遊離リボソームもただばらばらに存在することは少なく，10～20個が数珠つなぎとなり渦巻状に配列することが多い．これはリボソームが mRNA に並んで結合しタンパク合成を行っている姿であり，ポリソーム polysomes と呼ばれる．付着リボソームは合成したタンパク質を粗面小胞体の袋の中に出すが，遊離リボソームではタンパク質はそのまま細胞質の中で合成される．

　このように粗面小胞体は，付着リボソームによりさまざまなタンパク質を合成し小胞体の袋の中に貯えることができるので，膜の中で使うタンパク質や，細胞外に輸送される分泌タンパク質はここで合成されている．したがって，膵臓の外分泌細胞や形質細胞のようにタンパク質の分泌が盛んな細胞では粗面小胞体がよく発達している．こうした細胞では粗面小胞体は扁平な袋が幾層にも重なった構造をしていることが多い．

　一方，滑面小胞体は複雑に分岐，吻合した管状構造をしている．滑面小胞体の機能は細胞の種類によって異なるが，これは膜に組み込まれた酵素の違いによる．例えば副腎皮質細胞や，精巣

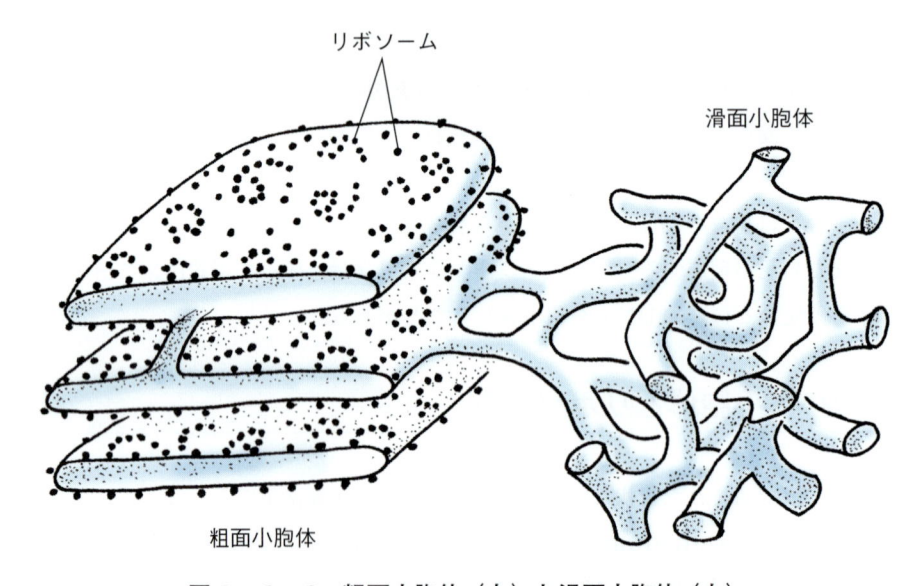

図2・2・3　粗面小胞体（左）と滑面小胞体（右）
　粗面小胞体は層板状をしていることが多い．一方，滑面小胞体は細管状で，粗面小胞体と連絡している．

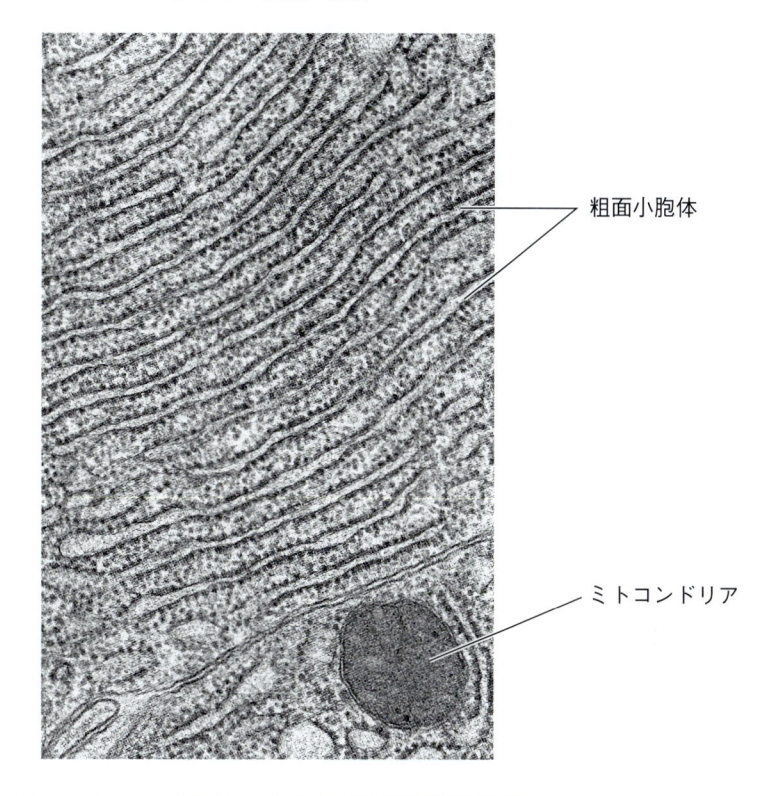

図 2・2・4　粗面小胞体の透過電子顕微鏡写真

の間細胞などでは脂質の合成に，肝細胞では解毒に，滑面小胞体が使われる．また，腎臓の尿細管上皮細胞では，イオン濃度の調整に，骨格筋細胞や心筋細胞では，筋収縮の引き金となるカルシウムイオンの貯蔵に使われる．これらの滑面小胞体の中で使われる酵素は粗面小胞体で合成されるので，滑面小胞体は粗面小胞体と連続している．

2・2・3　ゴルジ装置

　ゴルジ装置 Golgi apparatus は，細胞内におけるタンパク質の加工と振り分けのために発達した細胞小器官である．イタリアの組織学者カミロ・ゴルジ（1898年）が銀染色法で染まる細胞質内の網状構造として発見したことにちなんで，この名がつけられている．したがって光学顕微鏡でゴルジ装置を観察するためには，硝酸銀やオスミウム酸による特殊な染色が必要である．電子顕微鏡でみるゴルジ装置は，扁平な袋状の構造物が幾層にも積み重なった層板と，その周囲にある小胞からなる（図 2・2・5，2・2・6）．ゴルジ装置から生じる顆粒（空胞）や小胞にはさまざまな分泌物が含まれており，その内容物は細胞の種類によって異なる．

　ゴルジ装置には，粗面小胞体で合成され貯えられたタンパク質が，小胞を介して運ばれてくる．このタンパク質はゴルジ装置の中で加工や修飾を受ける．つまり，タンパク質に糖や脂肪酸

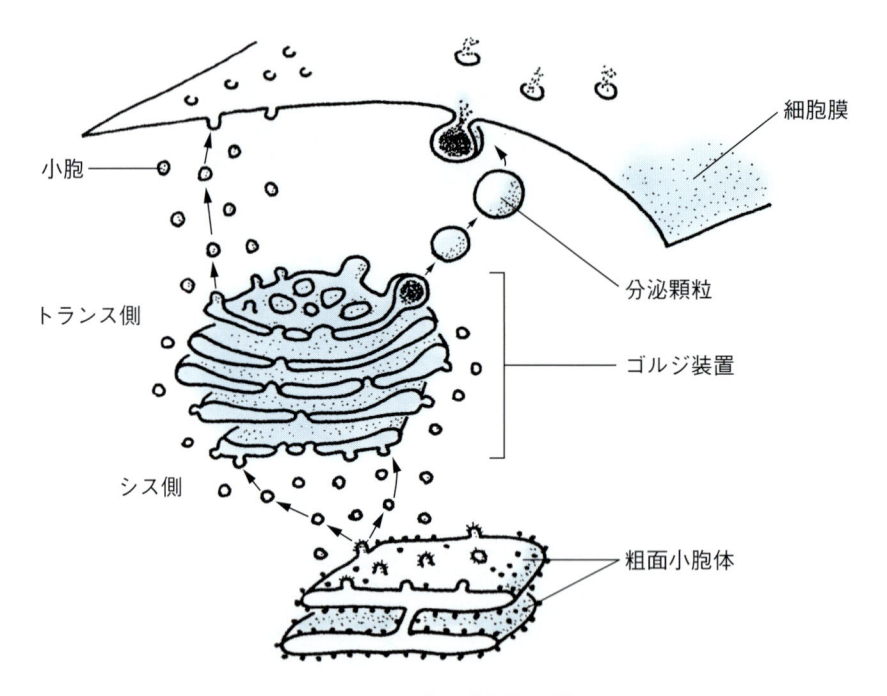

図 2・2・5　ゴルジ装置の構造

　ゴルジ装置は扁平な袋が層板状に積み重なってできている．粗面小胞体から出芽した小胞を受け取る側がシス側，反対側をトランス側という．トランス側では，分泌物が仕分けされ，分泌顆粒や小胞となって放出される．分泌顆粒は細胞質に貯えられ，刺激に応じて細胞膜と癒合し開口放出される（調節性分泌経路）．一方，小胞は細胞膜に近づくと順次，開口放出する（構成性分泌経路）．

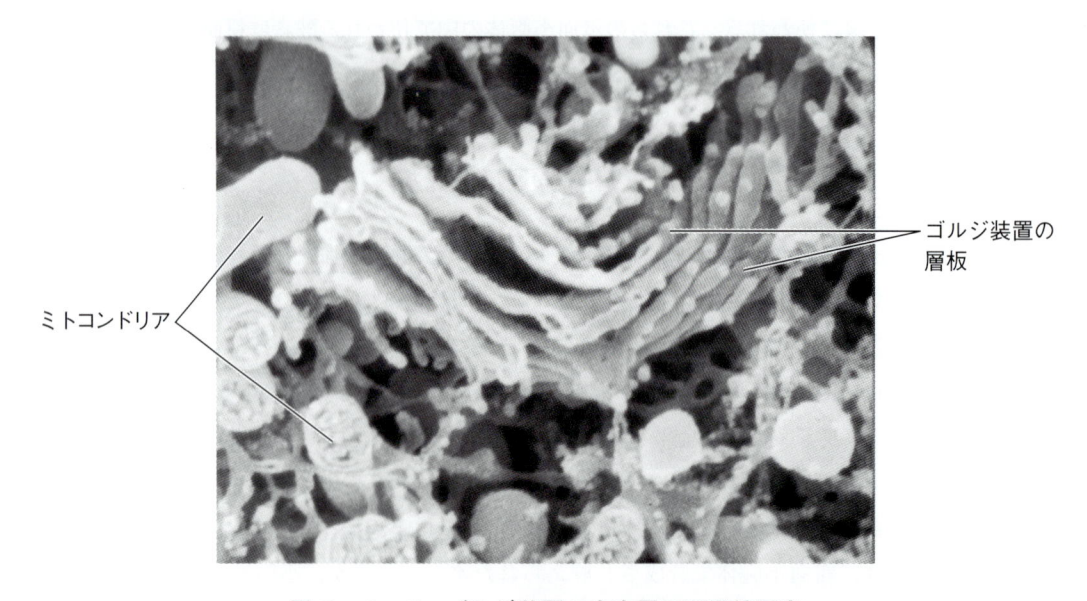

図 2・2・6　ゴルジ装置の走査電子顕微鏡写真

が付加されたり，適当な長さに切断されたりするのである．さらに，これらのタンパク質は膜タンパク質を運ぶ小胞，分泌顆粒，ライソソームなどに選別・濃縮されて，ゴルジ装置を離れていく．ゴルジ装置の層板には極性があり，タンパク質は層板状の片側から反対側に向かって移動しながら，加工・修飾・選別・濃縮の過程が進行する．粗面小胞体からタンパク質を受け取る側をシス面，反対側をトランス面と呼ぶことが多い．

2・2・4 ライソソーム

ライソソーム lysosome は，1枚の膜につつまれた直径約 0.5 μm の顆粒状の小器官で，袋の中には酸性ホスファターゼなど複数の加水分解酵素（ライソソーム酵素）が含まれている．いずれも酸性領域で働く酵素であるため，袋の中は酸性になっている．ライソソームはこれらの酵素の作用により，細胞外から取り入れた異物や，細胞内で不要になった小器官や老朽物を消化分

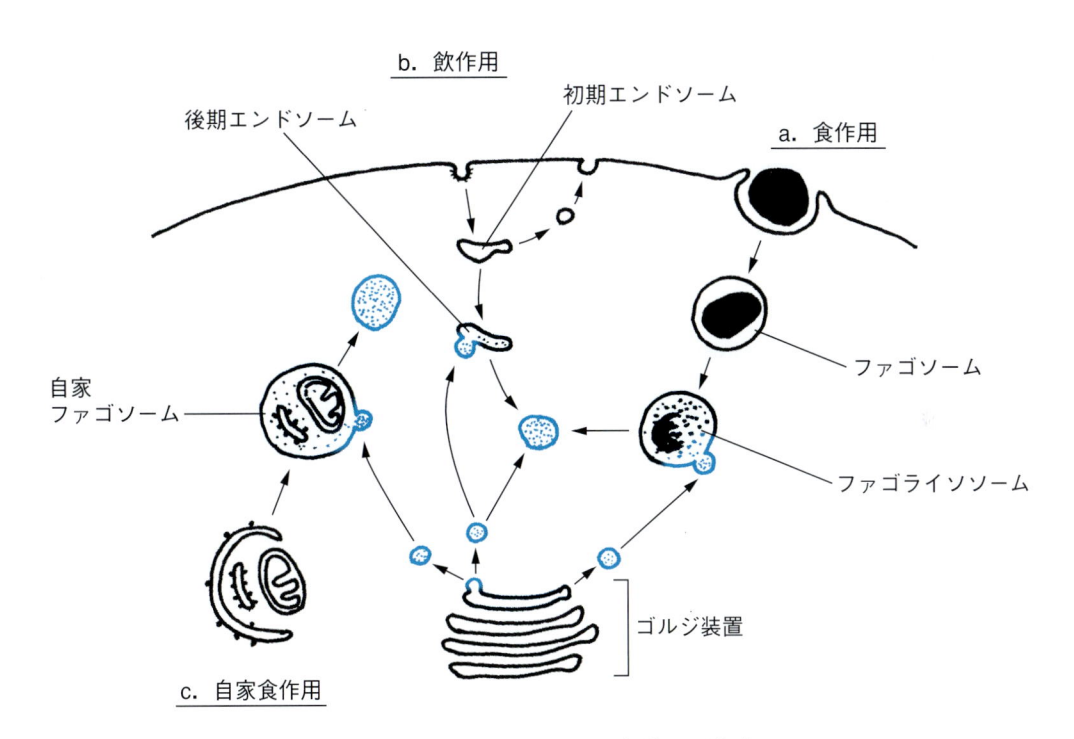

図 2・2・7 ライソソームとそのでき方

a. 食作用では，異物はファゴソームとして取り込まれ，ライソソーム酵素を含んだ輸送小胞と癒合することでファゴライソソームを形成する．b. 飲作用では，取り込まれた小胞は初期エンドソームとなり，これに輸送小胞が癒合して後期エンドソームを形成する．c. 自家食作用では，細胞内の不要な細胞小器官などが，粗面小胞体に包まれた後，輸送小胞が癒合し自家ファゴソームを形成する．図で青く示した部分にはライソソーム酵素が含まれており，まとめて広義のライソソームと呼ぶことができる．

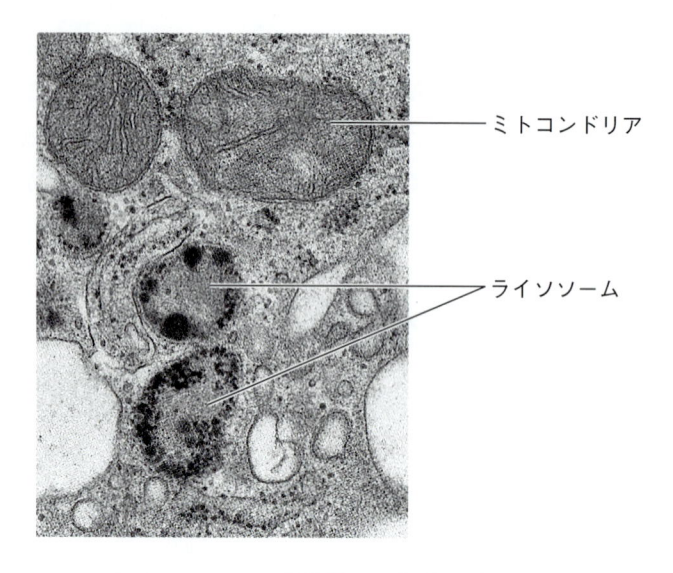

図2・2・8　ライソームの透過電子顕微鏡写真

解する装置である（図2・2・7, 2・2・8）．例えば，細胞外の物質は，食作用や飲作用により膜に包まれた形で細胞内に取り込まれ，ファゴソーム phagosome や初期エンドソーム early endosome と呼ばれる袋状構造をつくる．これらがライソーム酵素を含んだ輸送小胞と癒合することでファゴライソーム phagolysosome や後期エンドソーム late endosome となり，この中で消化が行われる．したがって異物は細胞内でも細胞質とは膜で隔てられた状態で常に存在し，その中で分解される．細胞内の不要物を処理する場合も粗面小胞体で一度包まれてから，ライソーム酵素を含んだ輸送小胞が癒合して自家ファゴソーム autophagosome となり，消化が始まる．ライソームと呼ばれる構造は，ライソーム酵素を含むこうした一連の袋状構造を指す．このような過程を経ても分解されない物質は，残渣小体 residual body として細胞内に残される．この残渣小体は光学顕微鏡では黄褐色の顆粒にみえ，リポフスチン顆粒とよばれる．

ライソームは，マクロファージや好中球など，異物の消化に関わる細胞で特によく発達している．

2・2・5　ペルオキシソーム

電子顕微鏡ではライソームとよく似た構造であるが，袋の中に，過酸化水素を合成するいくつかのオキシダーゼ酵素 oxydase や，分解するカタラーゼ catalase を含む膜小器官がある．これをペルオキシソーム peroxisome と呼ぶ．電子顕微鏡でその内容物を詳しくみると，結晶状の構造が含まれることが多い．ペルオキシソームでは，オキシダーゼ酵素により，長鎖脂肪酸やある種の有機化合物から水素分子を奪う酸化反応を行い，過酸化水素をつくり出す．一方で，カタラーゼはこの過酸化水素とアルコールとの過酸化反応を起こさせる．ペルオキシソームは，肝

細胞や腎臓の尿細管の細胞に多くみられるが，これらの細胞では，摂取されたアルコールをペルオキシソームによって酸化し，アセトアルデヒドとするのに役立っている．このようにペルオキシソームは，脂質代謝や解毒に関与していると考えられる．

2・3　核

すでに述べたように，真核細胞では，細胞が分裂するとき以外には，細胞の中に明瞭な核 nucleus が存在する（図 2・3・1）．核の中身は核質 nucleoplasm と呼ばれ，塩基性色素でよく染まる核小体 nucleolus とクロマチン（染色質）chromatin が区別される．このうち核小体は 1～3 個の球状の塊で，リボゾーム RNA の合成にあずかる．一方，クロマチンは，DNA とタンパク質の複合体である．クロマチンは実際にはクロマチン線維という糸状の構造をつくっており，これが折りたたまれて凝縮している部分はヘテロクロマチン（異染色質），ほぐれて分散している部分はユークロマチン（正染色質）と呼ばれる．

核小体とクロマチンの状態は細胞の機能をよく反映している．一般にタンパク質合成の盛んな細胞は核小体が発達している．転写が活発に行われている細胞は，クロマチン線維がほぐれた状態になっており，ユークロマチンが豊富である．

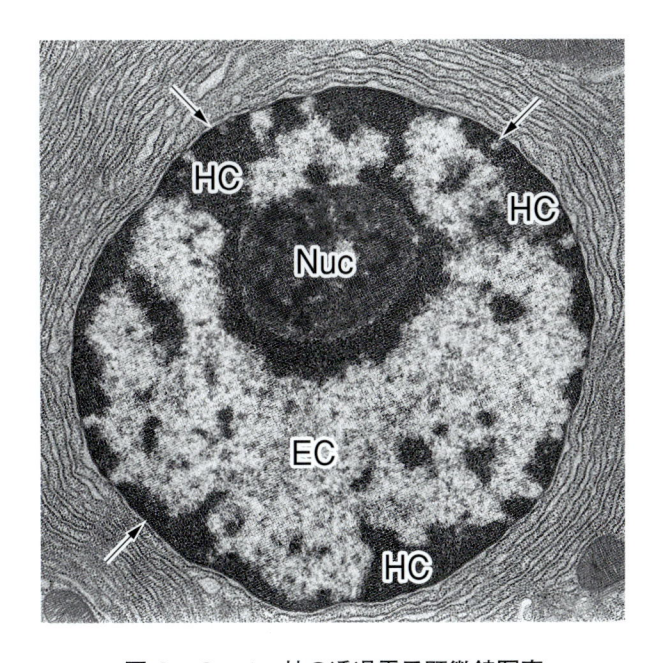

図 2・3・1　核の透過電子顕微鏡写真

核は核膜（→）で包まれている．核の中にはヘテロクロマチン（HC），ユークロマチン（EC），核小体（Nuc）が区別できる．

核を細胞質と境している核膜 nuclear envelope は，電子顕微鏡でみると，粗面小胞体と連続する袋状の構造である（図2・1）．核膜を構成する外側の膜（外核膜）にはリボソームが付着し，内側の膜（内核膜）には薄い線維状の裏打ちを介してクロマチンが結合する．また，核膜にはところどころに核膜孔 nuclear pore という円形の穴が開いている．この核膜孔を介して細胞質と核質とのあいだの物質交流が行われる．しかし，核膜孔では種々のタンパク質が複合体をつくっているので，物質は自由に通過することはできず，RNAやタンパク質が選択的に通過するための関門となる．

2・4 細胞骨格

真核細胞の細胞質には，上で述べた細胞小器官のほかに，タンパク質でつくられた線維状の構造物が存在する．この線維状構造物は細胞質の中で立体網をつくり，細胞の形態保持に役立っているようにみえるので，まとめて細胞骨格 cytoskeleton と呼んでいる．細胞骨格は，実際はこのほかに，細胞小器官の動きや，小胞輸送，細胞分裂など，細胞のさまざまな活動に関わっていることがわかってきている．細胞骨格は，微細管，マイクロフィラメント，中間径フィラメントの3種類からなる（図2・4・1）．

2・4・1 微細管

微細管 microtubules は直径約 25 nm の中空性の管である．微細管を構成するチュブリンと呼ばれる球状タンパク質は2種類（α-チュブリン，β-チュブリン）あり，微細管を形成する際は，2つがダイマーをつくり規則正しく配列（重合）をする．微細管には重合が起こりやすい側（プラス端）と起きにくい側（マイナス端）があり，後者は，中心小体 centrosome と呼ばれる構造に連絡する．中心小体は2個の中心子 centriole からなるが，この中心子は3本1組の短い微細管が9組束ねられた構造をしている．こうして，微細管は中心小体にマイナス端をつけて，そこから伸びだすように細胞質の中に広がり，細胞の機械的支持にあずかる（図2・4・2）．しかし微細管は動的な構造物で，つねに重合と脱重合を繰り返して，長くなったり短くなったりしているものと考えられる．

微細管は，細胞の機械的支持のほかに分泌顆粒や細胞小器官などの輸送に関与している．これは，微細管にモータータンパク質（キネシンやダイニン）が結合していることによる．また，有糸分裂の際には，中心小体から伸びた微細管が染色体の動原体部に付着し，染色体を分離するなど細胞内運動に関与する．

このほか，鞭毛 flagella や線毛 cilia と呼ばれる運動性をもった細胞表面の突起物も微細管

マイクロフィラメント　6 nm
アクチン分子

中間径フィラメント　10 nm

プラス端　マイナス端
微細管　25 nm

チュブリンのダイマー

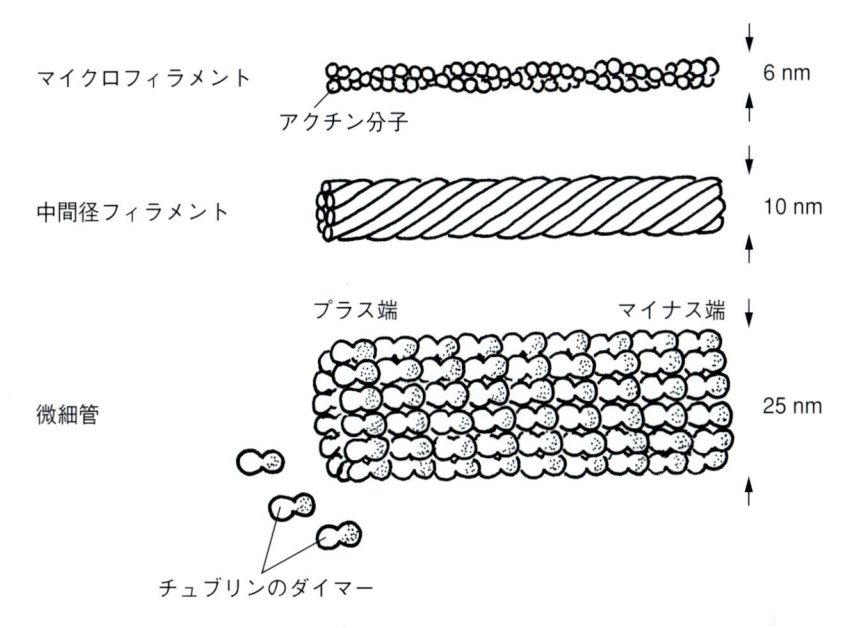

図2・4・1　細胞骨格の3つの線維成分

マイクロフィラメントはアクチン分子が数珠状に連なったものの2重らせんである．中間径フィラメントは，糸状の分子が束ねられてできている．微細管はチュブリンのダイマー（二量体）が規則正しく配列してつくった管である．

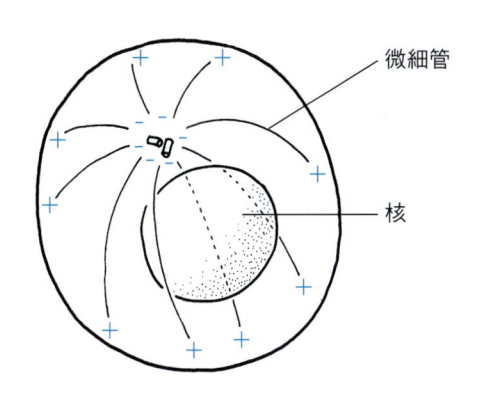

微細管
核

図2・4・2　微細管と中心体

中心小体は2本の中心子からなる．微細管は中心小体にマイナス端をつけて，そこから細胞内に伸びだしている．

がつくる特殊な構造である．これらの細胞突起の軸には，2本1組になった微細管が9組円形に配列し，さらにその中心部に2本の微細管が納まっている．これらの微細管にはダイニンが結合しており，これにより9組の隣り合う微細管同士が滑り合うことができるので，鞭毛や線毛に鞭を打つような運動が生じる．

2・4・2　マイクロフィラメント

マイクロフィラメント microfilaments は直径約 6 nm の細糸で，アクチンというタンパク質を主成分としているので，アクチンフィラメントとも呼ばれる．球状のアクチン分子（G アクチン）が数珠状に連なって線維状タンパク質（F アクチン）となり，これが 2 本らせん状に巻きついたものがマイクロフィラメントである．マイクロフィラメントは，筋細胞においてはミオシンとともに筋フィラメントをつくり，筋細胞の収縮に関与する．しかしマイクロフィラメントはこれ以外にも多くの細胞に存在しており，微絨毛の芯となったり，細胞接着の機械的支持に使われたり，細胞突起の運動に関与したりしている．

2・4・3　中間径フィラメント

中間径フィラメント intermediate filaments は直径約 10 nm のフィラメントで，ちょうど微細管とマイクロフィラメントの中間の太さである．中間径フィラメントを構成するタンパク質は細胞の種類によって異なることが，生化学的な分析によって分かってきている．例えば，上皮細胞ではサイトケラチン cytokeratin というタンパク質が中間径フィラメントをつくり，線維芽細胞ではビメンチン vimentin が，筋細胞ではデスミン desmin が中間径フィラメントをつくる．また，神経細胞では 3 種類のニューロフィラメントタンパク質 neurofilament proteins が，アストロサイトではグリア細線維酸性タンパク質 glial fibrillary acidic protein が中間径フィラメントの構成タンパク質である．しかし，いずれのタンパク質も糸状の分子で，これが束ねられて中間径フィラメントを構成している．

中間径フィラメントは，主として細胞を機械的に支持することに役立っている．また細胞間の接着装置（デスモゾーム）の補強としても使われる．

2・5　細胞の集団としての組織

これまで細胞の基本的な構造を述べたが，実際の細胞は多様で，その構造も配列も多岐にわたっている．しかし，ヒトを含む高等動物では，比較的同じタイプの細胞が集まって一定の配列と形態をとることが多い．こうした細胞の集団のことを組織 tissue と呼ぶことは第 1 章で述べた．哺乳動物の組織は，大きく上皮組織，結合・支持組織，筋組織，神経組織に分けることができる．そこで，それぞれの組織の特徴を以下に簡単に説明する．

2・5・1　上皮組織

　からだの表面（皮膚）や，管状器官（消化管，気道など）の内面，さらに体腔（胸膜腔，腹膜腔など）の表面では，細胞がシート状にぎっしりと並んでいる．このように自由表面を覆うシート状の細胞層を上皮 epithelium もしくは上皮組織 epithelial tissue と呼ぶ．上皮組織においては，細胞どうしが密着し，細胞と細胞のあいだを満たす物質（細胞間質）がほとんどみられない．また，向かいあう細胞どうしが特別な接着構造（タイト結合，デスモゾーム，中間の結合など）をつくることで，上皮細胞どうしが強固につなぎとめられている．一方，上皮組織が結合組織と接するところには，基底膜 basement membrane と呼ばれる，コラーゲンと糖タンパク質からなる薄い層が存在する．この層を介して，上皮細胞は結合組織の細胞外マトリックスと接着することができる．

　上皮は細胞の配列の仕方から，次のように分類することができる（図2・5・1）．

　細胞の形状による分類：上皮をつくる細胞の形状から，扁平上皮 squamous epithelium，立方上皮 cuboidal epithelium，円柱上皮 columnar epithelium に分ける．扁平上皮は薄い扁平な細胞からなる上皮であるが，立方上皮は高さと幅のほぼ等しい立方体（実際は五角または六角柱状）の細胞からなる上皮である．円柱上皮はさらに背の高い円柱状（角柱状）の細胞が並んでできている．

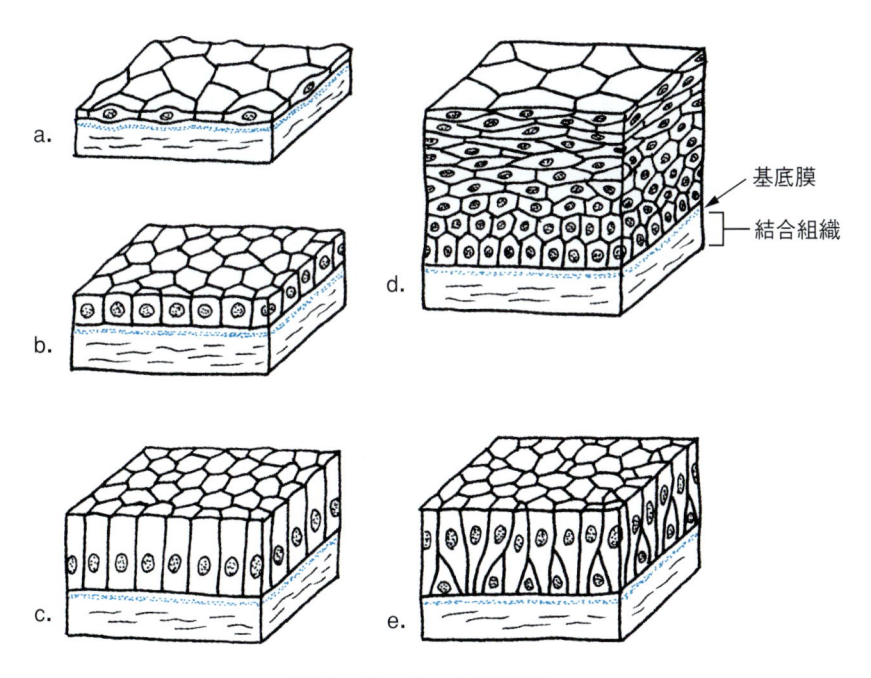

図2・5・1　上皮組織
a. 単層扁平上皮，b. 単層立方上皮，c. 単層円柱上皮，d. 重層扁平上皮，e. 多列円柱上皮

細胞の配列による分類：上皮細胞の配列の様式から，単層上皮，重層上皮，多列上皮が区別される．例えば同じ形の細胞が一層に整然と並んでいるものは単層上皮，細胞が積み重なっていれば重層上皮である．また一見したところ重層上皮にみえるが，よくみると，すべての細胞が基底膜に足をつけている場合は，多列上皮と呼ばれる．

通常，細胞の形状による分類と配列による分類をあわせて，単層扁平上皮，重層扁平上皮，単層立方上皮，単層円柱上皮，多列円柱上皮というような呼び方をすることが多い．

2・5・2　結合・支持組織

からだの支柱として，あるいは組織や器官のあいだを埋め，それらをつなぎ合わせるものを結合・支持組織 connective and supporting tissue という．この組織では細胞間質が非常に豊富で，細胞がそれに埋もれて散在しているのが特徴である．細胞間質は多量の線維と，そのあいだを埋める基質でできている．結合・支持組織はさらに結合組織，軟骨組織，骨組織などに分けることができる（図2・5・2）．

1）結合組織

結合組織 connective tissue は，組織と組織を結合したり，そのあいだを埋める組織で，細

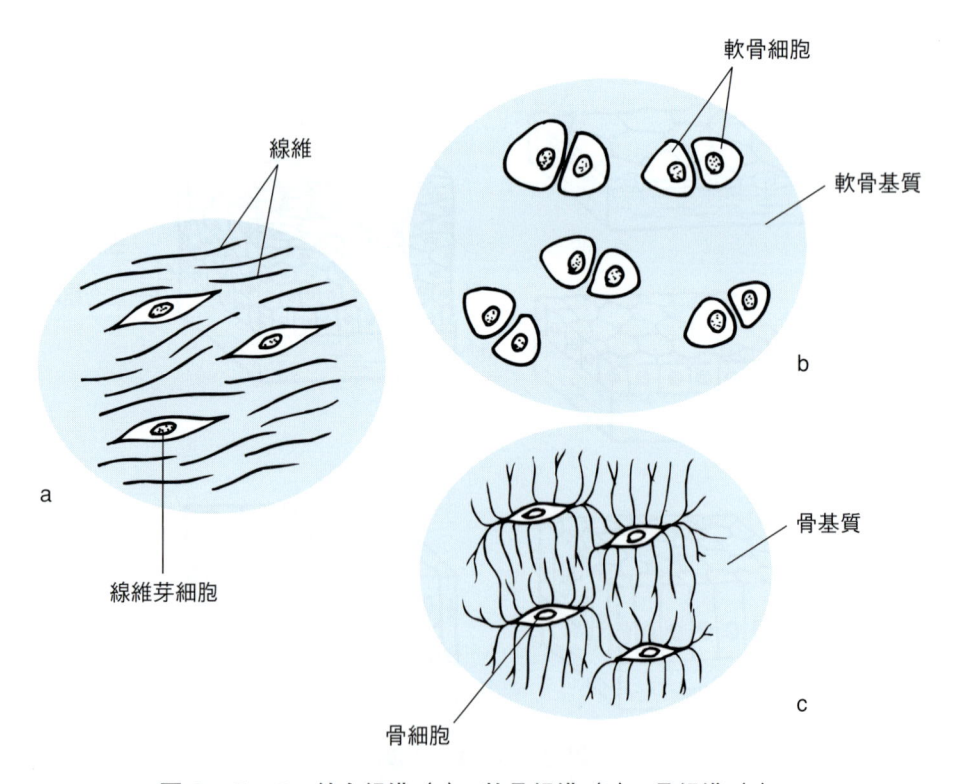

図2・5・2　結合組織（a），軟骨組織（b），骨組織（c）

長い形をした線維芽細胞 fibroblasts が豊かな細胞間質 intercellular substance の中に点在している．細胞間質は線維芽細胞によってつくられた線維 fiber とその間を埋める基質によってできている．線維の主体はコラーゲンでできた線維（コラーゲン線維 collagen fiber）で，これが組織内に広く分布し立体網をつくるために，線維芽細胞どうしは点在するようにみえる．これ以外にエラスチンを主体とする弾性線維がさまざまな比率で含まれ，線維芽細胞以外の細胞（マクロファージや肥満細胞，形質細胞など）が加わることもある．なお，脂肪組織は線維芽細胞が脂肪細胞に置きかわった特殊な結合組織ということができる．

2）軟骨組織

軟骨組織 cartilage tissue は，からだの支柱として働く組織であるが，結合組織より硬く骨組織より柔らかい．軟骨組織は，軟骨細胞 chondrocyte とそれが産生した細胞間質（軟骨基質）からなる．軟骨細胞はまるい大型の細胞で，軟骨基質の中の軟骨小腔という小さい部屋に閉じ込められている．軟骨組織のまわりは結合組織の膜（軟骨膜 perichondrium）に覆われ，軟骨組織のなかには血管は侵入しない．したがって軟骨細胞は酸素や栄養を，軟骨基質を介して軟骨膜の血管から受けとっている．

3）骨組織

骨組織 bone tissue は，組織内に石灰沈着がみられる特別な結合組織であり，からだの中でもっとも硬い組織の1つである．骨組織は，骨細胞 osteocyte とその周囲を埋める細胞間質（骨基質）からなる．骨基質は膠原線維とそのあいだを満たす無形基質（リン酸カルシウムや炭酸カルシウムなど）からなる．

2・5・3　筋組織

筋肉をつくっている組織を筋組織 muscular tissue という．一般的に筋組織は筋細胞 muscle cell（筋線維ともいう）が集まったもので，その周囲は結合組織によって束ねられている．筋線維の特徴は細胞の収縮運動にあり，これは細胞質に筋原線維 myofibril と呼ばれる収縮性の線維構造が多量に含まれることによる（図2・5・3）．

筋組織は筋線維の形態によって横紋筋組織 striated muscle tissue と平滑筋組織 smooth muscle tissue に分けることができる．横紋筋組織は，筋原線維に縞模様（横紋）がある筋線維（横紋筋線維）でできているが，平滑筋組織は，横紋をもたない筋線維（平滑筋線維）からなる．横紋筋組織はさらに骨格筋組織 skeletal muscle tissue と心筋組織 cardiac muscle tissue に分けることができる．両者は筋線維に横紋がある点で共通しているが，それぞれ骨格筋線維と心筋線維という異なる筋線維で構成される．

図 2・5・3　骨格筋組織の光学顕微鏡写真（マッソン・ゴールドナー染色）
数本の柱のような骨格筋線維（細胞）のなかに，筋原線維でできた横紋がみえる．筋原線維はマイクロフィラメント（アクチン）とミオシンでできている．

2・5・4　神経組織

　神経組織 nervous tissue は，中枢神経系（脳と脊髄）と末梢神経系（手足の神経や神経節）をつくっている組織である．神経組織は神経細胞と，それを支持する細胞（中枢神経系では神経膠細胞，末梢神経系ではシュワン細胞および外套細胞）からなり，血管とわずかの結合組織がそれを取り巻いている（図 2・5・4）．

　神経組織の主体である神経細胞 nerve cell は，細胞体と，そこから伸びだした2種類の突起（樹状突起と神経突起）でできている（図 2・5・5）．樹状突起は，他の細胞からの興奮を細胞体へと伝え，神経突起はその興奮を別の細胞へと伝えるのに利用される．このように神経細胞は樹状突起と神経突起とともに，構造上および機能上の1つの単位をなしており，ニューロン neuron（神経単位の意）と呼ばれている．神経組織では，このニューロンが連鎖しているので，興奮が細胞から細胞へと伝えられる．

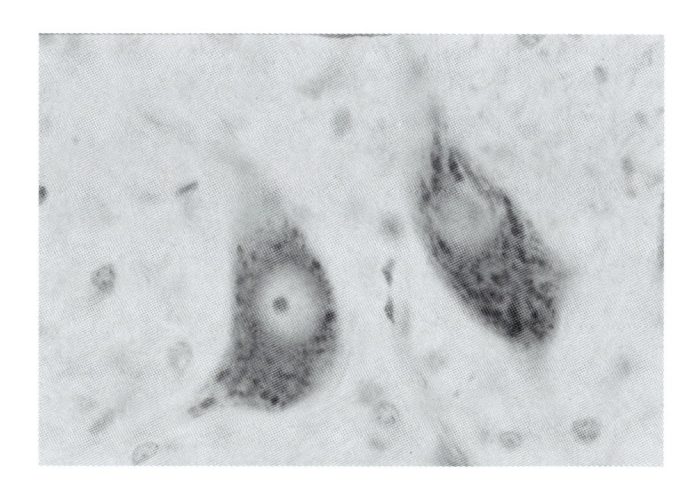

図 2・5・4　神経組織の光学顕微鏡写真（ニッスル染色）

細胞質に斑紋（ニッスル小体）をもった 2 個の神経細胞がみえている．その周囲は，グリア（神経膠）という構造で埋められる．

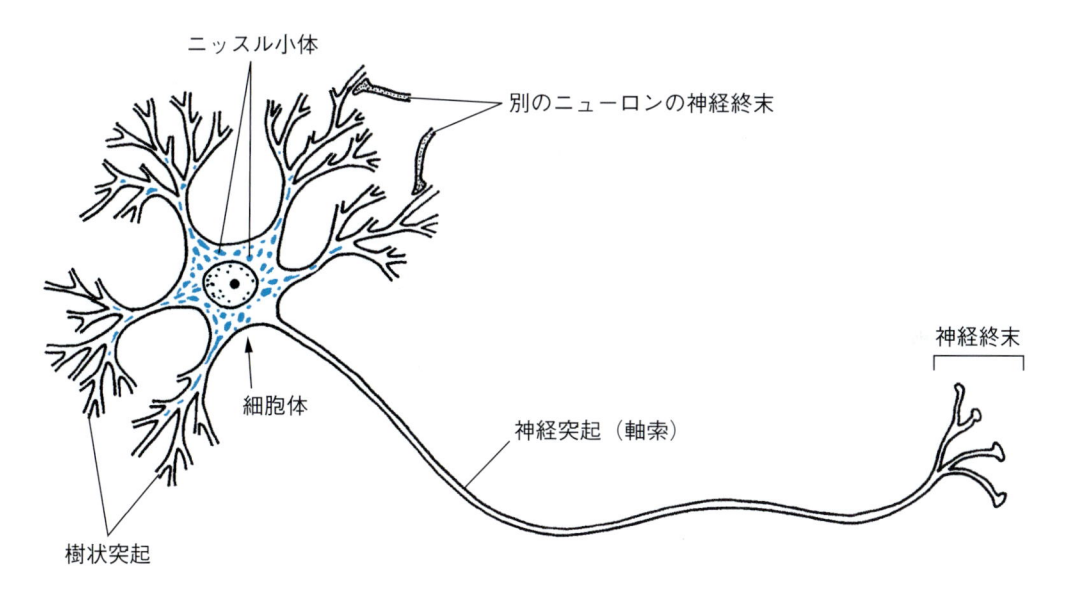

図 2・5・5　ニューロンの構造を示す模型図

ニューロンは神経細胞の細胞体と樹状突起・神経突起（軸索）で構成される．別のニューロンからの情報は，樹状突起で受容され，電気的興奮として神経突起へ伝えられる．

第3章

生命の維持

第3章の学習目標

1) 生体が個体として摂取する食物からは，どのような栄養素がエネルギー源として含まれていて，どのような生理機能によって体内に取り込まれるかを理解する．
2) それらの栄養素はどのように変換され，エネルギー源として生体内の各組織でどのように利用されているのかを理解する．
3) 生体におけるエネルギーの収支のバランスの調節，エネルギー源の利用と貯蔵の仕組みを理解する．
4) 個体が成長し老化する一生の間に，各組織とそれをつくる種々の細胞の消長が起こる．発生後期，誕生後に種々の細胞を維持，供給する仕組みを理解する．
5) 生体を構成している各組織のほとんどを成す体細胞は細胞分裂による増殖によって供給，補充されている．体細胞分裂の様子を知り，その際の一連の細胞の変化（細胞周期）の制御の仕組みを理解する．
6) 老化した細胞，傷ついた細胞は受動的，能動的に個体から除去されるが，うまく除去されないと生理機能の破綻や細胞のがん化の可能性がある．細胞の老化と死の仕組みを理解する．

はじめに

　生命は，種のレベルでみれば，食物摂取による種個体の生存と生殖による新しい個体の作出によって持続している．役目を終えた個体は死ぬことによって次世代の個体へと働くべき場を譲る．このような活動を支えるものとして，個体を構成する細胞群は栄養素を取り込み，そのエネルギーを変換して利用する．それによって自分自身を複製し，分化し，新しい働きをもつ細胞をつくり出している．ここでも，役目を終えた細胞は自ら死ぬプログラムを起動して消えていく．本章では，このような「生命の維持」に関わるエネルギーの変化と細胞の動きを大きな流れとして理解するとともに，生体における恒常性が細胞レベルにおいて生と死の交互する動的なバランスによって維持されていることを学ぶ．

3・1 食物とエネルギー

　栄養素 nutrient とは体細胞の成長やその維持，修復のために使われる食物中の化学物質である．栄養素は炭水化物 carbohydrate，脂質 lipid，タンパク質 protein の三大栄養素にビタミン vitamin，ミネラル mineral，水を加えて6グループに分けられる．その中でミネラル，ビタミン，ある種の脂肪酸やアミノ酸は必須栄養素といわれ，体内で合成することができないので食事から摂取しなければならない．また，ほとんどの食物はそのままの形では吸収できないので，細胞に入る小さな分子にまで分解しなければならない．その過程を消化 digestion という．消化には噛み砕く（咀嚼：そしゃく），蠕動（ぜんどう）運動，分節運動，振り子運動などによる機械的消化と消化管（口腔，食道，胃，小腸，大腸）とその付属器官（歯，舌，唾液腺，肝臓，胆嚢，膵臓）から分泌される酵素による化学的消化がある（図3・1・1）．消化された単糖，アミノ酸，トリグリセロール，コレステロール，ビタミン，ミネラル，水は，能動輸送または受動輸送により消化管上皮細胞から吸収 absorption されて，血中やリンパ液に入り全身の細胞に輸送される．消化されずに残った食物は糞便の形で排泄される．栄養素の消化と吸収の概略を図3・1・2と図3・1・3にまとめた．

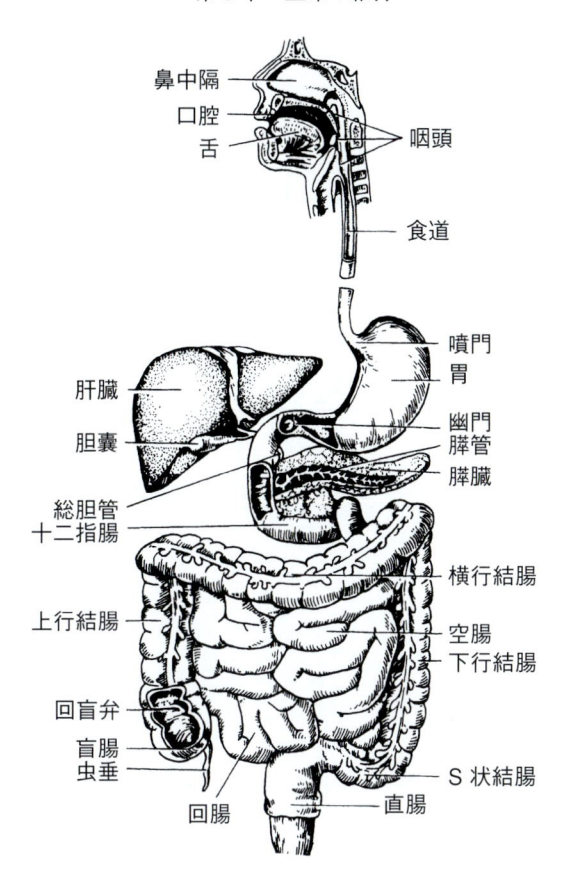

図 3・1・1 消化器系器官
(塩田・他編（2002）機能形態学　第 2 版, p.173, 廣川書店)

3・1・1 消化器官と摂取

1 口腔 oral cavity

　口腔に食物が入ると咀嚼運動による機械的消化が始まる．耳下腺や顎下腺の細胞から分泌される唾液は水溶性の漿液で，唾液アミラーゼを含む（顎下腺は一部粘液性細胞を含む）．アミラーゼの活性化には Cl^- が必要である．また，舌腺から分泌される液は舌リパーゼを含む．混和されて滑らかになった食塊は飲み込まれて咽頭から食道に入る．食道の上部の筋層は横紋筋で，下部は平滑筋である．食塊は食道の蠕動運動によって胃まで輸送される．食物が口腔から胃に運ばれることを嚥下（えんげ）という．

2 胃 stomach

　胃は噴門，胃底，胃体，幽門の 4 つの主要な部位に分けられる．胃壁は 3 層の平滑筋が成し，

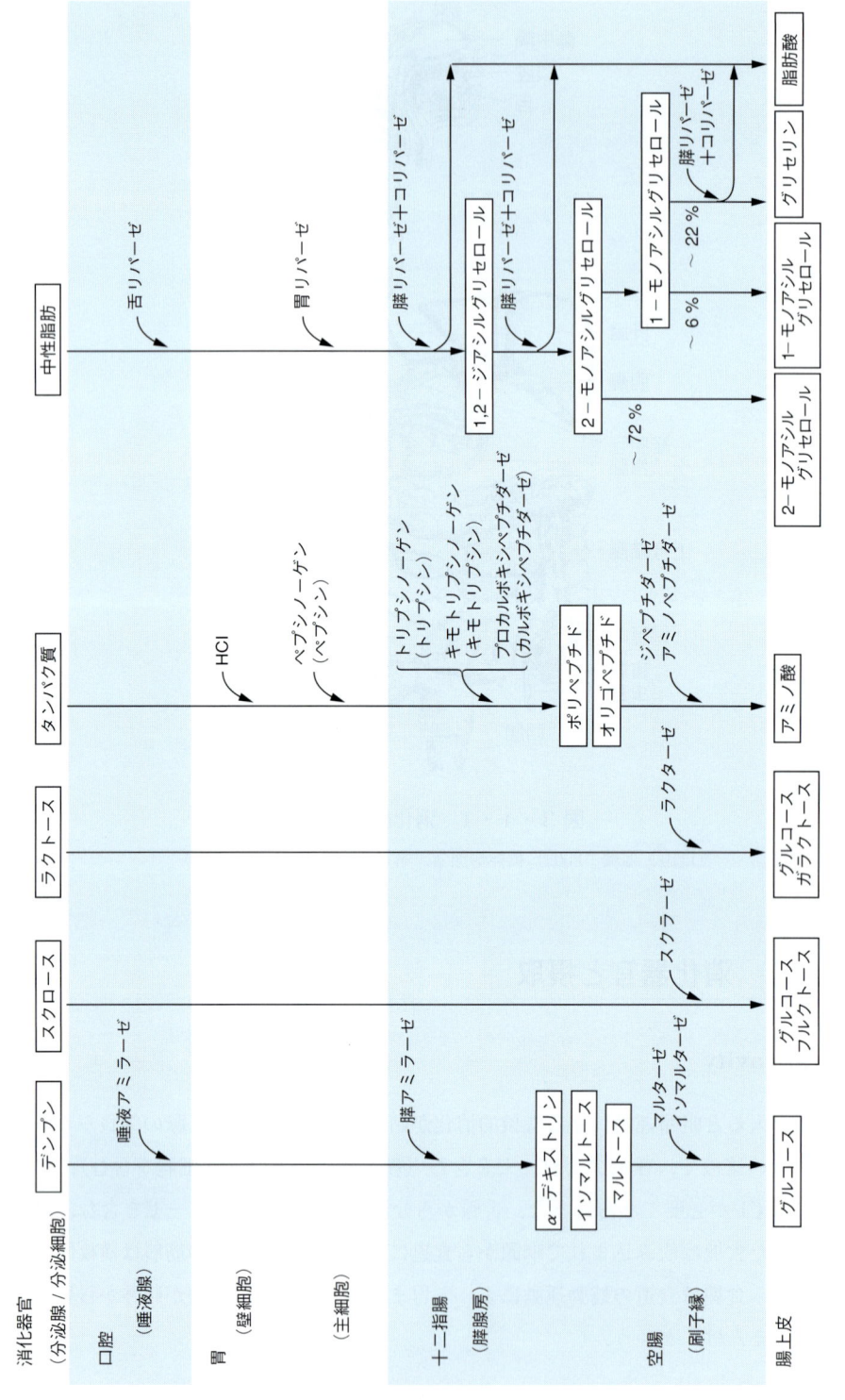

図 3・1・2 栄養素の消化

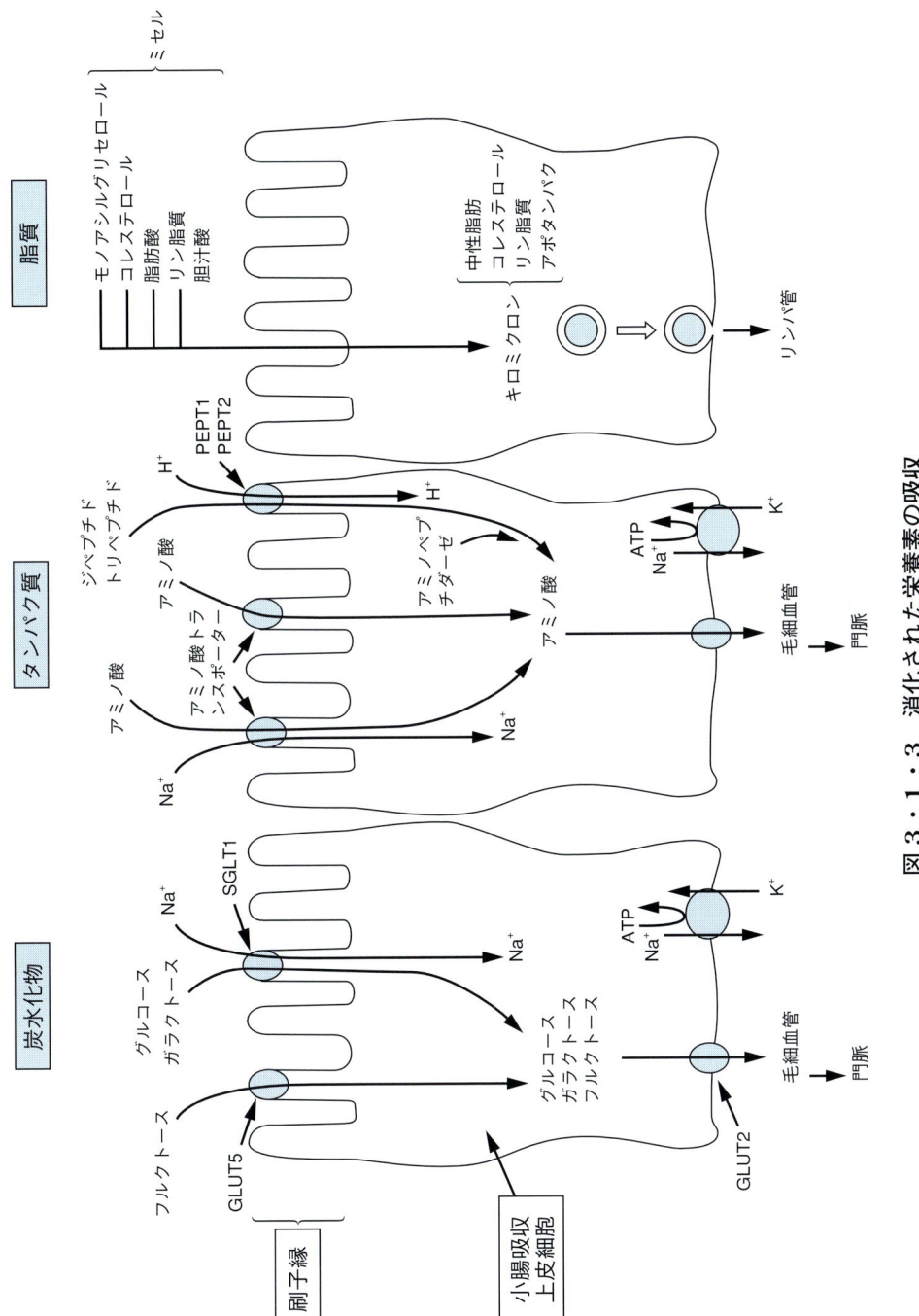

図 3・1・3　消化された栄養素の吸収

外側から縦筋層，輪走筋層を成し，最内層に胃で特徴的な斜走筋層がある．胃粘膜表面には胃小窩（いしょうか）と呼ばれるくぼみがあり，胃液を分泌する胃腺を構成している．胃腺は幽門腺，胃底腺，噴門腺があり，幽門腺と噴門腺からは粘液が分泌される．胃底部と胃体部に存在する胃底腺には3種類の外分泌細胞があり，副細胞からは粘液が分泌され，壁細胞からはビタミンB_{12}の吸収に必要な内因子と塩酸が分泌される．また，主細胞からはペプシノーゲンと胃リパーゼが分泌される．胃液は1日約2.5 L分泌される．塩酸は壁細胞に蓄えられることはなく，H^+とCl^-を別々に分泌することで壁細胞は保護される．すなわち膜にあるH^+/K^+ ATPaseによりK^+を細胞内に取り込み，H^+を胃内腔に輸送し，別に分泌されたCl^-によって胃内腔で塩酸となる．分泌された塩酸によって胃内はpH 1.0からpH 1.5となるが，食後ではpH 5付近まで上昇した後，元に戻る．胃は蠕動運動によって食物を胃液と混合して攪拌することによって半流動性の糜粥（びじゅく）chymeにする．胃の内容物は蠕動運動による収縮輪が幽門に達すると，幽門括約筋が収縮して幽門が閉じられることにより，糜粥の一部が十二指腸に向かって噴出される．

3 膵 pancreas

膵臓は膵液を分泌する外分泌部とランゲルハンス島といわれる内分泌部からなる．膵液は腺房と呼ばれる細胞集団から分泌される無色透明の液体で水，塩類，炭酸水素ナトリウム，酵素を含む．炭酸水素イオンは，膵液をアルカリ性（pH 7.1～8.2）にして酸性の胃内容物を中和し，ペプシンを失活させる．また，小腸内を消化酵素の至適pHに保つ働きがある．膵液にはタンパク分解酵素が不活性型の前駆物質（トリプシノーゲン，キモトリプシノーゲン，プロカルボキシペプチダーゼ，プロエラスターゼ）として存在し，さらに腺房からはトリプシンインヒビターを分泌することによって膵臓をトリプシンによる消化から保護している．膵液には，ほかにデンプン消化酵素（膵アミラーゼ），脂肪分解酵素（膵リパーゼ），核酸分解酵素（リボヌクレアーゼ，デオキシリボヌクレアーゼ）を含む．膵液は，2本の導管から十二指腸に分泌される．大きい管は膵管といわれ，肝臓と胆嚢からでてきた総胆管と結合し共通の管となり，ファーター乳頭として知られる開口部がある．小さい管は，膵臓からでる副膵管で，炭酸水素ナトリウムを多く含む膵液を分泌して腸管粘膜を保護する．副膵管はファーター乳頭の上部に開口する．

4 小腸 small intestine

小腸は3部位に分けられる．十二指腸 duodenum は胃の幽門括約筋から空腸 jejunum までの約25 cmの部位をいう．空腸は回腸 ileum までの約1 mの部位であり，回腸に至っては約2 mある．小腸は回盲括約筋のところで大腸を連結している．平滑筋層は2層で，外側が縦走筋であり，内側が輪状筋である．筋層の間には筋層間神経叢（アウエルバッハ神経叢 Auerbach's plexus）がある．筋層下には粘膜下神経叢（マイスナー神経叢 Meissner's plexus）があり，2つの神経叢は相互に連絡して，腸の運動を支配している．小腸の運動には，蠕動運動，分節運

動，振り子運動がある．蠕動運動は主に輪状筋が収縮してできる収縮輪が肛門側へ移動することによって，腸内容物が移動する運動である．分節運動は輪状筋が収縮と弛緩を繰り返すことにより，腸の内容物を混和して糜粥と消化液を混合し吸収されやすくする運動である．振り子運動は，主として縦走筋が収縮と弛緩を繰り返して腸内容物と消化液との混合を行う運動である．食べ物がほとんど吸収されてしまうと小腸壁は収縮しなくなり，分節運動はとまり，蠕動運動が始まり糜粥を回腸の端に移動させる．

　小腸壁の粘膜には絨毛 villi と陰窩（いんか）が並んでいる．絨毛上皮には，微絨毛で覆われた吸収上皮細胞 absorptive epithelial cell があり，そこでは刷子縁酵素 brush border enzyme による栄養素の消化吸収が行われている．上皮細胞は絨毛の根部から先端まで 24 時間で移動して管腔内に脱落する．微絨毛間は狭いので，腸内細菌は物理的に微絨毛間隙に侵入できず，消化産物が腸内細菌に奪われるのを防ぐのに役立っている．陰窩は腸腺（リーベルキューン腸陰窩）を形成し，粘液を分泌する杯細胞，殺菌作用のあるリゾチームを分泌するパネトー細胞，ホルモンを分泌する腸管内分泌細胞である S 細胞（セクレチン），CCK 細胞（CCK 分泌），K 細胞（グルコース依存性インスリン刺激ペプチド分泌）などが存在する．十二指腸の粘膜下組織には糜粥に含まれる胃酸を中和するアルカリ性の粘液を分泌する十二指腸腺（ブルンネル腺）がある．

5 胆嚢 gallbladder

　肝細胞から分泌された胆汁は，肝管から総胆管に入り，胆嚢管を経て胆嚢に入り貯蔵される．ここで水分とイオンが吸収され，結果的に 100 倍に濃縮される．総胆管は主膵管で合流する．分泌される胆汁の主要成分は，胆汁酸（コール酸，ケノデオキシコール酸），脂質（コレステロール，レシチン），胆汁色素（ビリルビン）である．

6 大腸 large intestine

　盲腸，結腸（上行結腸，横行結腸，下行結腸，S 状結腸），直腸に分かれる．消化酵素はなく粘液を分泌する．主な運動は総蠕動運動であり，水分の吸収と糞便の形成を行う．結腸に常在している腸内細菌群叢は，糖質の分解によりメタンガスを生成したり，タンパク質の分解によりインドール，スカトールを生成するので臭気の原因となる．また，細菌はある種のビタミン B 群，ビタミン K を合成する．

3・1・2　栄養素の消化と吸収

1 糖質 carbohydrate

　ヒトのエネルギー源として利用される多糖類はデンプンとグリコーゲンである．デンプンは，D-グルコースが α1→4 結合でつながった直鎖構造をした水溶性のアミロースと α1→4 結合

したグルコース残基に，一定の割合で α1→6 結合した分枝構造をもつ不溶性のアミロペクチンから成る．グリコーゲンはアミロペクチンより分枝構造が多い構造をもつ．唾液や膵液のアミラーゼ（α-アミラーゼ）は，α1→4 グルコシド結合のみを選択的に切断するエンド型加水分解酵素であることから，デンプンはマルトース（麦芽糖）とイソマルトース，α1→6 グルコシド結合を含む α-デキストリンに分解される．

小腸（空腸）で，デンプンの分解物は小腸粘膜上皮細胞の表面にある微絨毛（刷子縁膜）に組み込まれているマルターゼ（α-グルコシダーゼ），イソマルターゼ（α-デキストリナーゼ）でグルコースに加水分解される．また，ショ糖（スクロース）は刷子縁にあるスクラーゼ（スクロース α-グルコシダーゼ）でフルクトースとグルコースに分解され，乳糖（ラクトース）は刷子縁にあるラクターゼ（β-ガラクトシダーゼ）でガラクトースとグルコースに分解される．

分解された単糖は小腸粘膜上皮細胞に吸収される．吸収された単糖は門脈を経て肝臓へ運ばれる．肝細胞は GLUT2 を介してグルコースを自由に透過させることができる．フルクトースやガラクトースは肝臓でグルコースに変換される．肝臓へ取り込まれたグルコースは，グルコース 6-リン酸にリン酸化されてグリコーゲンや中性脂肪の合成に使われる．リン酸化されなかったグルコースは血中に出て，各組織でエネルギー源として利用される．食事から吸収されたグルコースのうち，約 50％がエネルギー産生に全身の細胞で使用され，約 40％が中性脂肪として脂肪組織で貯蔵される．約 10％がグリコーゲンとして肝細胞や骨格筋に貯蔵される．グリコーゲンの合成過程を糖原形成 glycogenesis と呼び，インスリンで刺激される．

2 脂質 lipid

食物に含まれる脂質の大部分は中性脂肪（トリアシルグリセロール triacylglycerol）である．舌腺から分泌される舌リパーゼや胃底腺の主細胞から分泌される胃リパーゼは，中性脂肪を 1,2-ジアシルグリセロールと脂肪酸にする．しかし，舌リパーゼや胃リパーゼの至適 pH が 4.5～5.0 であることから，これらの酵素による作用時間はそれほど長くない．脂肪は胃での機械的消化と十二指腸での胆汁酸による乳化作用を受けてエマルジョンになると，膵リパーゼ（ステアプシン）による加水分解をうけて約 80％が 2-モノアシルグリセロールと脂肪酸に分解される．残りの約 20％はグリセリンと脂肪酸に分解される．膵リパーゼの活性化には膵臓から一緒に分泌されるコリパーゼ（分子量 11000 の補酵素）が必要である．遊離した脂肪酸は，2-モノアシルグリセロール，コレステロール，リン脂質，胆汁酸とミセルを形成して小腸粘膜に拡散すると，胆汁酸以外は単純拡散によって絨毛の小腸粘膜上皮細胞に取り込まれる．遊離した胆汁酸は回腸末端でほとんど吸収され，門脈から肝臓に戻る（腸肝循環）．上皮細胞内で脂肪酸（パルミチン酸，ステアリン酸のような長鎖脂肪酸）は中性脂肪に再合成されて，コレステロール，リン脂質，アポタンパク質とキロミクロン chylomicron というリポタンパク質をつくり，エクソサイトーシス exocytosis によって小腸の絨毛の中心にある乳び管から腸間膜リンパ管へ出る．キロミクロンが筋肉や脂肪組織に運ばれると，毛細血管内皮にあるリポタンパク質リパーゼ

lipoprotein lipase によって，キロミクロン中の中性脂肪は遊離脂肪酸とグリセロールに分解されて，遊離脂肪酸が組織内に取り込まれる．

③ タンパク質 protein

食品中のタンパク質は，胃腺から分泌される塩酸によって立体構造が変化してペプチド鎖が露出する．また，胃腺から分泌されるペプシノーゲンは，塩酸によってペプチド鎖が切断されて活性型のペプシンになる．ペプシンは芳香族アミノ酸（チロシン，フェニルアラニン，トリプトファン）のペプチド結合を特異的に切断し，タンパク質をポリペプチドに分解する．

十二指腸では，膵液のトリプシノーゲンが十二指腸粘膜のエンテロペプチダーゼで活性化されてトリプシンになる．さらにトリプシンはトリプシノーゲンをトリプシンに，キモトリプシノーゲンをキモトリプシンに，プロエラスターゼをエラスターゼに，プロカルボキシペプチダーゼをカルボキシペプチダーゼにそれぞれ活性化する．活性化されたトリプシン（塩基性アミノ酸，アルギニン，リジン），キモトリプシン（芳香族アミノ酸），エラスターゼ（アラニン），カルボキシペプチダーゼ（ペプチド鎖をC末端から順次1個ずつ切断してジペプチドをつくるエキソ型酵素）は強力なタンパク分解酵素として，ポリペプチドを遊離アミノ酸とオリゴペプチドにする．空腸では小腸粘膜上皮細胞の刷子縁膜酵素であるアミノペプチダーゼ（N末端側からペプチドを切断するエキソ型酵素）やジペプチダーゼ（2個のアミノ酸のペプチド結合を切断する）によって，オリゴペプチドはジペプチドやアミノ酸にまで加水分解される．アミノ酸は中性アミノ酸，酸性アミノ酸，塩基性アミノ酸，脂肪族アミノ酸，分岐型アミノ酸，芳香族アミノ酸など種類によって，刷子縁にある種類の異なる輸送体（トランスポーター）を介して細胞内に吸収される．ジペプチドやトリペプチドは，刷子縁膜のH^+駆動型ペプチドトランスポーター（PEPT1，PEPT2）によって細胞に取り込まれた後，ジペプチダーゼによってアミノ酸に加水分解される．アミノ酸は門脈を経て肝臓へ輸送される．

④ ビタミンとミネラル vitamin and mineral

食物中の脂溶性ビタミン（ビタミンA，D，E，K）は脂質のミセルとともに吸収され，水溶性ビタミン（ビタミンB群，C）やミネラルは能動輸送によって吸収される．ビタミンB_{12}は水溶性であるが，胃酸とともに分泌される内因子と結合したのち，回腸の受容体で吸収される．細胞内で内因子が離れて，ビタミンB_{12}とトランスコバラミンⅡが結合して血中に運び出される．ヒトでは7種のミネラル（カルシウム，リン，カリウム，硫黄，ナトリウム，塩素，マグネシウム）を必須元素として補給されなければならないとされる．小腸粘膜におけるCa^{2+}の吸収は活性型ビタミンD_3により促進する．穀物中のフィチン酸はカルシウムの吸収を妨げる．

3・2　組織内でのエネルギーの変換

　消化によって食物から得られたアミノ酸，糖，中性脂肪などの分子は細胞に供給され，細胞内の酵素によって酸化分解を受ける．これを異化 catabolism という．このとき細胞は外部から取り込んだ物質に蓄えられていた化学結合エネルギーをアデノシン 5′-三リン酸 adenosine 5′-triphosphate（ATP）などの運搬体として獲得する．グルコースは主要なエネルギー源であるが，細胞質にある解糖系 glycolysis（Embden-Meyerhof-Parnas 経路ともいう）によって酸化されて，グルコース 1 分子は 2 分子のピルビン酸に分解される．好気条件下ではピルビン酸はアセチル CoA となり，ミトコンドリアのマトリックスにある TCA 回路 tricarboxylic acid cycle（citric acid cycle, Krebs cycle ともいう）に送られ，最終的に CO_2 と H_2O に分解される．この過程でニコチンアミドアデニンジヌクレオチド nicotinamide adenine dinucleotide（NAD^+）やフラビンアデニンジヌクレオチド flavin adenine dinucleotide（FAD）から NADH，$FADH_2$ が生成して，ミトコンドリア内膜に存在する電子伝達系 electron-transport chain によって ATP 産生に利用される．電子伝達系が行う ATP の産生を酸化的リン酸化 oxidative phosphorylation という．細胞質にあるグルコースの代謝経路には，その他，核酸合成に必要なリボース 5′-リン酸を合成するペントースリン酸回路 pentose phosphate cycle がある．この過程で NADPH が生成される．脂肪由来の脂肪酸はミトコンドリア内で酸化（β 酸化）を受けてアセチル CoA と NADH を生じ，TCA 回路と電子伝達系を介して ATP が産生される．一方，嫌気的条件下ではピルビン酸は乳酸に変換される．このとき NADH は NAD^+ となって解糖系に戻る．

　異化代謝によって獲得したエネルギーを利用して，細胞の維持や増殖に必要なタンパク質，多糖，脂質，核酸などを合成することを同化 anabolism という．同化代謝ではグルコース以外のものからグルコースを合成する糖新生 gluconeogenesis やアミノ酸の合成，中性脂肪の合成，グリコーゲンの合成などが行われる．TCA 回路の中間体であるオキサロ酢酸（オキザロ酢酸）や α-ケトグルタル酸はアミノ酸の合成に利用され，アセチル CoA は脂肪酸の合成原料となる．TCA 回路のような異化と同化を連結する機能をもつ代謝経路を両用経路 amphibolic pathway という．異化代謝と同化代謝を図 3・2・1 にまとめた．

1　肝 liver

　肝臓で必要なエネルギーは脂肪酸の酸化から得られる．脂肪酸の β 酸化によって過剰に生成したアセチル CoA からはケトン体（アセト酢酸，アセトン，3-ヒドロキシ酪酸）が生成されるが，肝臓ではケトン体は利用されず，血中に出て肝外組織で ATP 産生に使われる．

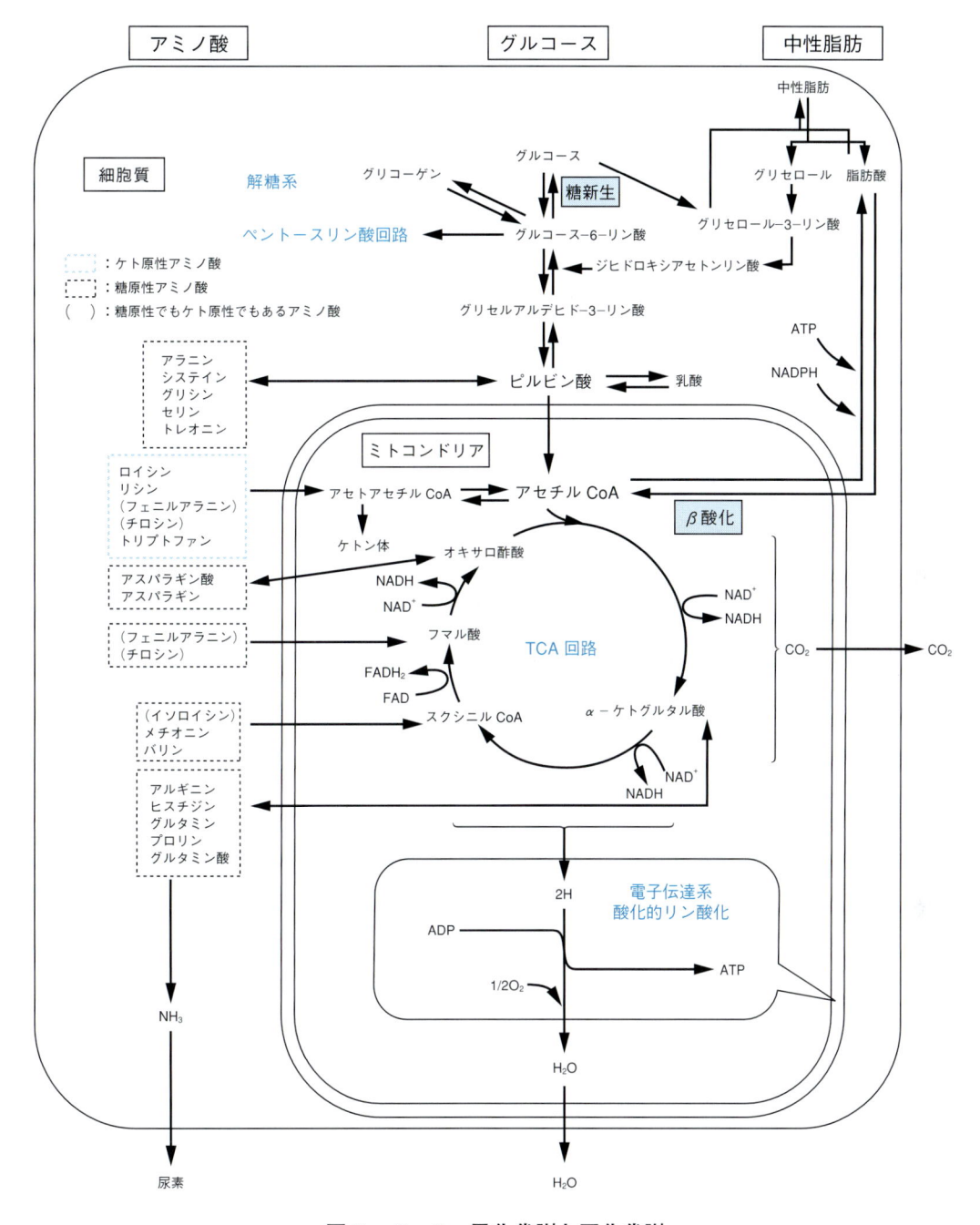

図3・2・1 異化代謝と同化代謝

　また，肝細胞に取り込まれたアミノ酸は，脱アミノ化を受けてケト酸となり，クエン酸回路を経てATP産生に使われ，また，オキサロ酢酸に変換されてグルコースに合成される．このようなアミノ酸を糖原性アミノ酸 glucogenic amino acid という．肝臓ではアミノ酸以外にも，中性脂肪の分解によって生じたグリセロールや骨格筋や赤血球で嫌気的に産生された乳酸を使って糖

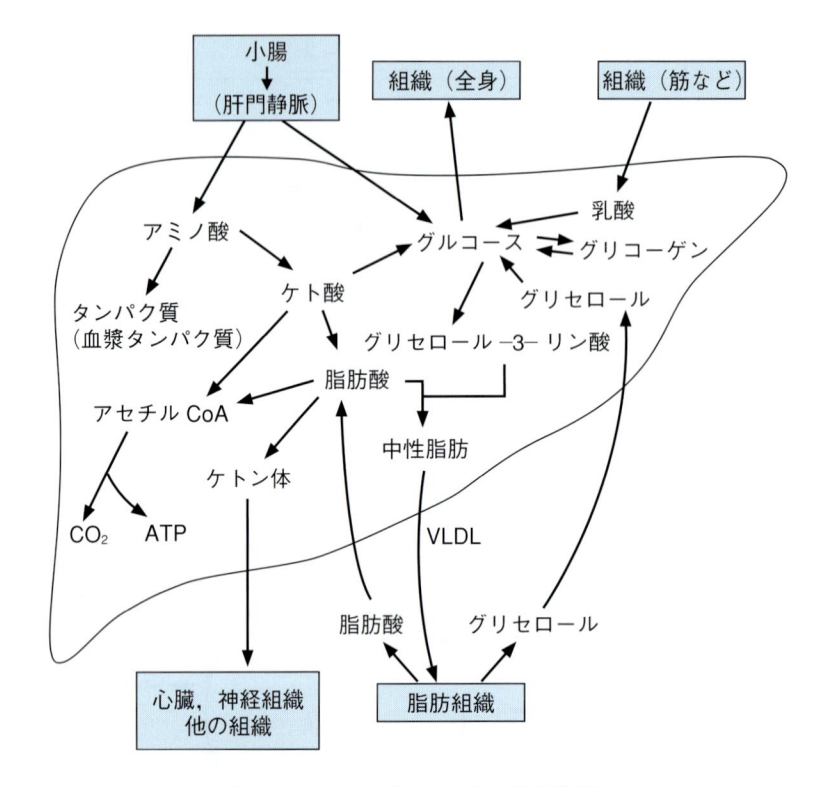

図3・2・2 肝における代謝経路

新生が行われる．一方，リシンとロイシンのようなアミノ酸はアセチル CoA のみを生じ脂肪酸の合成に利用され，飢餓状態においてはケトン体に変換される（ケト原性アミノ酸 ketogenic amino acid）．

　体内グリコーゲンの25％が肝細胞に蓄えられる．肝臓のグリコーゲンは必要に応じて，グルコース-6-リン酸に変換され，フォスファターゼによってグルコースになり血中に放出される．この過程を糖原分解 glycogenolysis という．グルコースやアミノ酸から合成された中性脂肪は肝臓で合成されるリポタンパク質の1つである超低密度リポタンパク質 very low-density lipoprotein（VLDL）に詰め込まれて血液中を運搬されて，筋肉や脂肪組織に運ばれる（図3・2・2）．

2 筋 muscle

　脂肪酸は安静時における骨格筋のエネルギー源である．脂肪酸は脂肪組織から遊離脂肪酸として血中アルブミンと結合して運ばれ，キロミクロン中の中性脂肪は分解によって生じる．また，肝臓や腎臓から放出されたグルコースは筋組織に取り込まれる．安静時には，グルコースはグリコーゲンとして貯蔵される．体内のグリコーゲンの75％は骨格筋に蓄えられている．しかし，肝（と腎）以外ではグルコース-6-フォスファターゼが存在しないことから，グリコーゲンはグ

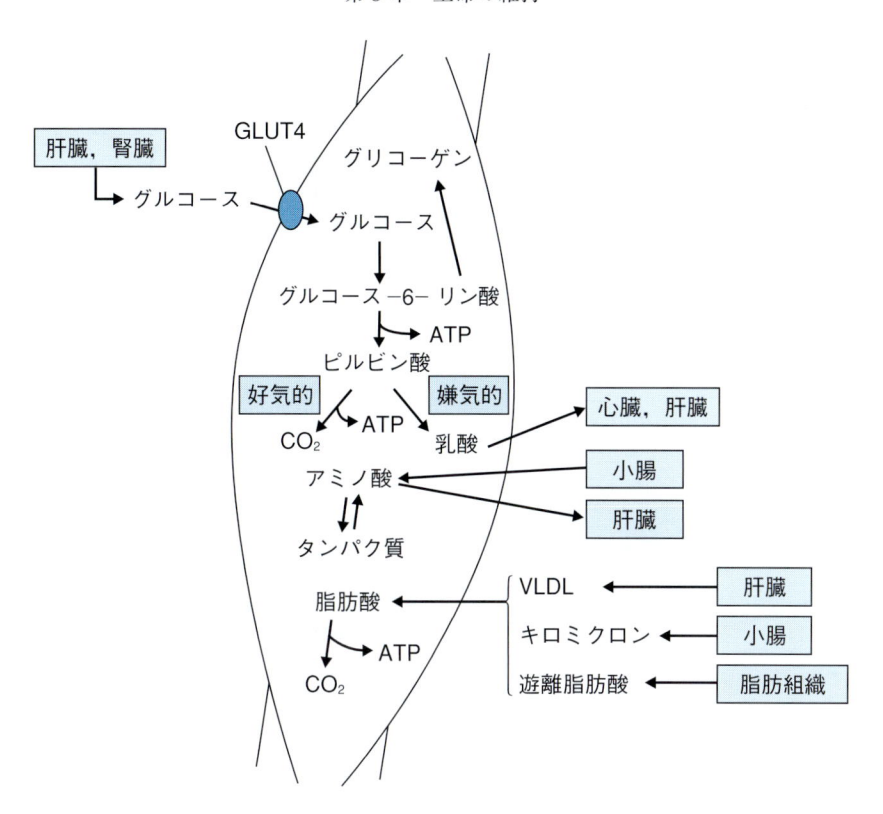

図3・2・3　骨格筋における代謝経路

ルコースに変換されない．骨格筋のグリコーゲンは細胞自身の必要に応じて，グルコース-6-リン酸から解糖系に入り，ピルビン酸を生成して好気的にクエン酸回路へ入るか，嫌気的に乳酸を産生する．乳酸は肝臓に運ばれて，グルコースへ変換される．

一方，心筋ではミトコンドリアが豊富なことから，血液で運ばれてくる乳酸を好気的に酸化してATPを産生することができる．この骨格筋との違いは乳酸デヒドロゲナーゼのアイソザイムの違いによる．

肝臓から放出されたケトン体は，骨格筋や心筋でアセチルCoAに変換されることから，ATP産生に利用される．心筋や血管の平滑筋では最大限の運動をしているときでも，ケトン体や脂肪の利用はグルコースより優先して行われる（図3・2・3）．

3 脂肪組織 adipose tissue

キロミクロンやVLDLとして脂肪組織に運ばれた中性脂肪は，リポプロテインリパーゼによって脂肪酸を遊離すると脂肪組織に取り込まれて，中性脂肪に再合成される．脂肪細胞ではリポタンパク質を形成する能力はないため，中性脂肪は貯蔵小滴として蓄えられる．また，中性脂肪の合成に必要なグリセロール-3-リン酸は脂肪組織に取り込まれたグルコースからの供給のみに依存している．

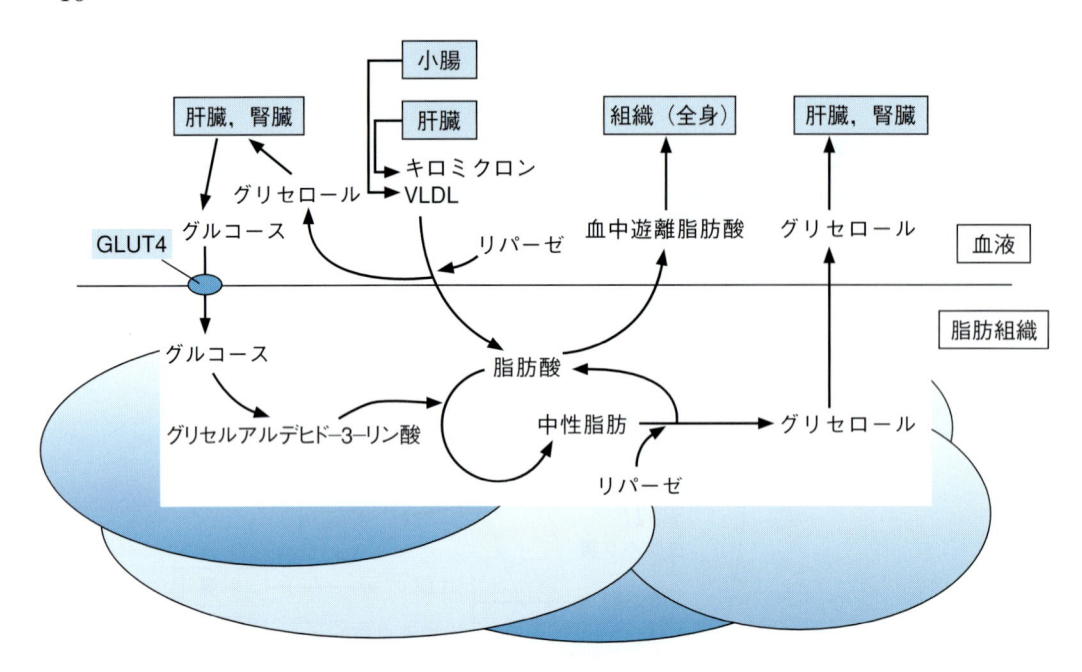

図3・2・4 脂肪組織における代謝経路

脂肪細胞には細胞内リパーゼがあり，貯蔵脂肪に作用して，中性脂肪を脂肪酸とグリセロールに分解する．脂肪酸は脂肪組織で中性脂肪の再合成に使われ，また，血液中に放出されて血清アルブミンと結合して全身の細胞へ運ばれ，ATP産生に利用される．すなわち，脂肪組織に貯蔵された中性脂肪は分解と再エステル化を繰り返している（図3・2・4）．

4 脳 brain

脳のミトコンドリアには脂肪酸のβ酸化を行う酵素が存在しないことから，脳はすべての器官の中でATP産生におけるグルコースへの依存度は高い．グルコース-6-リン酸の生成を触媒するヘキソキナーゼ活性はグルコースに対する親和性が高いので，グルコースの濃度勾配は外から中へ低く保たれ，神経細胞はグルコースを取り込むことができる．また，脳では解糖系やクエン酸回路の酵素活性が高く，脳における乳酸の蓄積を防ぎ，ピルビン酸のほとんどがアセチルCoAに酸化されてエネルギー産生に使われる．しかし，飢餓時には血中ケトン体からATPを産生する．

5 赤血球 erythrocyte

ヒトの赤血球には核やミトコンドリアが存在せず，エネルギー産生は嫌気性解糖に依存している．

6 腎 kidney

アミノ酸からグルコースを合成する場である．血中アミノ酸のうち，腎で容易に脱アミノ化されるのはグルタミン酸，アスパラギン酸，アラニン，グリシンである．

3・3 エネルギー代謝，肥満と糖尿病

3・3・1 代謝量と脂肪組織

体重 60 kg の成人のモデルとして，図 3・3・1 のような 1 日の摂取栄養を考えてみる．エネルギー収支に関しては，これがほぼバランスのとれた状態と考えられる．体外から取り込んだ栄養分はまず肝臓において処理される．余剰の摂取栄養は脂質として血流中に放出され，各組織

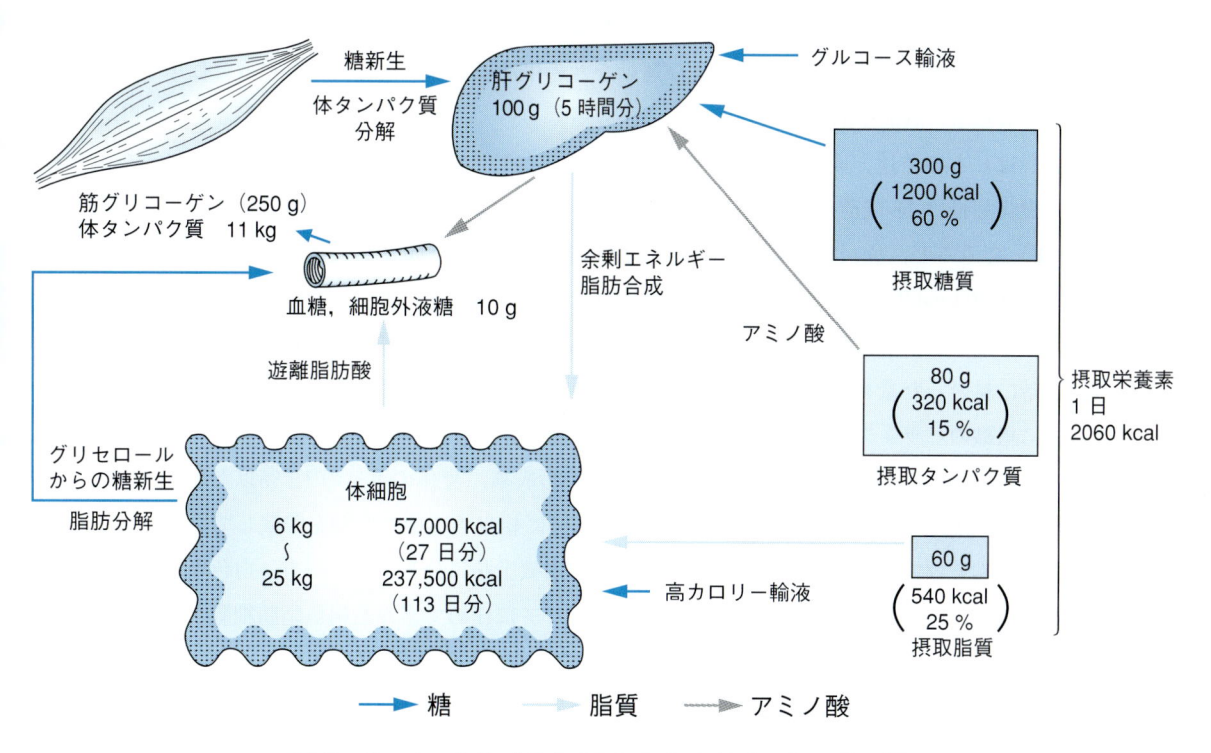

図 3・3・1 人体（成人 60 kg）におけるエネルギー源

摂取量においては糖質が大きいが，貯蔵量においては糖質は約半日分のエネルギーしかない．体脂肪は消化，吸収のエネルギーが不要なため，9.5 kcal/g である．

（香川靖雄，野沢義則（1998）図説医化学（第 3 版），p.6，南山堂より改変）

において脂肪として貯蔵される．過剰な血糖は肝，そして筋にグリコーゲンとして貯蔵される．肝はこれらの貯蔵エネルギー源を必要に応じて分解し，脂肪組織も脂肪を分解し，遊離脂肪酸 free fatty acid（FFA）をつくり，またグリセロールを材料として糖新生を行い，血流に放出する．血糖は食後 4 時間程度までは食餌中の糖質から，その後 16 時間程度までは肝貯蔵グリコーゲンから得られる．ほとんどの組織は脂肪酸や脂肪酸分解中間物のケトン体をエネルギー源として利用するが，脳，赤血球，精巣，副腎髄質のようにグルコースしか利用できない組織がある．そこで，絶食が続き血糖値が低下してくると（基準血糖値は空腹時には 75～107 mg/dL 程度；30 mg/dL 以下では低血糖昏睡となる），筋などの体タンパク質を分解して糖新生が行われる．栄養摂取が少ない状態として，数時間から 2，3 日間の絶食 fasting あるいは数週間以上に及ぶ飢餓 starvation があるが，ヒトは脱水にならなければ 2 か月近くは生存できるといわれる．その際には，体細胞のタンパク質異化，脂肪組織の中性脂肪分解によりエネルギーがつくられる．

一方，body mass index［体重（kg）/身長（m）の 2 乗］（BMI）が 25 以上（または肥満度［体重/標準体重 − 1］が 20％以上）の場合，肥満 obesity とされ（2002 年の国民栄養調査によると，20 歳以上の日本人の肥満者は男性 29％，女性 23％），基本的には消費されるエネルギー量に対する摂取栄養量の過多によるものと考えられる．エネルギー消費に関わる要素としては生体組織における代謝量という生理条件および運動などの生活様態が，また，栄養摂取に作用する要素としては食欲の調節や消化吸収効率がある．

代謝量はヒトの発達，成長，加齢に伴って変化する．1 日の総消費エネルギーの約 70％を占める基礎代謝量は 18 歳前後をピークとし，その後は徐々に減っていく．代謝基準値（基礎代謝量/体重）でみると，成長期の新生児期には約 60 kcal/kg/日，成長期には 40 kcal/kg/日，思春期以降は 30 kcal/kg/日，中高年期には 20 kcal/kg/日と減少しており，身体の成長活動を反映していることがわかる．したがって，摂取する栄養物については単純な絶対量ではなく，身体の成長段階に見合った量を考慮する必要がある．また，代謝量は筋で高く脂肪組織で低いので，体重以外に組織のバランスというファクターも重要である．

脂肪組織は細網線維に細かく包まれた脂肪細胞から成る．身体の重量の 10％以上を占めており，仮に 10 kg として 100,000 kcal 近いエネルギーに相当する中性脂肪を貯蔵している．脂肪細胞のほとんどは白色脂肪細胞で，皮下脂肪および内臓脂肪に分布する．一方，白色脂肪細胞に比べると量的にはごくわずかであるが，ミトコンドリアに極めて富んだ褐色脂肪細胞がある（新生児で 100 g 程度，成長後次第に減少し老年期までに半減する）．毛細血管がよく発達した褐色脂肪組織を成しており，血中の遊離脂肪酸を取り込んで消費し，急速な脂肪分解により大量の熱を発生させる器官と考えられる．実際，冬眠する哺乳動物によく発達しているが，ヒトにも背中の肩甲骨の辺り，首の後ろ，脇の下，心臓周辺の大動脈の周囲，腎臓の周囲という限られた部位に存在している．白色脂肪組織が交感神経と副交感神経の両者の制御を受けているのに対し，褐色脂肪組織は交感神経系の支配だけを受けているという特徴がある．褐色脂肪細胞の機能が高い

場合には代謝量も高いと考えられ，白色脂肪細胞の場合も内臓脂肪のほうが$β_3$アドレナリン受容体が多いとされるので，内臓脂肪組織は皮下脂肪組織よりもエネルギー産生における役割が大きいことが考えられる．

これらの脂肪細胞は中胚葉性（間充織）幹細胞から脂肪芽細胞，前駆脂肪細胞を経て未熟脂肪細胞が分化して生じる．分化した時点では小型の脂肪細胞であるが，肥満が進行する条件下にあっては血流のキロミクロン，VLDLが取り込まれ，脂質の貯蔵の進行と共に肥大化して大型脂肪細胞となり，以下のような細胞，組織としての機能の変化が起こると考えられている（図3・3・2）．

3・3・2　食欲とホルモン

食欲を調節する主要なファクターは，視床下部にある食欲中枢（満腹中枢，摂食中枢）に対する種々の生理活性物質の作用である．もっとも基本的なのは，血糖が上昇するとインスリンが分泌され，糖とともにインスリンが脳内に移行して満腹感を誘起するという機序である．その他，遺伝的肥満マウス（ob/ob マウス，db/db マウス）の分析から，1994年に発見されたレプチン

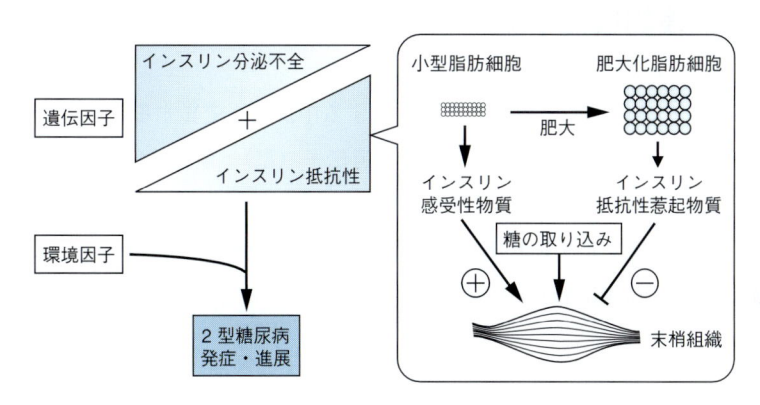

(A) インスリン抵抗性と脂肪細胞

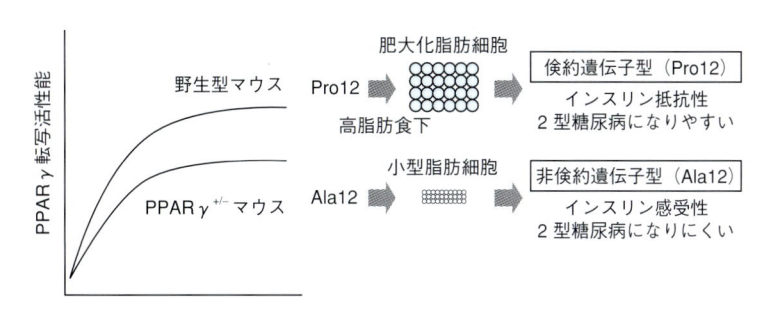

(B) PPARγ2遺伝子は倹約遺伝子として働いている

図3・3・2　脂肪細胞の肥大とインスリン抵抗性

（原，門脇（2003） Molecular Medicine，40巻，6号，p.713，中山書店）

leptin は白色脂肪細胞により産生されるホルモンで，脂肪細胞が肥大してくると分泌が高まり，視床下部に作用して摂食を抑制するとされる．レプチンは視床下部の弓状核に働いてメラノコルチン分泌を刺激して摂食を抑制するが，レプチンやインスリンの濃度が低いと弓状核などのニューロンからニューロペプチドYが分泌されて摂食を刺激する．ヒト肥満者では多くの場合，脂肪組織でのレプチン遺伝子発現，血中濃度は体脂肪率，BMIによく相関して上昇しており，レプチン作用の低下は物理的な量によるものではないと考えられる．髄液中のレプチンの濃度が低いことがみられるので，血液－脳関門での移行に問題がある可能性がある．レプチンはまた，褐色脂肪細胞に作用して熱産生（エネルギー消費）を亢進する，という働きにより肥満を抑制すると考えられる．

その他，グレリン ghrelin はレプチンに拮抗するホルモンとして1999年に見出された胃の消化管ペプチド（腸，膵からも分泌される）で，空腹により分泌が促進される，成長ホルモンの分泌を促進する，摂食を亢進させるなどの作用がある．また，2004年に発見されたニューロメジンUは脳内で働く神経ペプチドで，摂食抑制作用があるが，レプチンとは独立に働いているとみられている．

3・3・3　倹約遺伝子型

以上のような種々の要因・因子の関わりを分析する中から，変異すると肥満を引き起こす遺伝子（型），逆に変異すると肥満になりにくくなる遺伝子（型）（倹約遺伝子型 thrifty genotype）が見出されてきた（図3・3・2，表3・3・1）．有名な例では，肥満，糖尿病を多発するPimaインディアンでは β_3 アドレナリン受容体に機能低下性の多型がみつかっている．その他，PPARγ（peroxisome proliferater-activated receptor γ）とアディポネクチンが注目される．

表3・3・1　倹約遺伝子の候補

遺伝子	機能	関連疾患
GIP 受容体	インスリン分泌	肥満，2型糖尿病
PPARγ	脂肪細胞分化	肥満
Dgat	トリグリセリド合成	肥満
HMGIC	脂肪細胞分化	肥満
GNB3 825T	3量体Gタンパク質を介したシグナル伝達	肥満，高血圧
β_3 アドレナリン受容体	エネルギー代謝	肥満
レプチン，	エネルギー代謝	肥満
レプチン受容体	食欲調節	2型糖尿病
アンギオテンシノーゲン	Na^+ 再吸収	高血圧
APOE 4	脂質代謝	肝動脈疾患，アルツハイマー
グリコーゲンシンターゼ	グリコーゲン合成	2型糖尿病

（矢崎，渥美・編（2001）分子糖尿病学の進歩－基礎から臨床まで－，p.79，金原出版）

PPARγは脂肪細胞の分化を進める核内レセプター/転写因子で，エネルギー過剰の状態で脂肪の蓄積とインスリン抵抗性を媒介するとみられる．アディポネクチンは脂肪組織に高発現している分泌タンパク質であり，糖尿病，肥満，冠動脈疾患などインスリン抵抗性が認められる状態では血中濃度が低下している．アディポネクチンの投与によるインスリン抵抗性の改善が報告されており，アディポネクチンはインスリン感受性物質とされる．一方，単球・マクロファージが産生するTNF-α（腫瘍壊死因子 tumor necrosis factor-α）は脂肪細胞でもつくられており，インスリン・シグナルを減弱させるインスリン抵抗性惹起物質の1つだと考えられているが，脂肪細胞の肥大化に伴って産生が増大する（図3・3・2A）．また，プラスミノーゲン・アクティベーター阻害因子Ⅰ（PAI-1）の産生も肥大化に伴い上昇し，線溶活性を低下させるため，肥満者に多い血栓症や心筋梗塞の誘因となっている．

　その他倹約遺伝子の候補として，中性脂肪合成酵素 Dgat（脂肪細胞における中性脂肪合成の促進），転写調節因子 HMGI（high mobility group I）C（間葉系細胞の分化調節；高脂肪食時，脂肪細胞に発現して脂肪細胞の増殖を促進），GIP（gastric inhibitory polypeptide）受容体（グルコース応答性インスリン分泌増強），Gタンパク質サブユニット多型GNB3 825T（肥満，高血圧発症率上昇）なども考えられている．

3・3・4　血糖の調節と糖尿病

　血流中のグルコースなど糖質の濃度は生体内各組織のエネルギー供給において極めて重要なファクターであり，生体においてはホルモンなどによる巧妙な調節機構が働いている．よく知られているように，血糖値が上昇すると膵ランゲルハンス島B（またはβ）細胞からインスリンが分泌され，逆に，低下すると膵ランゲルハンス島A（またはα）細胞からグルカゴン glucagon が分泌され，血糖値のコントロールを行う．空腹時には，血糖値は肝におけるグルコース生成と末梢組織での糖取り込みとのバランスによって決まるが，この肝グルコース生成はインスリン，グルカゴンにより調節されている（図3・3・3）．一方，糖取り込みはインスリン依存，非依存両様のメカニズムによる．一晩絶食後の肝グルコース生成は1時間当たり約8g，そのうちの70％はグリコーゲン分解により，残りは糖新生によりつくられる．このグルコースの25％はインスリン非依存的に神経組織に取り込まれ，10％は脂肪組織，他の内臓へ，残りの60％は筋に取り込まれるといわれる．

　糖の細胞への取り込みに際しては，水溶性である糖は細胞膜を通過することはできないので糖輸送担体（グルコース輸送体，グルコーストランスポーター glucose transporter ともいう）が働いている．これにはナトリウム依存性の能動輸送タイプのものと促進拡散（輸送分子を介した，両方向への受動的な移動；促通拡散ともいう）タイプのものがあり，前者は小腸，腎細尿管の上皮に発現する SGLT1 のように，濃度勾配に逆らった上皮細胞における吸収に関わり，後者（GLUT1 から GLUT7 など，機能をもつ分子11種類が知られている）は組織の細胞が血流など

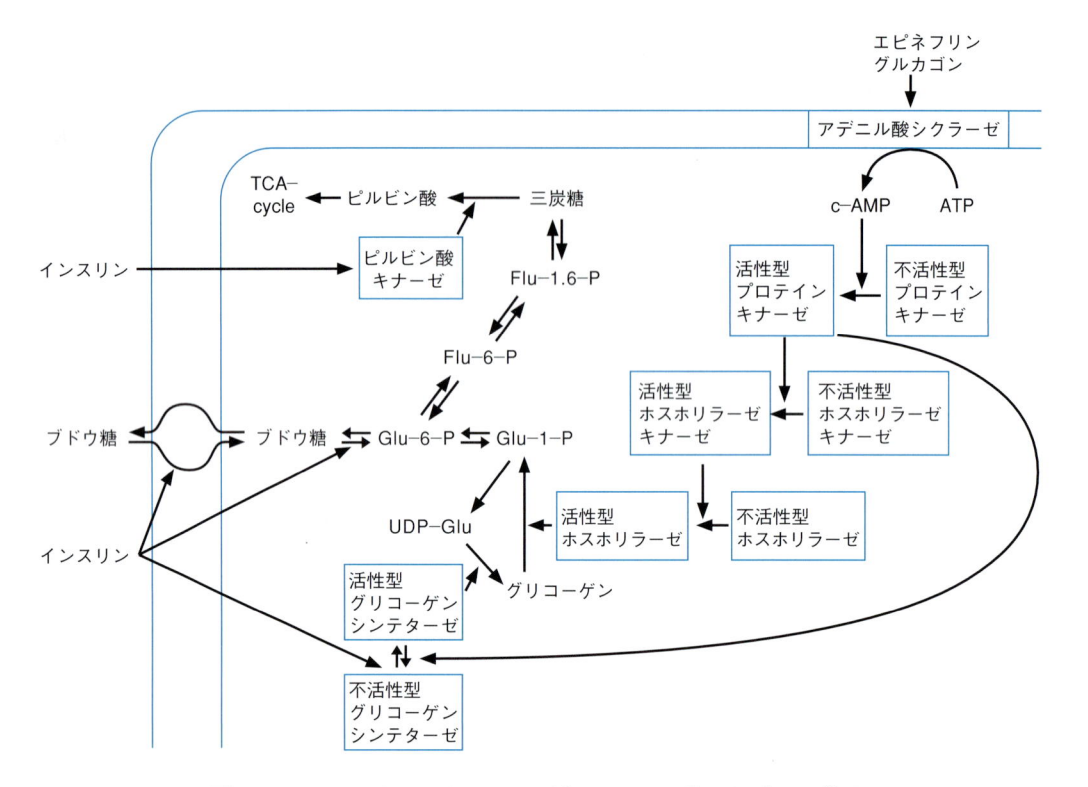

図3・3・3 インスリン，エピネフリン，グルカゴンの作用
（小林・他編（1996）ファーマコバイオサイエンス，p.211，廣川書店）

からグルコースを取り込むために働いている．

GLUT1 は高グルコース親和性で，赤血球，脳，腎，胎盤，大腸などの細胞膜に存在している．GLUT3 も高グルコース親和性で，脳，腎，胎盤などに発現しており，これらの器官でのグルコース取込みを担っている．それに対して，GLUT2 は肝細胞，膵ランゲルハンス島 B 細胞などに特異的に発現している．低いグルコース親和性，高い最大輸送能を示し，この働きにより血流のグルコースは急速かつ自由に細胞に出入りしている．このため，血糖値の変動はこれらの細胞内のグルコース濃度に直ちにはね返り，肝においてはそれに応じた糖の取込み・放出が起こり，膵 B 細胞ではインスリンの放出量の調節が起こる（したがって，血中インスリン濃度は血糖値に並行している）（図3・3・4）．一方，骨格筋，心筋，脂肪組織では GLUT4 が発現している．GLUT4 は通常は細胞質に存在しているが，インスリンなどの刺激により細胞膜上へ動員されるという特徴があり，ホルモンによる血糖濃度調節の重要な役割を担っている．

糖尿病は，1型糖尿病（type 1 diabetes mellitus；インスリン依存型糖尿病 insulin-dependent diabetes mellitus, IDDM）と2型糖尿病（type 2 diabetes mellitus；インスリン非依存型糖尿病 non-insulin-dependent diabetes mellitus, NIDDM）に大別される（表3・3・2）．1型は概略として遺伝性素因にウイルス感染，自己抗体など免疫異常等により膵島細胞

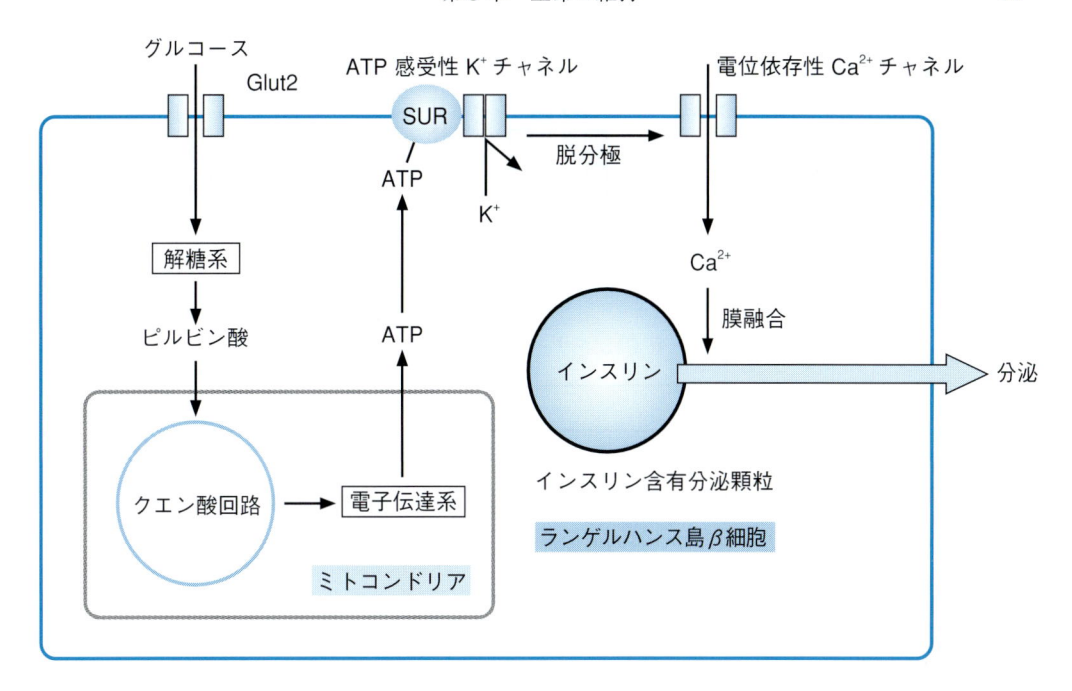

図 3・3・4　膵臓ランゲルハンス島 β 細胞からのインスリン分泌機構

表 3・3・2　1 型糖尿病と 2 型糖尿病の対比

		1 型糖尿病	2 型糖尿病
疫学	糖尿病全体に占める割合 発症頻度 発症年齢	5～10% 1～2人/人口10万人 20歳以下に多い 日本人では10歳代, 20歳代でも2型糖尿病が多い 15歳以降の発症では2型糖尿病の発症の方が多い	90～95% 10%/40歳以上人口 中年以降が多い
臨床的特徴	発症様式 肥満 ケトアシドーシス	急性, 亜急性 認めないことが多い インスリン中止, 減量にてしばしば起こる	緩徐 健康診断で指摘されるまで気づかないことも多い 多い. ただし, 日本人では肥満者の割合は50%以下 稀. ただし, 清涼飲料水大量摂取などで起こることもあり
遺伝	HLAとの相関 家族歴 　第一度近親者陽性率 　一卵性双生児一致率	あり 日本人ではDR4 DR9などが相関 20～30% 40～50%	なし 40～50% 90%
病態生理	血中インスリン 膵臓ラ氏島 免疫マーカー	減少著明 β細胞減少　ラ氏島炎（病初期） ICA GAD 抗体など陽性	一定せず 特有の所見は少ない 陰性
インスリン治療		必須	経口血糖降下剤で血糖コントロールできない場合必要

（門脇・他編（1995）メディカル用語ライブラリー糖尿病, p.19, 羊土社）

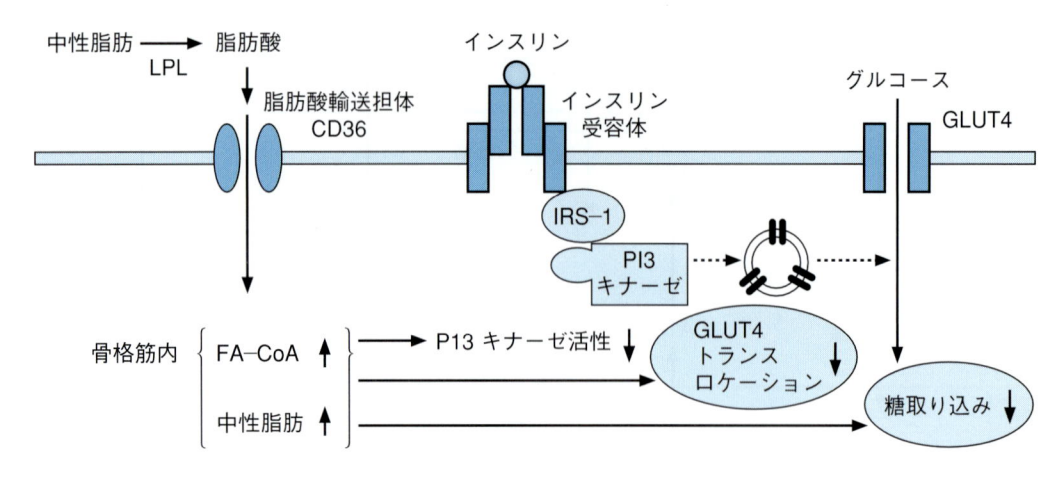

図3・3・5　高FFA血症によるインスリン抵抗性
骨格筋内FA-CoAと中性脂肪含量の増加が骨格筋内のインスリン抵抗性を引き起こす.

が傷害され,生理的に必要な量のインスリンが供給できなくなった病態を示し,日本人の場合の5～10％を占めており,若年から発症することも多い.2型は遺伝的素因に栄養摂取過剰,運動不足など環境因子が加わって主に中年以降に発症するもので,血中インスリン濃度の変化は一定していない.インスリン供給能力の低下というよりはインスリンの血糖降下作用など生理活性に対する組織・器官の細胞の応答の低下(インスリン抵抗性)が主要な病態とされる.2型糖尿病においては,主に筋においてインスリン抵抗性が生じ,筋では60％近くに低下している.さらに,2型糖尿病患者の脂肪細胞ではインスリンに反応した糖の取り込みが半分以下に落ちている.また,2型糖尿病でインスリンが欠乏する場合も,インスリン抵抗性のためにインスリン需要の上昇が長期間に及ぶことによる膵島B細胞の疲弊など機能低下の結果によることも考えられる.なお,肥満や糖尿病など生活習慣病の栄養管理には,ある程度長期間にわたるグルコースなどの栄養素の動きを把握する必要がある.その意味で,ヘモグロビンA1c(HbA1c；糖結合ヘモグロビン；赤血球の寿命は約120日なので,3か月前までの平均血糖値を反映する)は有用な指標となる.

　インスリン抵抗性の生じるメカニズムはまだ確立していないが,高FFA(遊離脂肪酸 free fatty acid)血症がインスリン抵抗性と相関していることが知られており,実際,血中FFAレベルを上昇させると,グルコースの取込みが低下する.糖輸送は,インスリンが細胞表面のインスリン受容体(受容体チロシンキナーゼ)に働くと,インスリン受容体基質(IRS)を介してホスファチジルイノシトール3-キナーゼ(PI3K)系にシグナルが伝わり,GLUT4が動員されて起こる.したがって,血中FFAレベルの上昇は細胞内の中性脂肪とその代謝産物の上昇をもたらし,インスリン受容体下流のシグナル伝達のどこかを阻害してインスリン抵抗性を誘導するという機序が考えられる(図3・3・5).

3・4 個体の成長，組織の新陳代謝

ヒトは受精卵1個から始まって一生の間に何十kgの重さをもつ成体になり，その後少しずつ衰えていく．このような成長，加齢に伴うエネルギー消費の変化についてみると，身体的に成熟する16歳あたりまでは発育に消費される分，体重当たりとしては成人の2倍近いエネルギー消費（基礎代謝量，所用熱量）となっているが，基本的には体重の変化に見合った形でエネルギー消費も変動している（図3・4・1）．しかし，これは個体全体としてみたものであって，身体を構成する組織，器官の種類により，加齢に伴う（臓器重量として見た）変化は大きく異なる（図3・4・2）．

S字型を描く「個体全体」の動きを「一般型」とすると，呼吸器，消化器，泌尿器，脈管系，筋組織，骨格系など多くがこれに属する．それに対して，中枢，末梢の神経系，感覚器官などの「神経型」は発育期の半ばにはすでに完成していて，それ以降は形態的，量的には変化が少ない．生殖器官，二次性徴の形質は「生殖型」として，14～18歳の性的成熟期に発達して完成する．もう1つ，胸腺，リンパ節のように，思春期の直前に量的に最大になり，その後次第に衰えていく「リンパ型」がある（図3・4・3）．なお，組織・器官の機能は，必ずしも量的，形態的変化に並行するものとはいい切れないが，連動して変化することが多いので，発達の目安としては

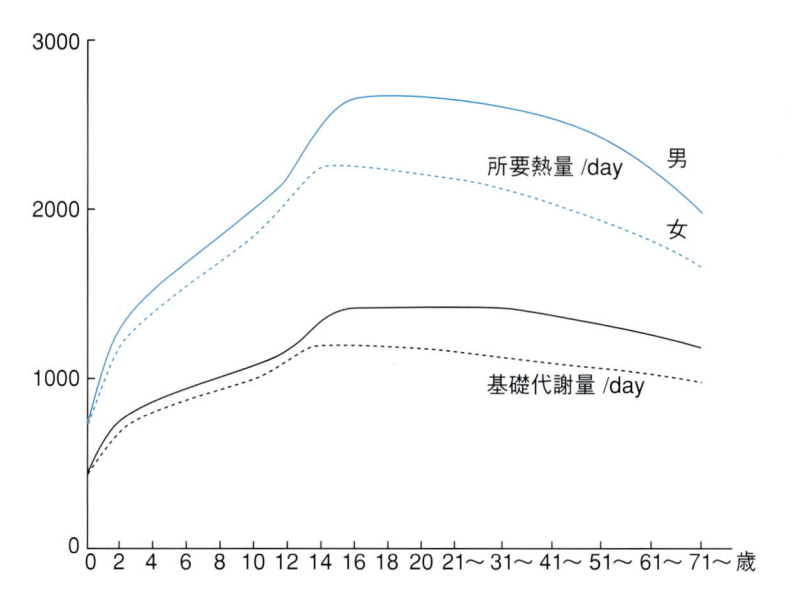

図3・4・1 日本人の基礎代謝量と総所要熱量の年齢変化

（柳金太郎（1949）の資料より）

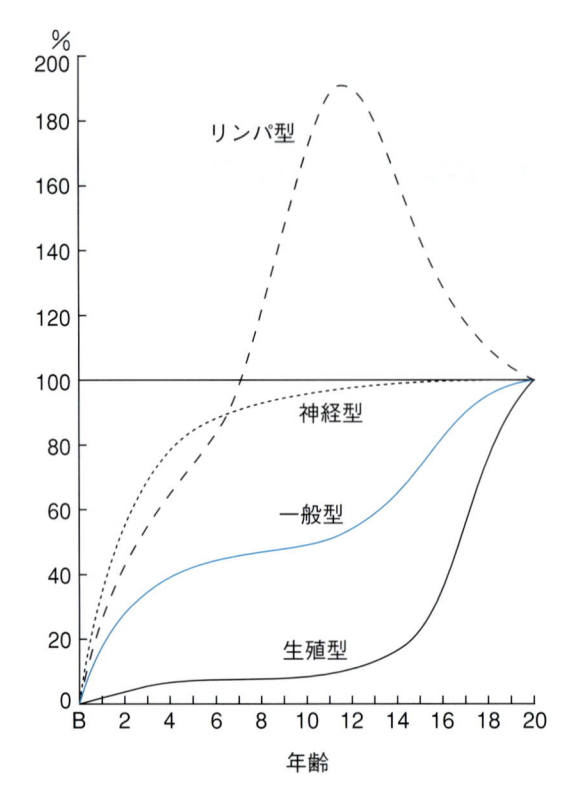

図 3・4・2　組織の発育型
(Harris, J. A. *et al.*（1930）より改変)

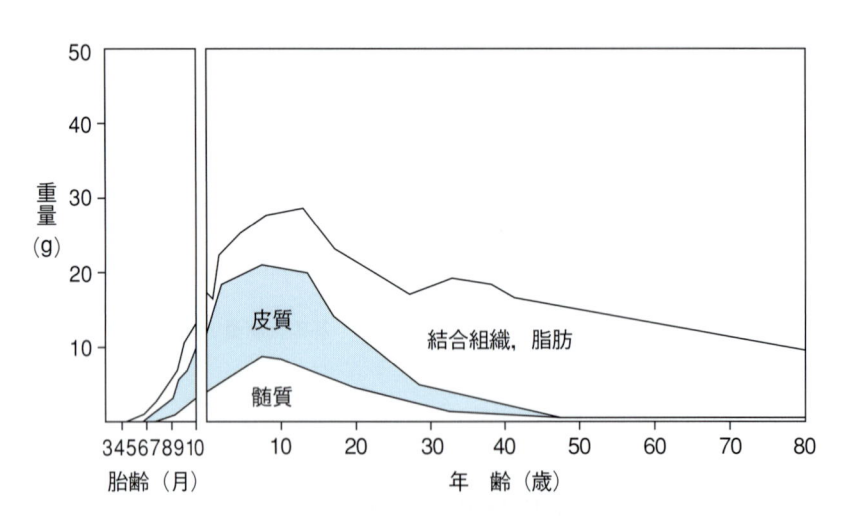

図 3・4・3　胸腺の重さの年齢変化
(Boyd, E.（1932）)

参考になる．これらの組織を構成する細胞は新陳代謝として不断に置き換わったり，脱落したりしていくが，下に述べるように，自ら細胞分裂して増殖するか，前駆細胞が分化して新生することによって補充されることになる．

　発生の過程については第4章に詳述されるが，受精卵から生じた初期胚に内部細胞塊がつくられ，この細胞群が体細胞 somatic cell，生殖細胞 germ cell のどちらをもつくり出せる全能性をもった胚性幹細胞（ES 細胞 embryonic stem cell）として分化していくことになる．そして，受精後3週頃に出現した内・中・外の3胚葉から種々の組織・器官が形成される．表3・4・1にみられるように，これらの組織は出産後の組織の再生様態から，第1種（常時，細胞が生理的に置き換わっているもの：皮膚表皮，消化管上皮，生殖系器官の上皮，血液・リンパ系細胞など），第2種（普段は細胞の消耗，再生が緩やかだが，病理的条件下など必要な際には補充されるもの：肝細胞，腎細尿管上皮，血管内皮，平滑筋，骨芽細胞，線維芽細胞など），第3種（基本的には細胞が補充されないもの：神経細胞，横紋筋など）に大別される．第3種組織は基本

表3・4・1　マウスにおける細胞の更新
（数字は細胞の生存日数）

速やかに更新される細胞	表皮 2〜20
	角膜 5〜7
	口腔粘膜 4〜7
	胃底胃体の表層粘液細胞 4〜5
	小・大腸上皮 2〜3
	胸腺細胞，皮質 7，髄質 14
ゆっくり更新される細胞	呼吸器上皮（肺胞上皮も）90〜130
	尿細管上皮（ボウマン嚢も）140〜190
	肝細胞 480〜620
	膵臓，外分泌 520，内分泌 250
	結合組織細胞（皮膚）60
	胃の壁細胞 60
	副腎皮質細胞 100〜1,000
生涯一部しか更新されない細胞	平滑筋細胞
	グリア細胞
	移行上皮細胞 >700
	胃の主細胞 >600
	副腎髄質細胞
	褐色脂肪細胞
	骨細胞
生涯更新されない細胞	神経細胞
	心筋細胞
	セルトリ細胞

（藤田，藤田（1988）標準組織学総論 第3版，p.83，医学書院）

的には細胞の置き換え，補充はなされないことになる．第1種，第2種の組織においては，組織としての機能を担って働いている細胞が老化，消耗して脱落すると，それを補うために同種の細胞，あるいはその細胞種をつくり出す幹細胞が細胞分裂を行う．例えば，結合組織においてその構成成分を産生して中心的な働きをしている線維芽細胞の場合は，「芽」の字が示すように，

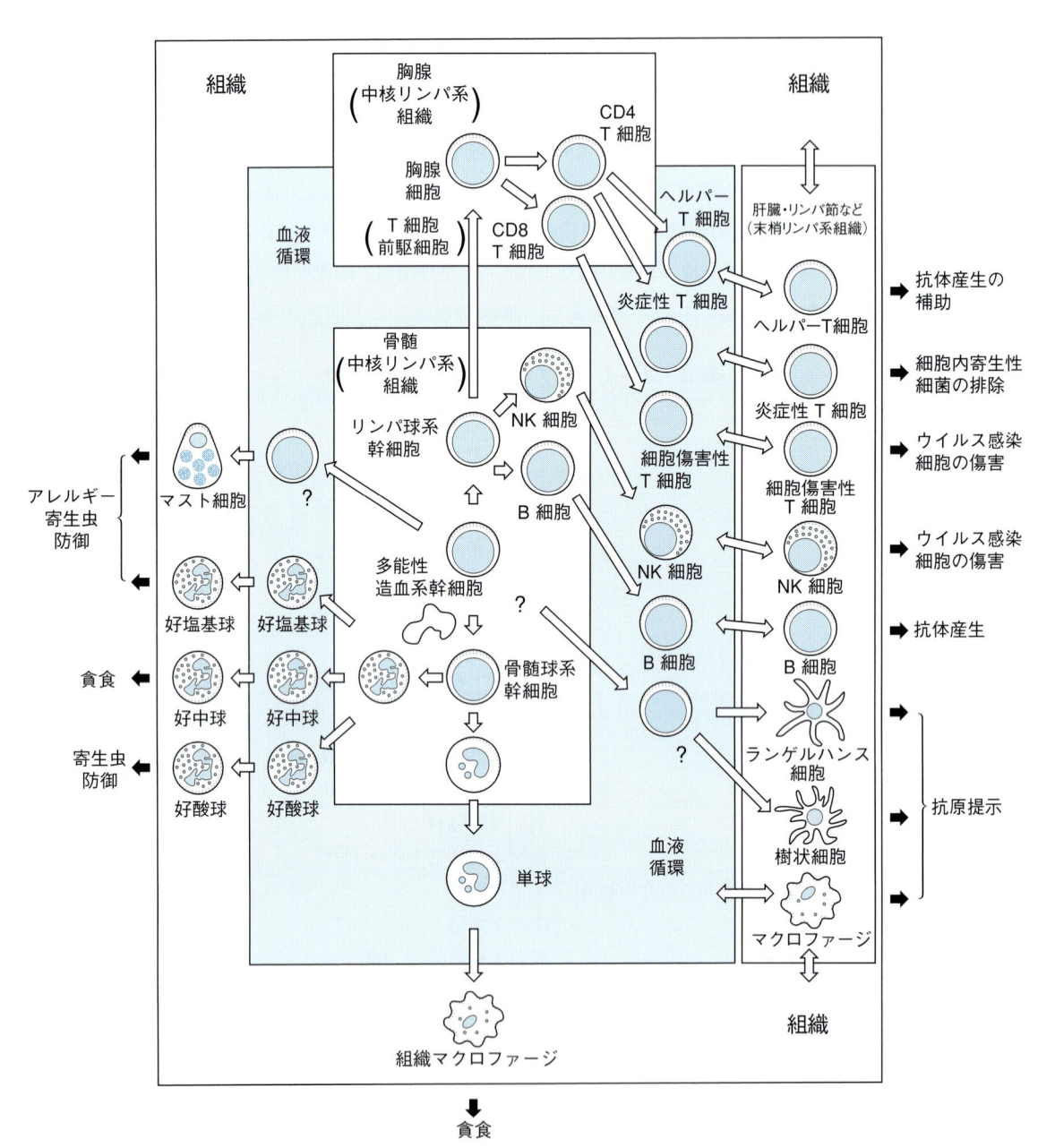

図3・4・4 血液・リンパ系細胞の起源

(遠山（1998）図解生物学講座 7. 細胞生物学，p.145，朝倉書店)

それ自体が幹細胞的に増殖して細胞の再生産を行っている．平滑筋細胞や肝実質細胞も，組織内に必要な事態が生じると自己増殖できる．しかし，多くの組織ではそれぞれの幹細胞が直接あるいは間接の前駆細胞として働いて，分化した細胞を供給している．例えば，胃粘膜表皮の場合は，副細胞（頸部粘液細胞）と呼ばれる細胞が胃小窩の中にあり，これが増殖してペプシノーゲンを分泌する主細胞，塩酸を分泌する壁細胞，胃粘膜の表面を覆う表面粘液細胞に分化する．また，血液系では骨髄中の幹細胞がリンパ球系幹細胞，骨髄球系幹細胞などに分化し，さらに個別のB細胞，T細胞，単球，好中球等をつくり出す（図3・4・4）．このように，胚性幹細胞から分化して生じた種々の幹細胞が成体においても機能しており（成体幹細胞），成体にとって必要な事態に対応して増殖・分化する（図3・4・5）．

活発な新陳代謝をしていることで知られている小腸では，上皮細胞は5〜10日で入れ替わるといわれることから計算すると，日々1.5×10^{11}個の小腸上皮細胞が死んで（ということは，生まれて）いることになる．血液細胞では，赤血球，白血球，血小板がそれぞれ$1 \sim 2 \times 10^{11}$個ずつ毎日置き換わっている．赤血球の寿命は約120日，皮膚の表皮の基底細胞は約14日の寿命で約28日かけて表層に押し出されてはがれ落ちる，というように，個体を構成する種々の細胞は速さの大小はあるが，不断に回転している（表3・4・1）．第3種の非増殖細胞の場合，細

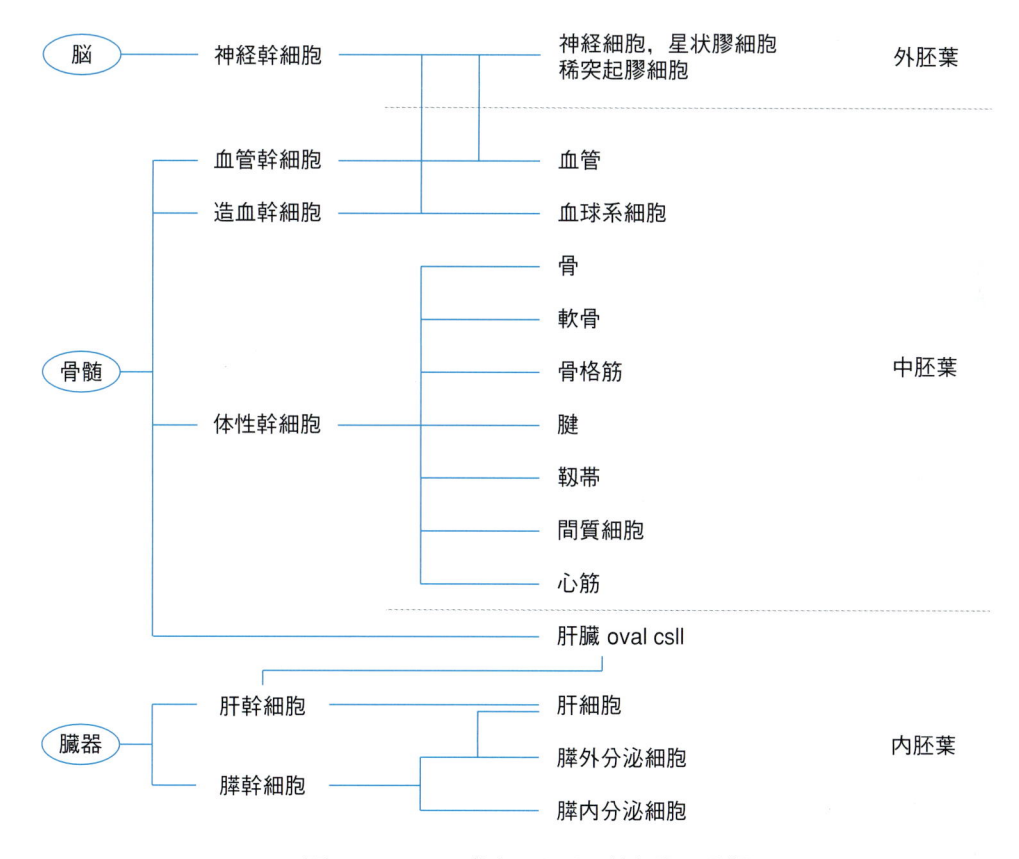

図3・4・5　成人における幹細胞の分類

胞は減る一方となる理屈で，例えば，大脳皮質に 140 億個あるといわれる神経細胞は毎日数万個が脱落する．しかし，中枢神経としての機能はネットワークの密度に大きく依存しているため，誕生後に細胞数が着実に減少していくにもかかわらず，相当の高年齢まで機能的な向上が進む．

　なお，以上は動物細胞の場合であるが，全能性をもちすべての細胞種に分化できるのは動物では受精卵，胚性幹細胞などごく限られているのに対して，植物においては分化した細胞でも広く全能性をもっている点で際立った違いがある．

3・5　増殖，細胞周期と体細胞分裂

3・5・1　体細胞分裂

　1855 年 Virchow が「すべての細胞は細胞から」と提唱したように，細胞は原核細胞 prokaryote，真核細胞 eukaryote のどちらも細胞分裂 cell division によって増殖 reproduction する．真核細胞の場合は以下に記すようによく知られているのに対して，原核細胞の細胞分裂の詳細な機構はまだ確立していないが，細胞中央の核様体として存在する染色質は DNA 合成の進行と共に順次細胞の両極に移動して新しい核様体を形作っていき，複製終点領域が複製されると細胞隔壁を形成して娘（じょう）細胞に分かれると考えられている（図 3・5・1）．なお，遺伝情報を担う DNA とそれに結合している核タンパク質の複合体を染色体 chromosome という（真核細胞の分裂期に現れる太く凝縮した染色体は特に分裂期染色体ということがあり，分裂期以外で核内に分散している場合，染色質，クロマチン chromatin と呼ぶことがある）．

　細胞分裂の様式には無糸分裂 amitosis と有糸分裂 mitosis がある．無糸分裂では分裂期染色体の形成を行わずに核が直接分裂するが，真核細胞の場合，一般的には有糸分裂による．生殖細胞は第 4 章に記述されるのでここでは省くが，生殖細胞以外の増殖能力をもった細胞では，体細胞分裂 somatic cell division と呼ばれる有糸分裂が起こり，1 個の母細胞から 2 個の娘細胞が生じる．この際，1 セットの遺伝情報をもつ体細胞を 2 倍体といい，この細胞がもつ染色体の数を 2n とする（DNA の量については 2C と記すことがある）．

　細胞核の分裂を中心に細胞の変化を眺めた場合，分裂の開始から 1 回の分裂を経て次の分裂を始めるまでを分裂周期とし，これは分裂期 mitotic stage と，分裂のための準備期間である間期 interphase から成る．より広くは，細胞が分裂・増殖のサイクルを 1 回まわる時間的流れに従って並べた出来事を細胞周期と呼ぶが，この場合には，分裂期に当たる M 期（mitosis の意味），分裂後の DNA 合成前の G_1 期（gap1 の意味），DNA 合成中の S 期（synthesis の意味），

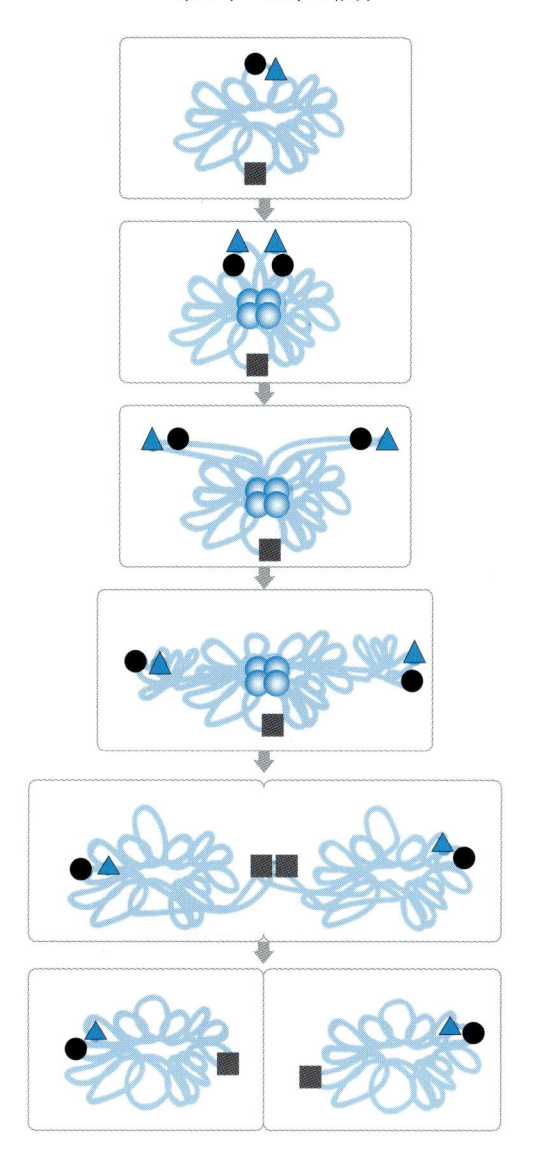

図3・5・1　バクテリアの染色体分配のモデル

● 複製開始点
▲ 移動配列
■ 複製終点領域
🧬 複製位置

DNA 合成前の G_2 期（gap2 の意味）に分けられる．それに加えて，G_1 期から脇道に逸れた形の G_0 期の存在が考えられることが多い（図3・5・2）．G_1 期あるいは G_0 期の細胞は，細胞分裂に関して考えれば静止あるいは休止状態であるが，細胞本来の働きとしては生理的に機能している基本状態ともみられる．2個の細胞になるために倍加されなければならない DNA は S 期に合

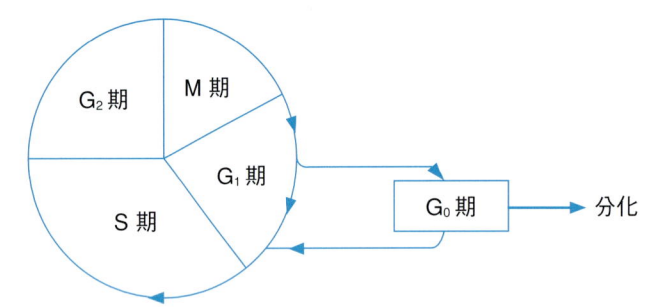

G₁期：DNA 合成前期
S 期：DNA 合成
G₂期：DNA 合成後期
M 期：分裂期
G₀期：分裂の一時停止，または分化

	細　胞		間　期			分裂期
			G_1	S	G_2	M
動物体内	ハツカネズミ	小腸絨毛基部の上皮	9.5 時間	7.5 時間	1.5 時間	
	〃	皮膚の表皮	22 日以上	30 〃	6.5 〃	3.8 時間
	〃	腹水がん	3 時間	8.4 〃	1.5 〃	5.1 〃
培養細胞内	ヒト	骨髄細胞	24 時間	12 時間	4 時間	
	〃	末梢血の白血球	24 〃	12 〃	6 〃	
	〃	がん細胞（HeLa 細胞）	14 〃	5〜6 〃	2〜8 〃	
植物体内	マメ	根端	9〜12 時間	6〜8 時間	4〜8 時間	
	ムラサキツユクサ	根	4 〃	10.8 〃	2.7 〃	2.5 時間

図 3・5・2　細胞分裂周期とその時間

（小林・他編 (1996) ファーマコバイオサイエンス，p.159，廣川書店）

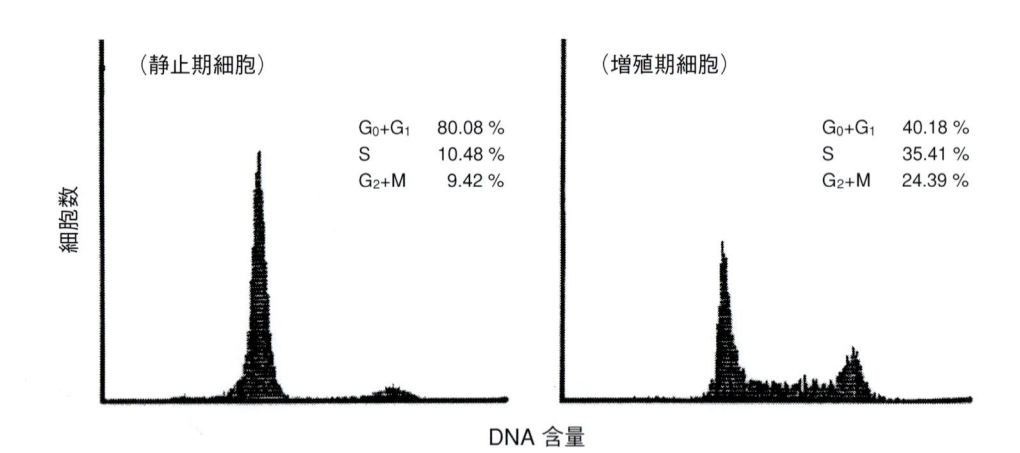

（静止期細胞）
G_0+G_1　80.08 %
S　10.48 %
G_2+M　9.42 %

（増殖期細胞）
G_0+G_1　40.18 %
S　35.41 %
G_2+M　24.39 %

図 3・5・3　細胞当たりの DNA 含量（ヒト線維芽細胞）

成される．フローサイトメーターにより細胞1個ごとの DNA 含量を測定すると，各期に分布する細胞のグループが確認できる（図3・5・3）．例えば，細胞集団を増殖因子の欠如した条件下におくと，ほとんどの細胞は G_1 期あるいは G_0 期に集まり，2倍体の DNA 量 2C をもつ．活発に増殖している細胞群では G_1 期細胞の2倍の DNA 量 4C をもつ細胞がみられ，これらは G_2 期と M 期細胞である．S 期細胞は DNA 合成中なのでその中間の様々な量の DNA をもつ．分裂

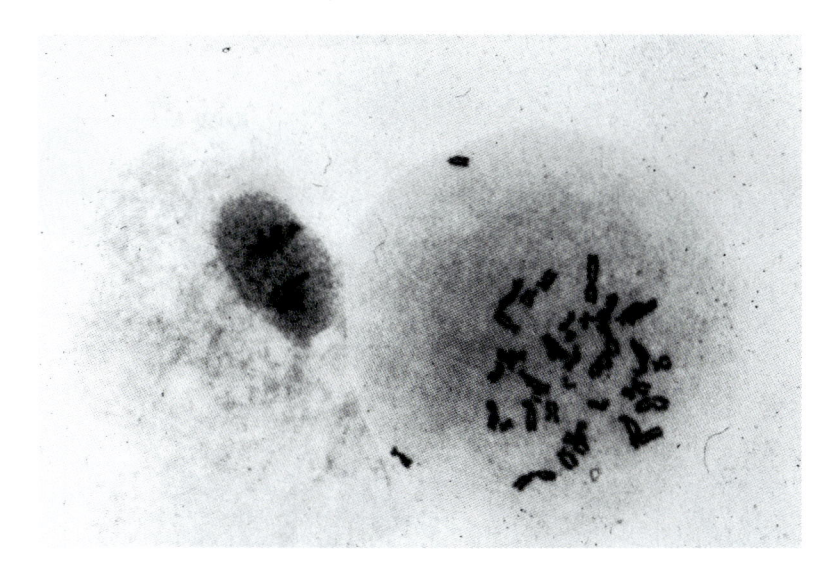

図3・5・4　間期（左）と分裂期（右）の細胞（ウサギ）
間期の核の中の濃染しているものは核小体．

期の細胞には分裂期染色体が形成されているので，染色した細胞群を光学顕微鏡で観察することにより容易に判別できる（図3・5・4）．

　動物細胞ではまず核分裂 karyokinesis（nuclear division）が起こり（図3・5・5），引き続いて細胞質分裂 cytokinesis が起こる（図3・5・6）．核分裂は便宜上前期から終期まで4分される．［前期 prophase］S期に2倍に増幅された染色質はここで染色体となり，中心子が2つに分かれ，紡錘体が現れる；［中期 metaphase］核膜が消失し，紡錘糸は各染色体の動原体のところに付き，染色体は赤道板に整列する；［後期 anaphase］染色体は2本ずつ縦裂し，2極に移動して分かれる；［終期 telophase］染色体は染色質に戻り，核膜が現れて2個の核が形成される．微小管形成中心，微小管，動原体などの分裂装置においては，構造タンパク質チューブリン tubulin が重要な働きをしている．細胞質分裂についてみると，核分裂後期に細胞膜に分裂溝が現れて，アクチンフィラメント，ミオシンフィラメントからなる収縮束，収縮環により細胞質がくびれていき，終期には細胞質や小器官がほぼ等分に分配されて娘細胞に分かれる（図3・5・6）．

3・5・2　サイクリン/CDK系

　哺乳類細胞の細胞周期にはRポイント restriction point と呼ばれるタイミング（段階，ステップ）があることが知られている．この時点で増殖因子などの外的因子や細胞増殖に必要な要素が欠けていると，G_1期を回っている細胞はその点に停止（アレスト）したり，G_0期に入ったりして細胞分裂は進まない．しかし，増殖刺激してから一定時間が経過して細胞がこの段階を通過

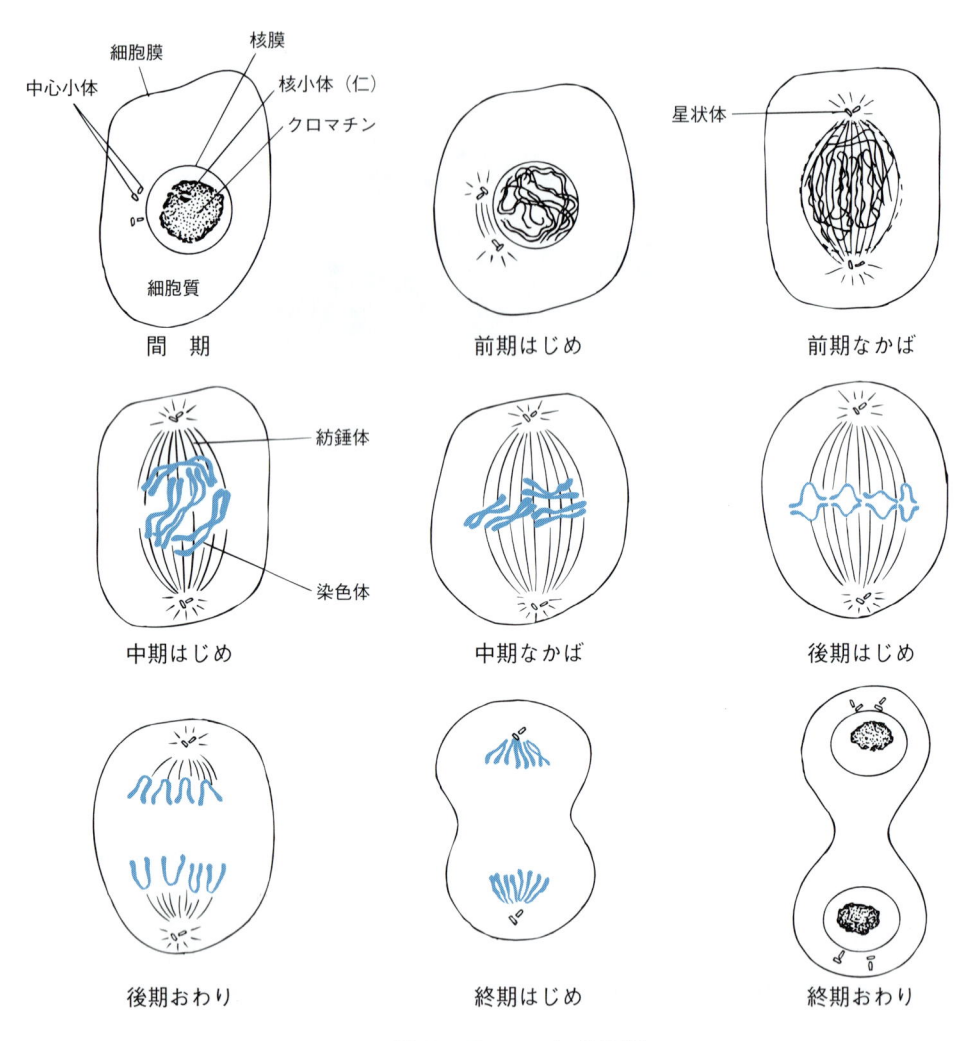

図 3・5・5 有糸分裂

(小林・他編(1996)ファーマコバイオサイエンス,p.162,廣川書店)

した後では,増殖因子を除いても増殖過程はS期へと進行する.そこで,この点は細胞周期の進行を制御するある種の関門と考えられている.このような関門は出芽酵母においてもみられ,"START"と名付けられている.これは栄養状態,接合因子,細胞の大きさなどの要素によって細胞周期の進行をチェックする働きをしているので,真核細胞ではよく保存された細胞制御システムが働いていることがわかる.

この細胞周期の制御にはサイクリン/CDK系と総称される一群の分子が重要な働きをしている.ヒトの場合,現在15種類のサイクリン cyclin と 9 種類のサイクリン依存性キナーゼ cyclin-dependent kinase (CDK, Cdk) が知られており,CDK はその活性化因子である特定のサイクリンと複合体を作っている.さらに,サイクリン依存性キナーゼ阻害因子 cyclin-dependent kinase inhibitor (CKI) が 7 種あり,サイクリン/CDK 活性を幅広く抑制する CIP/KIP ファ

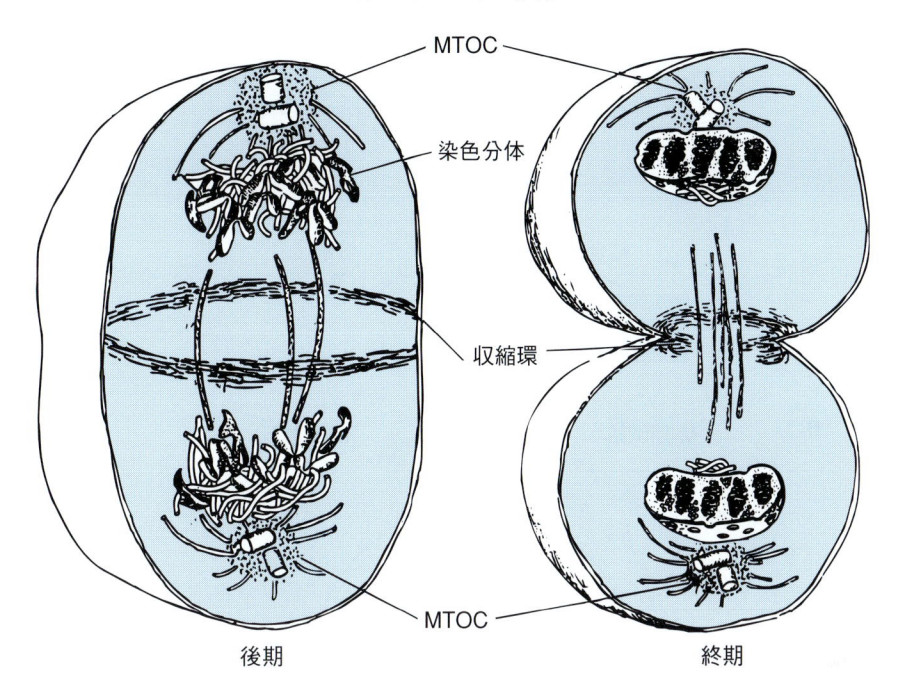

```
                    MTOC
                   染色分体
                   収縮環
                    MTOC
        後期                        終期
```

図 3・5・6　動物細胞での細胞質分裂
（遠山・編著（1998）図解生物科学講座 7．細胞生物学，p.135，朝倉書店）

ミリー（CDK interacting protein/kinase inhibitor protein）と CDK4，CDK6 の活性を阻害する INK4 ファミリー（inhibitor of CDK4）が含まれる．このシステムは，CDK がエンジン，サイクリンがアクセル，CKI がブレーキに例えられることがあるが，中心的に働いている CDK はさらに CDK 活性化酵素などによってリン酸化，脱リン酸化される．また，発現量により活性が調節されており，さらに多くのユビキチン系分子により細胞周期特異的にユビキチン化されてプロテアソームで分解を受ける等の複雑な制御システムを形成している．

　主要なサイクリン/CDK 複合体のキナーゼ活性をみると，G_1 期にはサイクリン D 類・CDK4/6，サイクリン E・CDK2 が誘導され（G_1 サイクリン），S 期にはサイクリン A 類・CDK2，G_2 期にはサイクリン A 類/B・CDK1（= Cdc2）が増強している（図 3・5・7）．なお，細胞分裂を誘導する因子として 1971 年に増井らが見出した MPF（maturation-promoting factor, mitosis-promoting factor）は，1988 年になってサイクリン B・Cdc2 であることが証明された．これらのサイクリン/CDK 系は真核細胞で保存されており，ヒトと酵母にはきれいに対応するサイクリン，CDK 分子がみられることが多い．また，これらの多種の分子の機能についてはノックアウトマウスによる実験が行われてきており，ノックアウトしても正常に成長するケースがかなりあったことから，少なくともいくつかの分子は相補的，重複的に働いているとみられる．

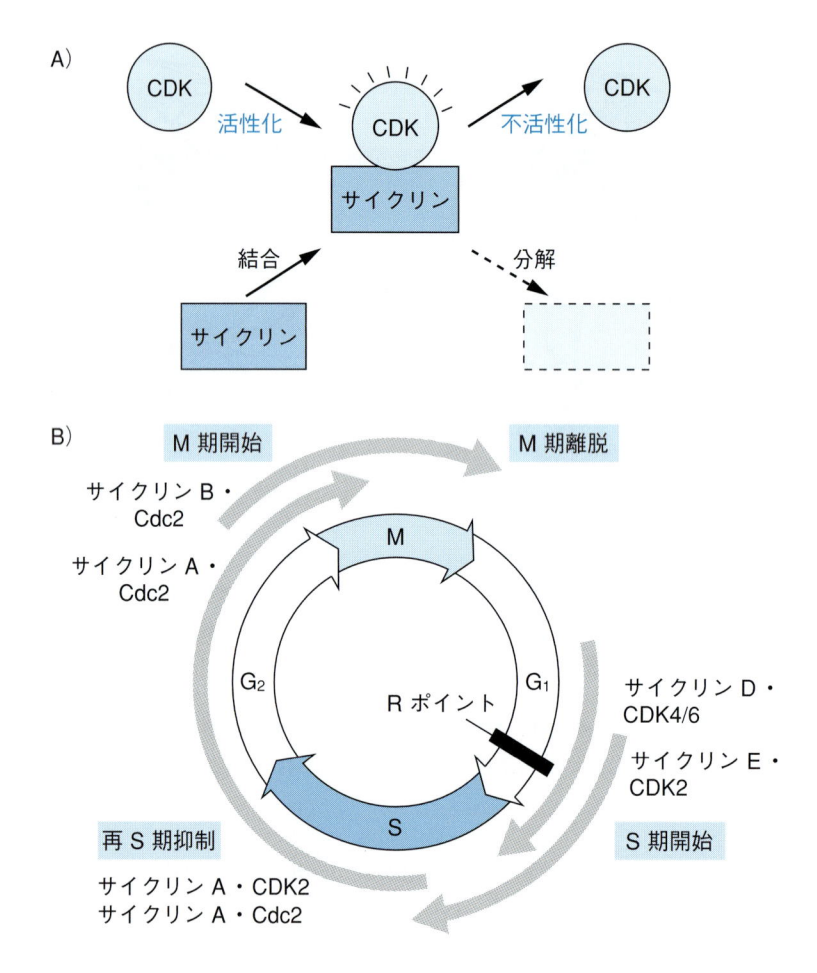

図 3・5・7 サイクリン依存性キナーゼによる細胞周期制御

3・5・3 がん抑制遺伝子産物 pRB と p53

　これらサイクリン/CDK/CKI の関係において特に注目されるのは G_1 サイクリンと INK4 である．INK4a 遺伝子座には2種類のタンパク質がコードされており，p16 と ARF という開始コドンも読み枠も異なる全く別種のタンパク質（マウスでは 19 kDa，ヒトでは 14 kDa のタンパク質なので，p19ARF，p14ARF と呼ばれることがある）がつくられ，それぞれ重要ながん抑制遺伝子産物 pRB と p53 の機能の制御に働いている（図 3・5・8）．pRB（retinoblastoma protein；pRB，RB と表記されることもある）は普段は G_1 期後期で働く転写制御因子 E2F に結合してその活性を抑制している．さらに E2F には，クロマチンを構成する塩基性タンパク質ヒストンを脱アセチル化するヒストン・デアセチラーゼ（HDAC）が会合しており，その働きにより E2F の制御する遺伝子群の発現が抑制されている．その主な流れの1つは細胞増殖，もう1つはアポトーシス apoptosis（アポプトーシスと読まれることもある；次節で説明するよう

第 3 章　生命の維持　　　　　　　　　　　　　　　　　　　　　***61***

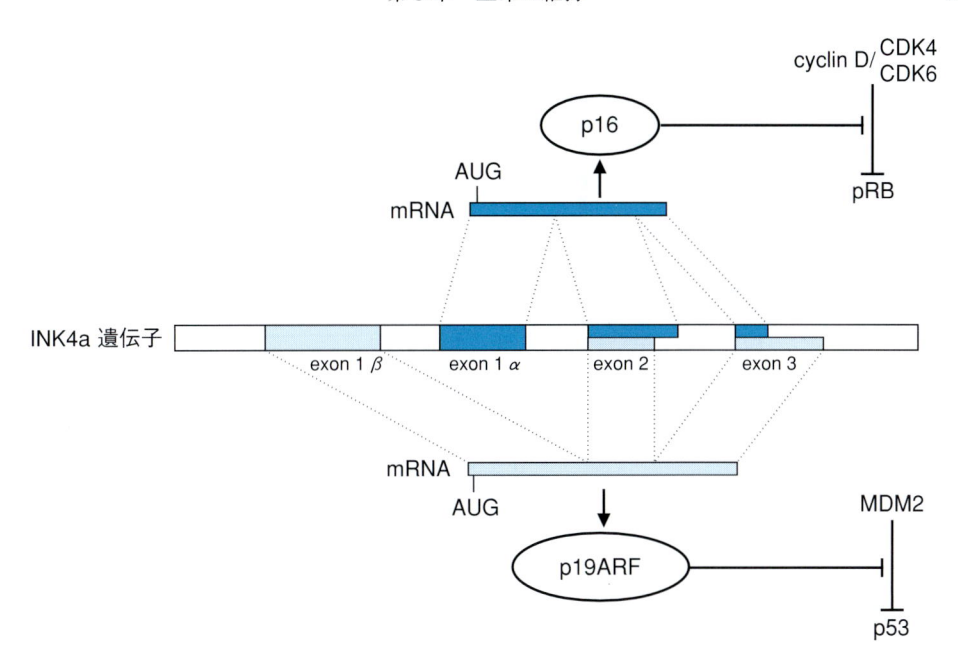

図 3・5・8　INK4a 遺伝子座のコードする 2 つの遺伝子産物

に「プログラムされた細胞死」と捉えられる）に関わっている（図 3・5・9）．E2F 転写因子は，E2F，サイクリン E，CDK2 など，細胞周期の進行を推進する遺伝子の発現を担っているので，pRB はこれを抑制して細胞増殖を停止させている．また，ARF 発現亢進，MDM2 活性抑制により p53 を安定化してアポトーシスを誘導する．また，Apaf-1 やカスパーゼ系の発現を高めることによってアポトーシスを誘導するという E2F の働きを抑えてアポトーシスを防いでいる．ところが，サイクリン D・CDK4/6 が活性化されている条件下（例えば，増殖因子で刺激された若い細胞）では，この複合体は pRB のセリン・トレオニン残基をリン酸化する．すると，pRB は E2F に結合できなくなって離れてしまうので E2F は転写活性化因子として働き，E2F 制御遺伝子群の発現が誘導される．したがって，この場合には細胞周期に従った増殖が進行する．それに対して，増殖因子が不在，あるいは細胞が老化している，という場合にはサイクリン D・CDK4/6 が十分に機能せず（したがって pRB のリン酸化＝不活化が不十分），細胞増殖も起こらない．

　さらに，これらの分子の重要性を示す現象として非増殖細胞に対する影響が観察されている．心筋細胞，神経細胞は一般的にはどちらも増殖しない（できない）細胞とみられるが，サイクリン D1・CDK4 複合体はこれらの細胞では核に移行できないので，pRB がリン酸化されないままになっている．これを実験的に核に移行させると，心筋細胞は再増殖をし，神経細胞の場合にはアポトーシスによって死亡する．また，心筋細胞において E2F を強制的に活性化して DNA 合成を誘導すると，p53 が刺激されてアポトーシスが起こるのに対し，pRB，p53 を共に抑制する SV40 largeT 抗原存在下では，心筋細胞は増殖可能となる．これらのことは，がん抑制遺伝子産

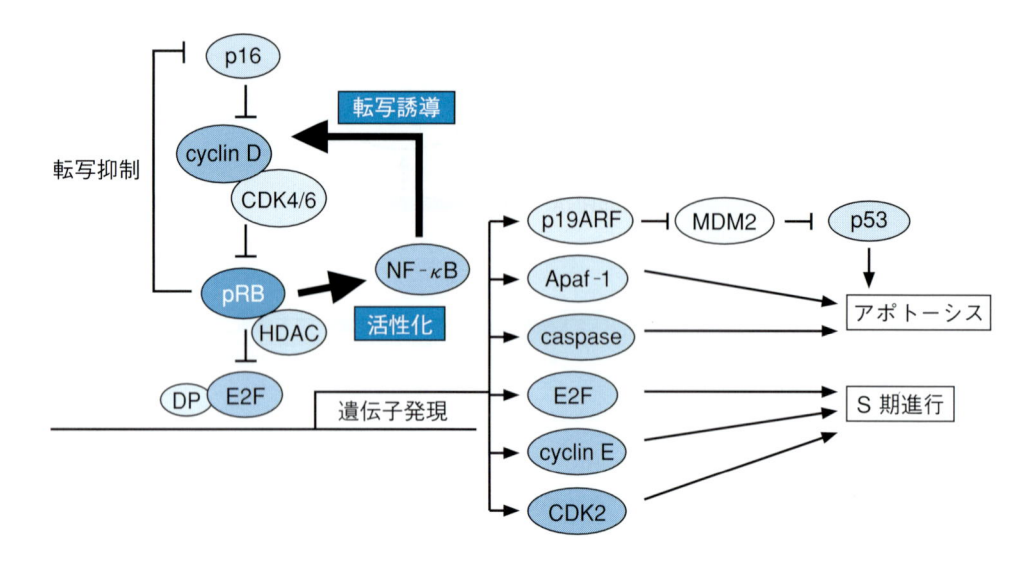

図 3・5・9　pRB 制御経路とアポトーシス誘導機構

pRb は低リン酸化状態で E2F と結合すると同時に，ヒストン脱アセチル化酵素（HDAC）と結合することで E2F 依存性遺伝子の発現を抑制すると考えられている．一般にヒストンアセチル化酵素によりヒストンのリジン残基がアセチル化されるとクロマチン構造が緩み，その部位の遺伝子発現が促進される．逆に HDAC はクロマチン構造を強固にすることにより転写を抑制する

物 pRB と p53 は増殖すべきでない細胞を増殖停止状態にホールドするという働きをしていることを示している．

以上みてきたように，p53，サイクリン，CDK などの分子は細胞の機能に大きな影響を及ぼすので，細胞生理的には必要な時だけに働くことが望ましい．そのため不要な時には分解して除去するユビキチン−プロテアソーム系による選択的タンパク質分解機構が機能している．ユビキチンは 76 アミノ酸残基からなる小タンパク質であるが，これが重合してできたポリユビキチンをユビキチンリガーゼが標的タンパク質に結合すると，修飾されたタンパク質はプロテアソームに運ばれてそこで分解される．標的となるタンパク質に応じて数多くのユビキチン結合酵素とユビキチンリガーゼの酵素群が見つかっている．p53 の制御に働く MDM2 もユビキチンリガーゼである．

3・5・4　細胞周期チェックポイント

これら細胞周期に関わる分子は生理的な条件下におけるコントロールを行っていることに合わせて，DNA を含めて細胞が障害を受けたときの対応「チェックポイント制御」においても重要な役割を担っている（図 3・5・10）．傷害やダメージを検出する機構としては，まずセンサーとして ATM（AT mutated の意味），ATR（ATM and Rad3-related の意味）が働き出し，メ

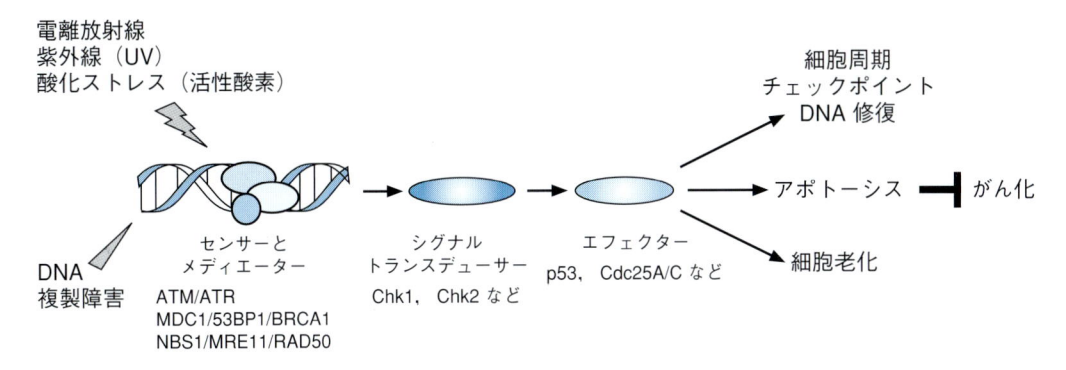

図 3・5・10　DNA ダメージのセンシングとシグナリング

ディエーター分子を介してトランスジューサー Chk1，Chk2 を活性化し，下流のエフェクター p53，Cdc25A，Cdc25C などを刺激する，という仕組みになっているが，ATM，ATR，Chk1，Chk2 はセリン・トレオニンキナーゼ，Cdc25A/C はチロシンホスファターゼであり，リン酸化/脱リン酸化の連鎖によるシグナル伝達系となっている．G_1 期の細胞が放射線により DNA が傷害を受けた場合（G_1 期チェックポイント）を例にとってこのシステムの働き方をみると，ATM → Chk2 → MDM2 の抑制 → ユビキチン系による p53 の分解低下（p53 の安定化）→ CDK 阻害分子 p21Sdi-1/Cip-1/Waf-1 の発現増大 → サイクリン E・CDK2 の抑制 → G_1 期アレスト，というように一連の細胞内イベントが起こって，細胞周期が一旦ここで止められる，というようになっている．

その他のチェックポイントとしては，S 期チェックポイント（S 期で検出された DNA 損傷，複製未完了の場合），G_2 期チェックポイント（G_2 期で検出された DNA 損傷，複製未完了の場合），M 期チェックポイント（染色体が紡錘糸により正確に配列されたかどうか；スピンドルチェックポイント）などがある（図 3・5・11）．これらチェックポイントは細胞周期の進行を止めて，損傷を修復するため，あるいは，DNA 合成を完了するため，染色体の分裂の体勢を完全

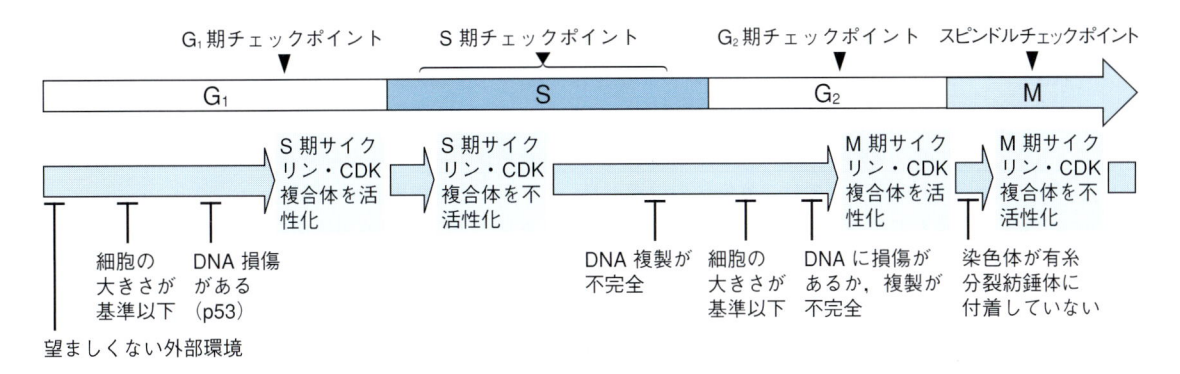

図 3・5・11　細胞周期の進行とチェックポイント

(井出利憲（2003）分子生物学講義中継 Part 2，p.145，羊土社)

にするためなど，準備の時間を保証するものと理解できる．もしこのチェックがうまく機能しないでそのまま細胞分裂へと進んだ場合には致命的な欠陥が起こるので，mitotic catastrophe と呼ばれる細胞死に至る．しかし，多くの場合，修復不可能で重篤な損傷が生じると，主に p53 の活性化によりアポトーシスの機構が起動され，より自主的に細胞死が誘導される．

3・6 細胞の死，がん化と老化

3・6・1 アポトーシス

細胞体，特に DNA が修復できないほどの致命的な傷害を受けたとき，細胞はアポトーシスにより死ぬ．これはプログラムされた細胞死，能動的な細胞死としてみることができる．一方，機械的な傷害，火傷，毒物暴露，虚血などによって細胞が死ぬ時，それはネクローシス（壊死）と呼ばれ，受動的な細胞死としてアポトーシスとは生物的な反応に大きな違いがみられる（表3・6・1）．アポトーシスの生理的な働きは前節で触れた「異常な細胞の除去」もあるが，中心的には「不必要な細胞の除去」だと考えられる．ヒトは成人になるまでに99％の細胞を失うと考えられており，生き残っている細胞はすべて「選ばれた者」といってよい．ここで「炎症反応を

表3・6・1 アポトーシスとネクローシスの違い

	ネクローシス	アポトーシス
死の過程	細胞の外壁（細胞膜）が変化し，細胞が膨潤し，その後 DNA，染色体が壊れる（融解）	DNA や染色体が破壊 核と細胞質が凝縮して，死ぬ細胞が決定され，アポトーシス体という小片に分断される
影響	細胞の内容物が外へ流出し，周囲の細胞や生物体に影響が及ぶ	ただちに隣接する細胞かマクロファージが飲み込んで，すべてきれいに処理される
状況	周囲の状況に対応できないような変化が起こったとき，細胞膜が破壊されて死滅（受動的な死）	遺伝子支配による細胞死 死ぬべき細胞を殺すためのタンパク質（自殺遺伝子）が合成される（能動的な死）
例	ヒトのからだでは，外傷後の栄養不良，酸素不足などで組織の死が生じることがある（凍傷，糖尿病の壊死）	からだ全体の細胞数の調整 不要で有害な細胞の除去，発生における形づくり（発生の段階の決まった段階で，決まった細胞のみが死ぬ-プログラム死） 成長過程での胸腺細胞の死 男児のミューラー管の除去

（小板橋喜久代編著（2001）からだの構造と機能，p.241，学習研究社）

起こさずに」「きれいに」要らない細胞を除くのがアポトーシスの働きである．細胞死のシグナルを受けた細胞では，DNA が約 200 bp の整数倍にランダムに切断され，核が断片化し，アポトーシス小体が形成され，動員されたマクロファージに貪食されて片付けられる．

　アポトーシスを制御するシグナル伝達系は複雑だが，細胞死の指令を出す（あるいは，抑える）分子の主なものを挙げる（図 3・6・1）．外部的な傷害，ストレスに対しては上記チェックポイント機構により p53 を活性化する．また，がん原遺伝子産物 c-Myc は増殖因子による正常な細胞分裂誘導に必要とされるが，増殖因子刺激がないときに c-Myc の高発現が止まらないとアポトーシスを引き起こす．さらに，TNF，FasL，TRAIL などの TNF ファミリーは細胞表面のそれぞれの受容体に働くが，この受容体はいずれも death domain と呼ばれる共通の構造をもち，細胞死のメッセージを伝達する．これらの経路は部分的に働き合っていて，一部は相互に依存し，一部は独立に機能することにより外部環境や状況への柔軟な対応を可能にしている．こ

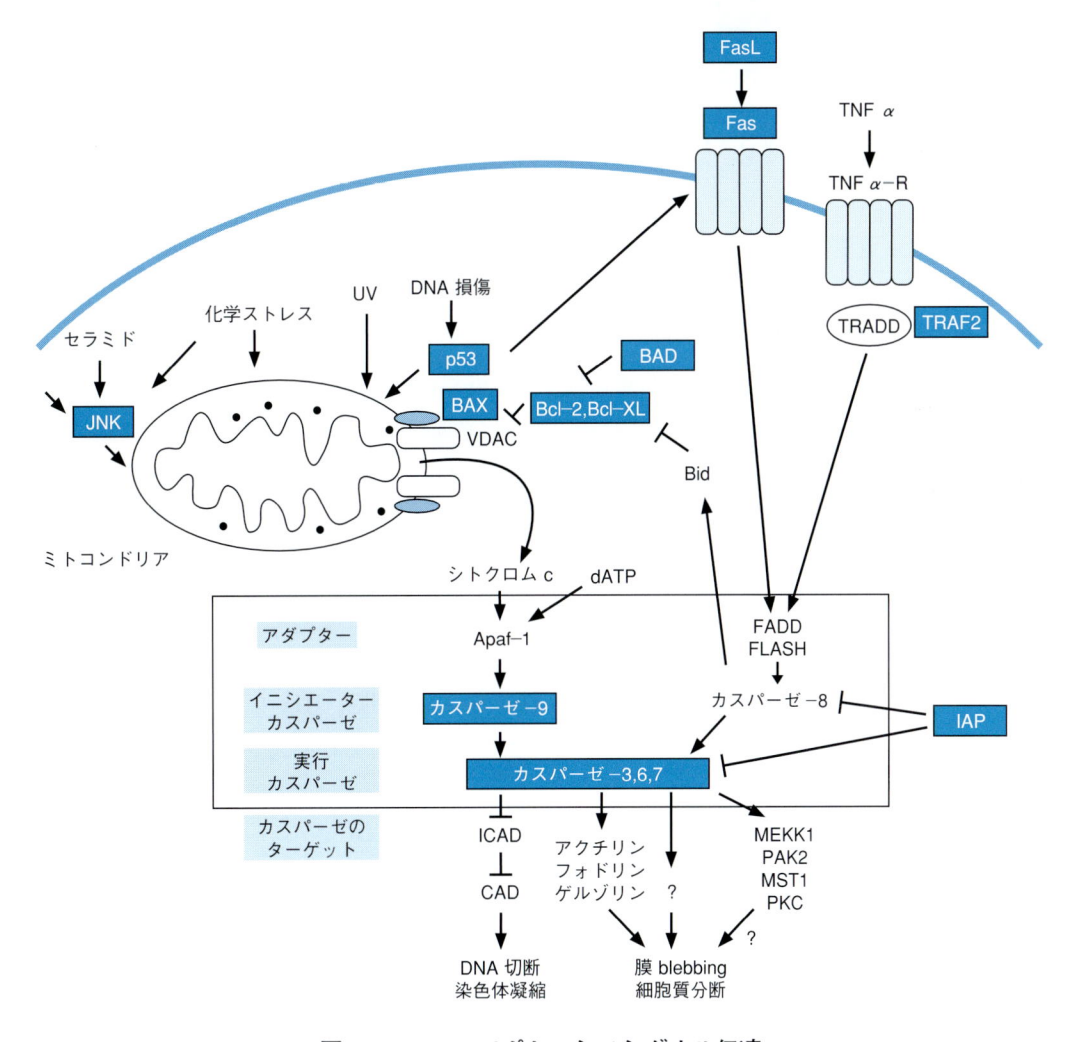

図 3・6・1　アポトーシスシグナル伝達

図3・6・2 アポトーシス生存シグナル伝達

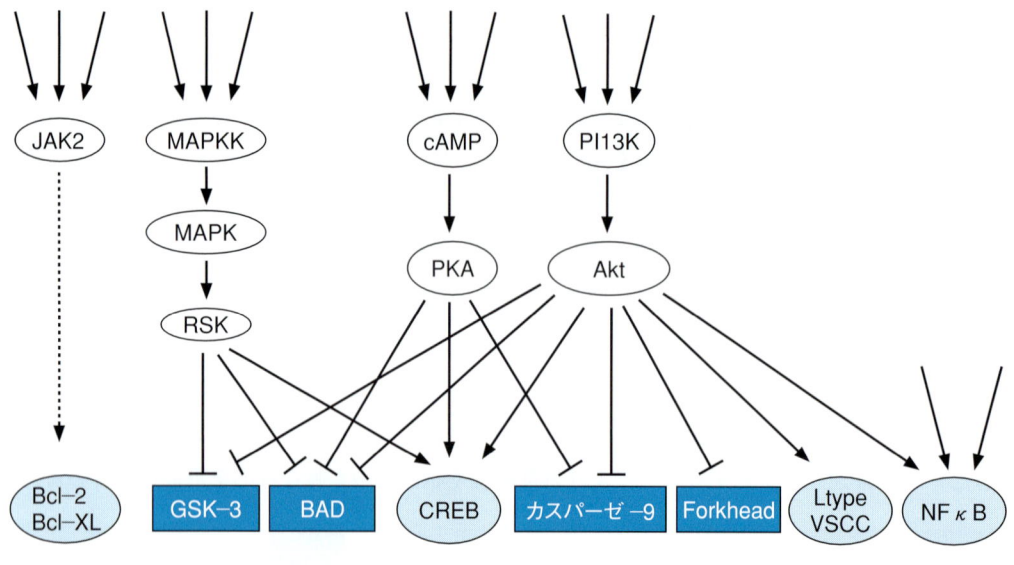

■：アポトーシス誘導分子，　⬭：生存誘導分子，　→：正の制御，　⊣：負の制御

の下流で起こる重要なイベントはミトコンドリアからシトクロムc（チトクロームcともいう）が細胞質に放出されることであり，これにより「カスパーゼ・カスケード」と呼ばれるタンパク質分解酵素群（以前はICE様プロテアーゼと呼ばれていた）が活性化される．一方で，生存を維持するシステムも当然必要で，主に増殖因子など外部からのシグナルがこの役目を担っている．したがって，ある細胞を除去するにはその細胞に必要な因子をその組織部位だけで欠如させればよい．逆に，特定の因子を特定の場所に供給すれば特定の細胞だけを生かすことができる．このような生存のシグナルを出す主なものには，イノシトールリン脂質代謝酵素PI3K-Akt（別名protein kinase B，PKB）系，cAMP（cyclic AMP）-PKA（protein kinase A）系，MAPキナーゼ系などがあり，当初がん遺伝子とされていたBcl-2ファミリーもアポトーシス抑制に重要な働きをしている（図3・6・2）．

このようなアポトーシスにより，自己に反応性をもつ免疫細胞，HIVなどのウイルスに感染した細胞，DNAに重篤な傷害を受けて前がん状態にある細胞などが除去され，生理的に正常な細胞だけが生存を許されている．

3・6・2　がん細胞

多くの細胞は分化後も増殖能をもっており，普段ほとんど増殖していない第2種の細胞であっても必要な事態が生じた場合には細胞分裂に向けて活発な活動を始める．必要な時に細胞が増殖しないのは，例えば皮膚に傷ができた場合や骨髄において造血幹細胞の分裂により血液系細胞

がつくられている場合を考えてみればわかるように，生体にとって困ったことになる．だから細胞の増殖がしかるべく維持されることは必要不可欠なことではある．といって，その増殖が必要とされる期間と程度を越えて持続するのは組織の機能にとって都合が悪い．そこで生体は，細胞増殖を適切に制御するために増殖因子など液性因子，細胞接触や細胞外マトリックス extracellular matrix（ECM）など微小環境のシグナルを受けて細胞内のシグナル伝達を調節する精緻なコントロールシステムを用意しているが，それだけにごくわずかな部分的破綻であっても重篤な異常を導くことがある．がん細胞はこのようなものとして生じる（図3・6・3）．

増殖促進シグナルの失敗は増殖ができないだけなので少なくとも細胞の異常増殖にはつながらない．したがって，細胞がん化の原因となるものは増殖促進分子の過剰な活性化，増殖抑制分子の失活である（表3・6・2）．それらを引き起こすウイルス由来の遺伝子やタンパク質も同様の結果を導く．例えば，DNA型ウイルスであるSV40（Simian virus 40）のつくるlarge T抗原は宿主細胞のpRBとp53に結合して失活させる．また，放射線などによる傷害からも遺伝子異常が起こって細胞ががん化することがある．

これらにより細胞が異常増殖するようになったとして，これが生理的な意味で問題となる「が

マウス NIH 3T3 細胞

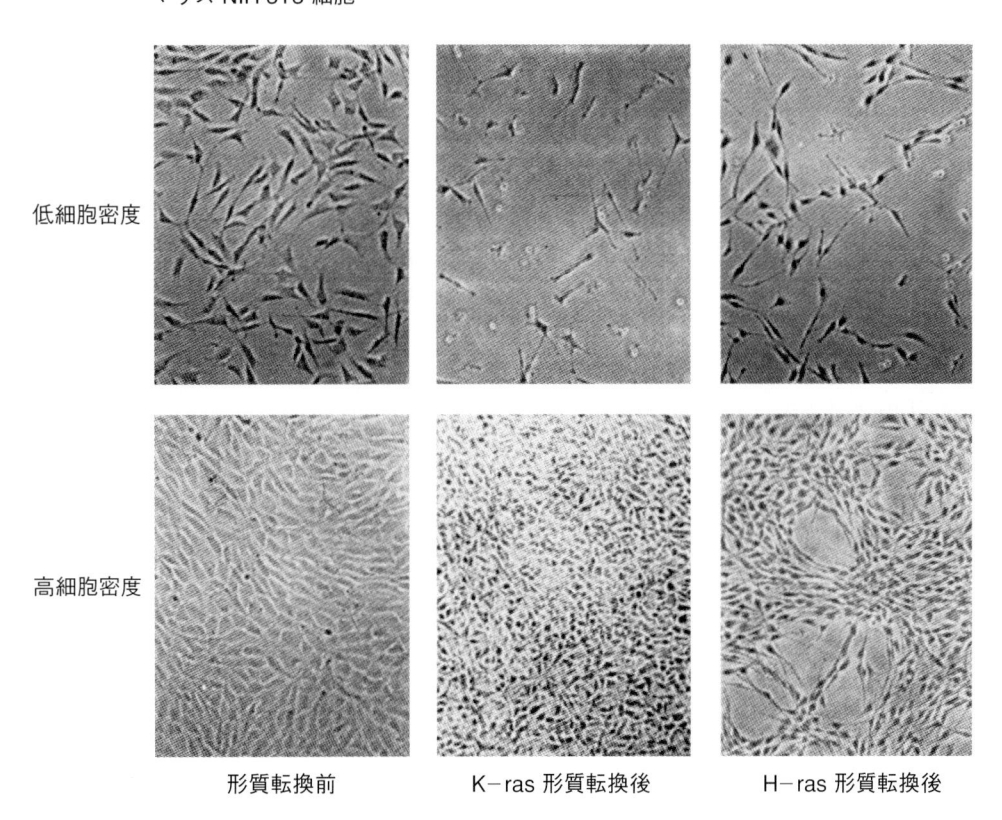

低細胞密度

高細胞密度

形質転換前　　　　K–ras 形質転換後　　　　H–ras 形質転換後

図 3・6・3　がん遺伝子 **H–ras**，**K–ras** の導入による細胞増殖の接触阻害からの逸脱

表 3・6・2　がん遺伝子, がん抑制遺伝子, DNA 型がんウイルスの例

がん遺伝子(産物)	細胞内局在	機能・特徴	関連する腫瘍の例
sis	分泌型	増殖因子 PDGF-B 鎖	サル, ネコ肉腫
erbB	細胞膜	増殖因子 EGF 受容体	ニワトリ白血病, 肉腫
fms	細胞膜	増殖因子 CSF-1 受容体	ネコ肉腫
src	細胞質	非受容体型チロシンキナーゼ	ニワトリ肉腫
abl	細胞質	非受容体型チロシンキナーゼ	マウス, ヒト白血病
H-ras	細胞膜/質	低分子量 GTP 結合タンパク質	ラット肉腫
K-ras	細胞膜/質	低分子量 GTP 結合タンパク質	ラット肉腫
mos	細胞質	セリントレオニンキナーゼ	マウス肉腫
raf	細胞質	セリントレオニンキナーゼ	マウス肉腫
akt	細胞質	セリントレオニンキナーゼ	マウス胸腺腫
myc	核	転写調節因子	ニワトリ白血病, 肉腫
myb	核	転写調節因子	ニワトリ白血病
fos	核	転写調節因子	マウス骨肉腫
jun	核	転写調節因子	ニワトリ肉腫

がん抑制遺伝子(産物)	細胞内局在	機能・特徴	関連遺伝性腫瘍の例
pRB	核	転写制御	網膜芽細胞腫
p53	核	転写制御	Li-Fraumeni 症候群, 大腸がん, 乳がん
WT-1	核	転写制御	Wilms 腫瘍
BRCA1	核	転写制御	家族性乳がん
SMAD2	細胞質/核	転写制御	大腸がん
APC	細胞質	カテニン結合	家族性大腸腺腫症
PTEN	細胞質	リン脂質代謝酵素	神経膠芽腫
NF-1	細胞膜	GTPase 活性化	神経芽細胞腫, 神経線維腫症
NF-2	細胞質	細胞骨格関連分子	髄膜腫, 神経線維腫症

DNA 型がんウイルス	遺伝子産物	標的分子の例
SV40	large T 抗原	pRB, p53
アデノウイルス	E1A	pRB
	E1B	p53
ヒトパピローマウイルス	E7	pRB
	E6	p53
ポリオーマウイルス	large T 抗原	pRB
	middle T 抗原	p53

ん」という疾病を引き起こすのは, この細胞が不死化して無限寿命をもち増殖し続けること, それから, 原発部位を離れて広範に転移すること, という性質をもつからである. 後者の性質は良性腫瘍 benign tumor と悪性腫瘍 malignant tumor を区別する指標の 1 つでもある (表 3・6・

表 3・6・3　良性腫瘍と悪性腫瘍の一般的特徴

	良性腫瘍	悪性腫瘍
構造	分化の程度が高い	分化の程度が低い
	正常細胞に類似	異型性を示すことが多い
増殖形式	膨張性	浸潤性
	周囲との境界が明瞭	周囲との境界が不明瞭
分裂細胞	少ない	多い
壊死細胞	ない	多い
転移	ない	ある
影響	居所性	全身性
	（局所的な機能異常）	全身転移による悪液質
予後	良い	不良

3）．なお，腫瘍ではないが，組織・器官の発達により容積が増加した場合を肥大 hypertrophy，細胞増殖により組織・器官の容積が増加した場合を増生（過形成）hyperplasia という．なお，一般に上皮性の悪性腫瘍を一般に癌腫 carcinoma（あるいは単に癌），非上皮性の悪性腫瘍を肉腫 sarcoma と呼ぶが，ここでは合わせて「がん」とする．

　正常な細胞は組織の中では隣接する細胞と膜タンパク質カドヘリンなどを介して接着し，ギャップジャンクションなどを介してコミュニケーションをとっている（第 8 章参照）．この細胞を発がんプロモーターであるホルボールエステルで処理するとコミュニケーションがなくなること，がん細胞も正常細胞とコミュニケーションできないことから，細胞間の相互作用は細胞生理にとって重要なことが窺われる．細胞はまた，細胞表面のインテグリン integrin などを介して細胞外の分子，例えば ECM 構成物質フィブロネクチン fibronectin，プロテオグリカン proteoglycan，グリコサミノグリカン glycosaminoglycan（ムコ多糖とも呼ばれる），コラーゲン collagen などと接触して調節を受け，かつ足場 anchorage にしている（図 3・6・4）．これら ECM を介した接着は多くの正常細胞が必要とするものであるのに対して，がん細胞ではその要求性が低い（ソフトアガーなどの中で足場非依存的増殖 anchorage-independent growth が可能なことがよくみられる）．また，細胞骨格系が変化しており，フォーカル・コンタクト focal contact と呼ばれる接着部位から伸びる太くしっかりしたアクチン繊維（ストレス・ファイバー stress fiber）の形成が悪い．

　がん細胞が転移するためには，隣接細胞とのコミュニケーションを断ち，ECM を分解してくぐり抜け（浸潤），（上皮細胞の場合には真皮との間の基底膜を破壊して分解して通過し，）血管やリンパ管に辿り着いて管壁をすり抜けて脈管の中に入り込まなければならない．血管の場合なら血流に乗った後は適当な場所で血管壁に取り付き，血管内皮の表面物質を分解して再び浸潤する必要がある（図 3・6・5）．生理的条件下の正常細胞も ECM を整備するためにタンパク質分解酵素群 MMP（matrix metalloproteinase），その阻害因子 TIMP（tissue inhibitor of

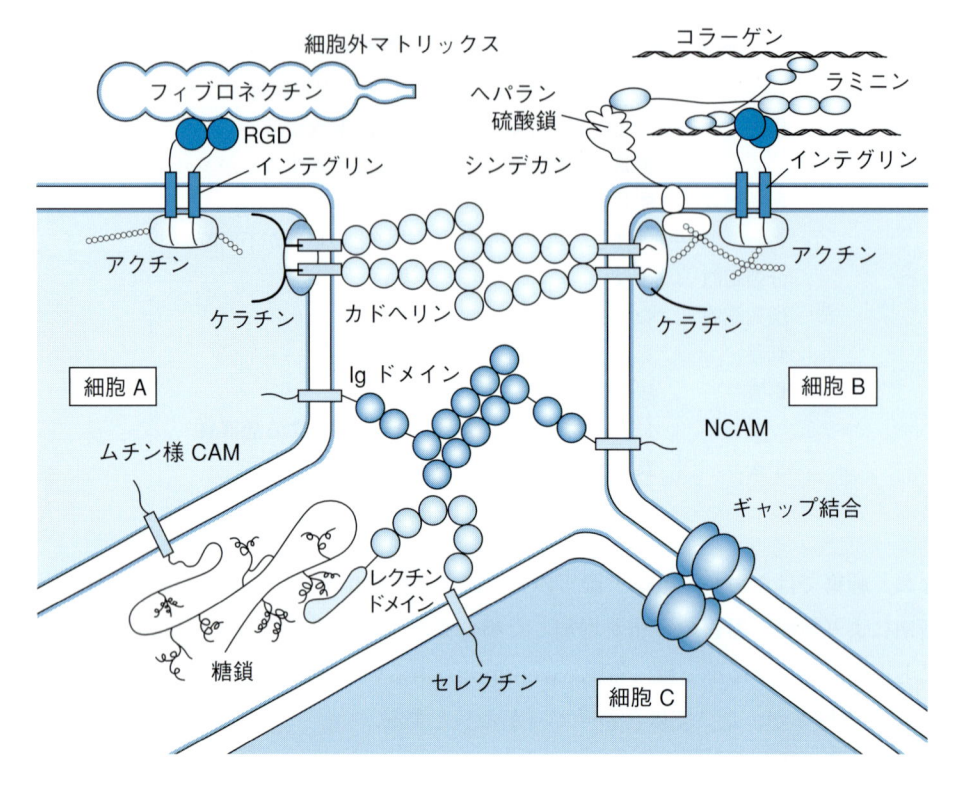

図 3・6・4　細胞外マトリックスを介した細胞接着の基本形
(柳田・他編 (2004) 生命科学, p.45, 東京化学同人)

metalloprotease) を産生しているが，がん細胞において MMP の産生の亢進がしばしばみられる．また，グリコサミノグリカンの一種，ヘパラン硫酸は基底膜，血管内皮の表面など広く存在するが，メラノーマなどある種のがん細胞では転移能がヘパラン硫酸分解酵素の活性と相関することが知られている．これら細胞骨格や形態の変化，ECM 分解能の上昇はがん細胞が組織に浸潤するのに有利に働いていると考えられる．

3・6・3　細胞の寿命

　もう一方の要素，不死化について考えてみる．生殖系の細胞は世代を越えて受け継がれて行くものなので寿命は無限だと考えられるのに対して，ヒトの正常な体細胞は有限な寿命をもつとされる．すなわち，細胞は個体の要求により増殖するが，増殖細胞（第1種，第2種）といえどもその能力には限界があり，特定の回数までしか細胞分裂できないことがわかってきた．酵母でもゾウリムシでも分裂を繰り返していくと老化して増殖できなくなる．一方で，増殖しなければ細胞はそのまま無限に生存できるのかというわけではなく，非増殖細胞（第3種）は分化した機能細胞として生理的な働きを行っているが，これらも次第に老化し，消耗し傷害されて死亡す

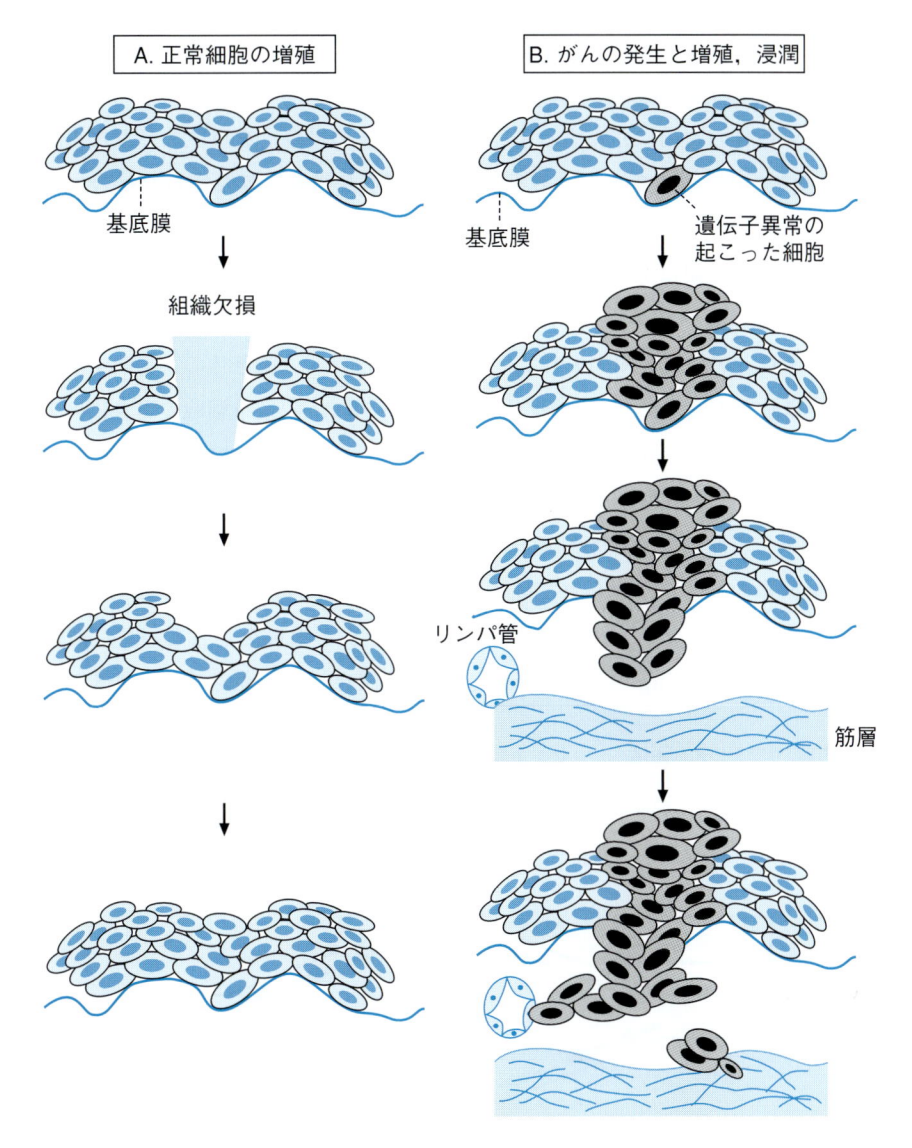

図 3・6・5　正常細胞の増殖とがんの増殖

る．このように，一般に生殖細胞以外の真核細胞は老化する．細胞の老化はどのように起こり，がん細胞では何が変わっているのだろうか．

　正常細胞が分裂を重ねていくと，やがて老化して増殖を停止する．この場合の増殖停止状態にはSV40などDNA型がんウイルスの遺伝子産物により乗り越えられるもの（M1期, Mortality stage 1）と，それによっても乗り越えられないもの（M2期, Mortality stage 2）があることがわかった．M1期は主に外因性細胞老化によるもので，上記，増殖因子下流やサイクリン-CDK系など増殖シグナルの伝達の調節に関わっていると考えられる．したがって，老化細胞でうまく機能していない部分を修飾することにより，この段階は乗り越えられる．それに対し

て，M2 期は内因性細胞老化により，特にテロメアの短縮に起因する染色体構造の崩壊によって起こるものであり，この傷害は致命的といえる．

テロメアとは染色体の両端に存在する TTAGGG（ヒトの場合）を単位とした反復配列でできているヘテロクロマチン領域である（第 5 章参照）．DNA 複製に際して新たに合成されたラギング鎖の 5′ 末端はプライマーとして使われた RNA で占められていて，これは除去されることになるので，この DNA 鎖は分裂するたびにこの長さ（50〜150 bp）ずつ短くなる（図 3・6・6）．ヒトの細胞においてテロメアは 10 kbp 強の長さなので，50 回分裂すると 5 kbp 以下に短縮してサブテロメア領域まで欠失してしまい，この段階では染色体の末端同士が癒着したりしてクロマチン構造が不安定になり，細胞死を来す．一方で，生殖系細胞の場合にはテロメア末端の DNA を延長して修復するテロメラーゼが発現していて，テロメアの短縮は起こらない．このことが生殖系細胞の無限寿命を説明するものと考えられる．実際，体細胞であってもテロメラーゼ遺伝子を導入して常時発現する細胞株をつくると，分裂寿命については不死化（少なくとも，大幅な分裂回数の延長）がみられている（図 3・6・7）．がん細胞においても多くの場合テロメラーゼ活性をもつことがわかっており，テロメラーゼ活性を示さないがん細胞の場合も ALT（alternative lengthening of telomeres；例えば，DNA を交差させてテロメア末端を延長

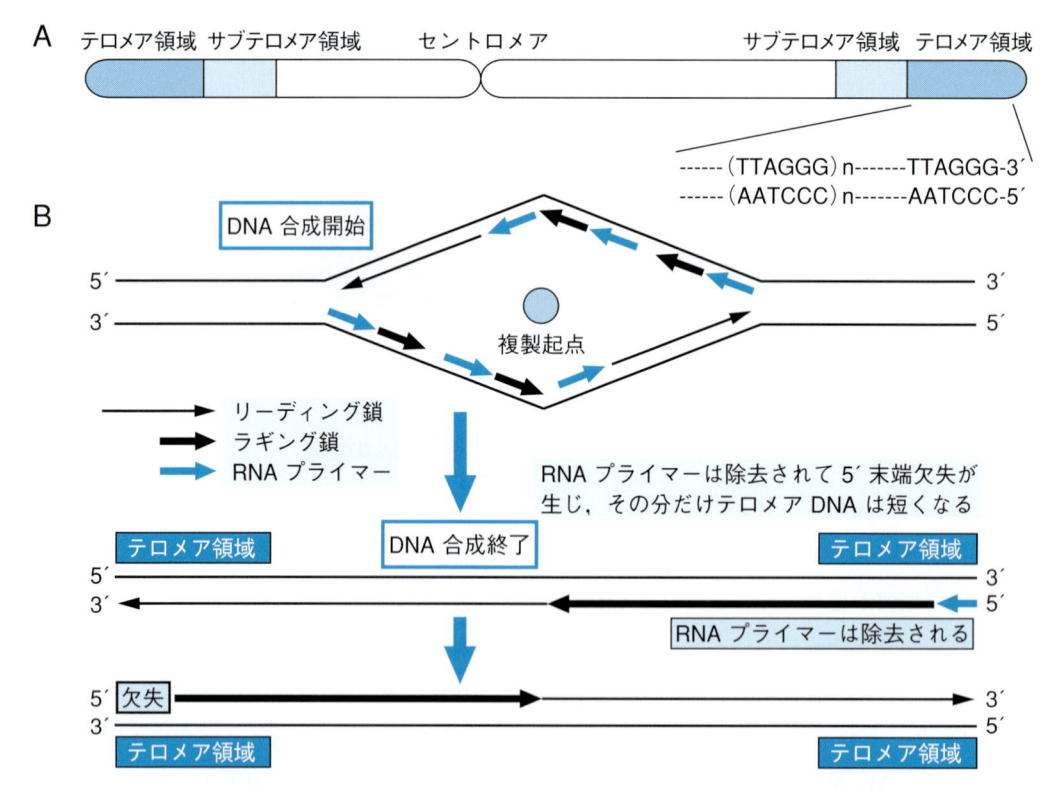

図 3・6・6 DNA 複製に伴うテロメア領域の短縮のモデル
A：染色体の構造，B：テロメアの短縮

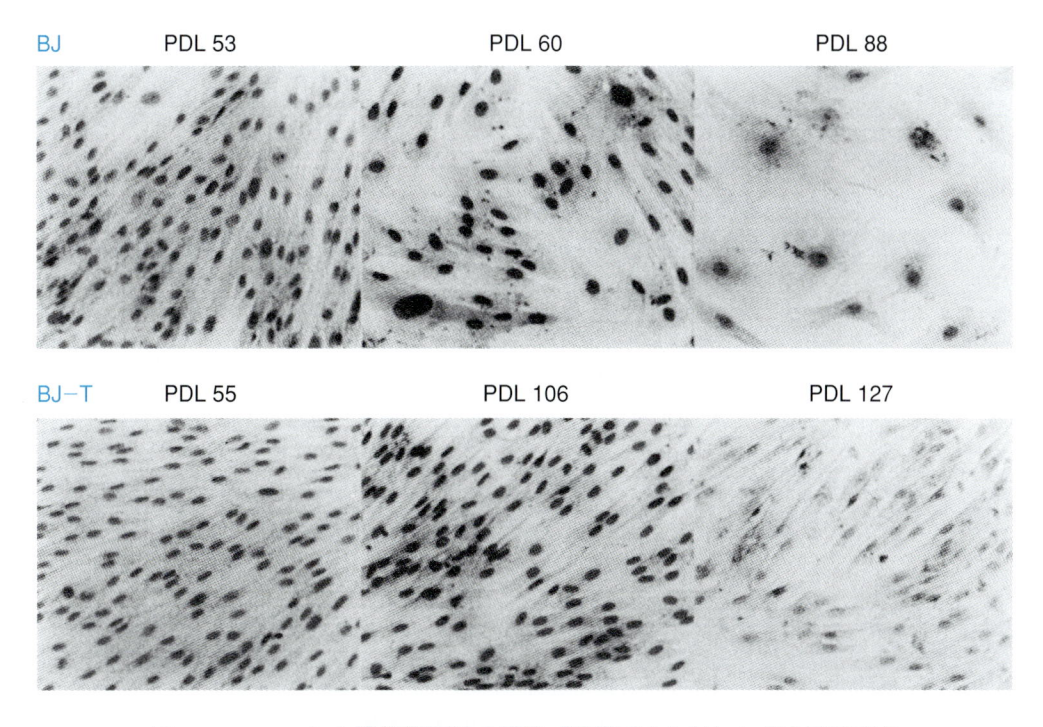

図 3・6・7　ヒト線維芽細胞の継代（培養系内加齢）に伴う形態変化
BJ，テロメラーゼ活性なし；BJ–T，テロメラーゼ活性あり（PDL は継代数）

するメカニズム；図 3・6・8）によってテロメア長が維持されている例が多く，テロメア短縮が（増殖系）細胞の老化の主要な原因の 1 つであることを示している．

　ただし，テロメラーゼ活性をもつ細胞であっても，例えば，過酸化水素処理，活性型のがん遺伝子 Ras 導入（活性型酸素種 reactive oxygen species，ROS を上昇させる）により増殖能や形態など老化細胞と同様な形質を示すようになることから，老化の過程は別のファクターによっても並列的に制御されているとみられる．その有力なものと考えられているのは，生体の生命活動に伴うエネルギー代謝，それに伴う酸化的ストレスによる傷害の蓄積である．

　個体レベルでみると，ラット，マウスではカロリー制限食餌により寿命は 1.5 倍程度に延長し（表 3・6・4），ネマトーダ（線虫）ではインスリン様増殖因子のシグナル伝達の不全により寿命が 2 倍近くまで延び，活性酸素を不活化する酵素カタラーゼとスーパーオキシドディスムターゼを過剰発現させるとショウジョウバエの寿命は約 1.3 倍に延びることが観察されている．また，寿命が 40% 短い老化促進モデルマウス（SAM）では酸化生成物の増加，スーパーオキシドディスムターゼ活性の低下が起こっており，ネマトーダでもカタラーゼ遺伝子が働いていないと上記インスリン様増殖因子変異体での寿命延長がみられない．

　酵母においてもカロリー制限は寿命延長をもたらす．その際に，Sir2（ネマトーダでは Sir2.1，哺乳類では SIRT1）が働いていること，また，ラットでもカロリー制限による寿命延長時に SIRT1 が高発現していること，ネマトーダでも Sir2.1 を発現させると寿命が 1.5 倍近くに延び

図 3・6・8　テロメアの修復

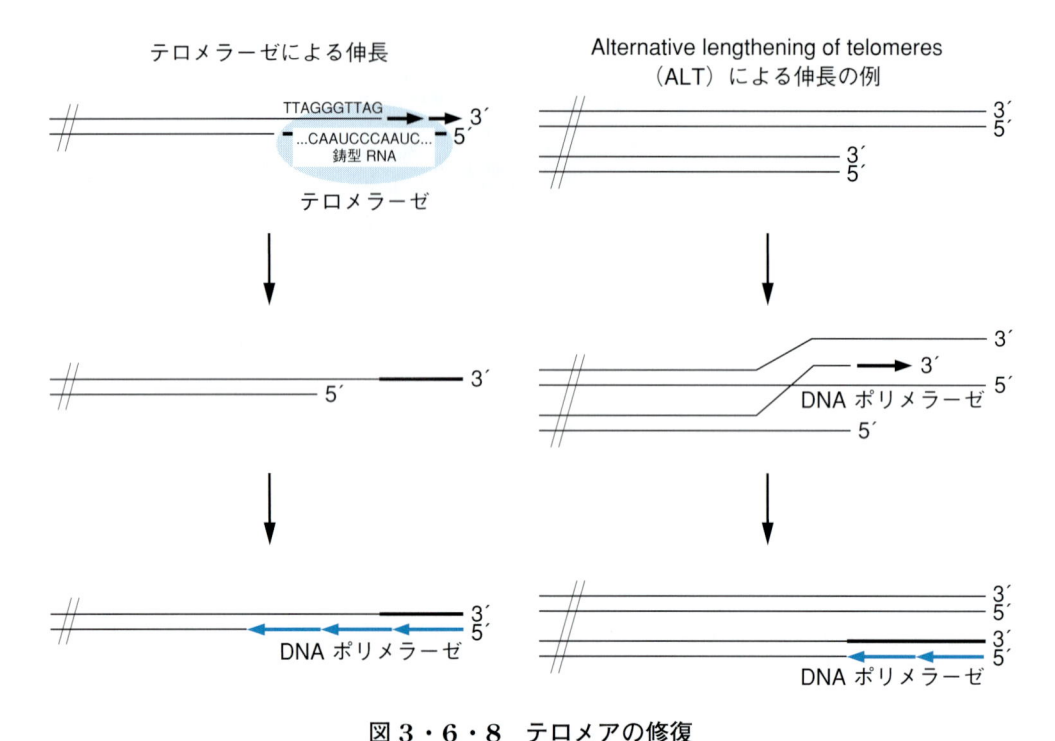

ることなどが次々とわかってきた．Sir2 はクロマチン構成タンパク質ヒストン，アポトーシス誘導タンパク質 p53 や Ku70 を脱アセチル化する NAD^+ 依存性デアセチラーゼ（脱アセチル化酵素）であるが，その作用によって転写，アポトーシスは抑制される．NAD^+ と NADH のバランスについては，細胞へのエネルギー供給が十分であれば，還元型の NADH 側に向き，不十分であれば酸化型の NAD^+ 側に向くと考えられるので，カロリー制限下では Sir2 は活性化されることになる．これがカロリー制限による寿命延長をもたらしている要因の 1 つと考えられる（図 3・6・9）．以上のことを考え合わせると，個体レベルの老化において酸化ストレスは重要な意味をもっていることがわかる．ヒトの寿命が父系よりも母系との相関が強いことも，母系のみで遺伝するミトコンドリアの機能，すなわち酸化的エネルギー代謝と老化とのつながりを示唆する．

　以上見てきたように，細胞老化は，酸化的ストレスによる細胞レベルでの傷害の蓄積と（増殖系の細胞における）テロメア短縮による分裂寿命の限界とによるところが大きいと考えられるが，個体レベル，生体内の細胞においてはこれに加えて，個体全体を調節するホルモンなど内分泌系，それを制御する中枢神経系の機能の発達・加齢に伴う変化も重要である．見方を変えると，アポトーシス，老化は全体として，必要な細胞を選択し，不要な細胞やがん化細胞に対処するための生体の危機管理システム（risk and crisis management）と考えることができる．

表 3・6・4 老化および長期カロリー制限において変化した主な遺伝子発現パターン

	臓器	老化	カロリー制限
マウス	骨格筋	↑ ストレス応答 （シャペロン，DNA 損傷） ↓ エネルギー代謝 （糖分解，ミトコンドリア 　機能低下）	↑ エネルギー代謝 （糖分解） ↑ タンパク質合成 ↓ ストレス応答
	大脳 小脳	↑ 炎症，免疫応答 （補体，炎症性ペプチド） ↑ ストレス応答 （シャペロン，タンパク質分解酵素）	↓ 炎症，免疫応答 ↓ ストレス応答
	心臓	↑ 糖代謝 ↑ 細胞構成タンパク質 （細胞マトリックス，コラーゲン） ↑ 神経再生タンパク質 ↓ 脂肪代謝 （脂肪運搬，β酸化）	↓ 細胞構成タンパク質 ↓ 炎症，免疫応答 （補体，主要組織 　適合抗原）
	腎臓	↑ 免疫応答 （免疫グロブリン） ↑ ストレス応答 （シャペロン，タンパク質分解酵素） ↓ エネルギー，酵素系代謝	↓ 免疫応答 （免疫グロブリン） ↓ ストレス応答 ↓ エネルギー，酵素系 　代謝
	脂肪組織		↑ エネルギー代謝 （糖，アミノ酸，脂質， 　ミトコンドリア関連） ↓ 炎症，血管新生 ↓ 細胞構成タンパク質
アカゲザル	骨格筋	↑ 炎症，免疫応答 ↑ ストレス応答 ↓ エネルギー代謝 （ミトコンドリア関連）	↑ 細胞構成タンパク質 ↓ エネルギー代謝 （ミトコンドリア関連）

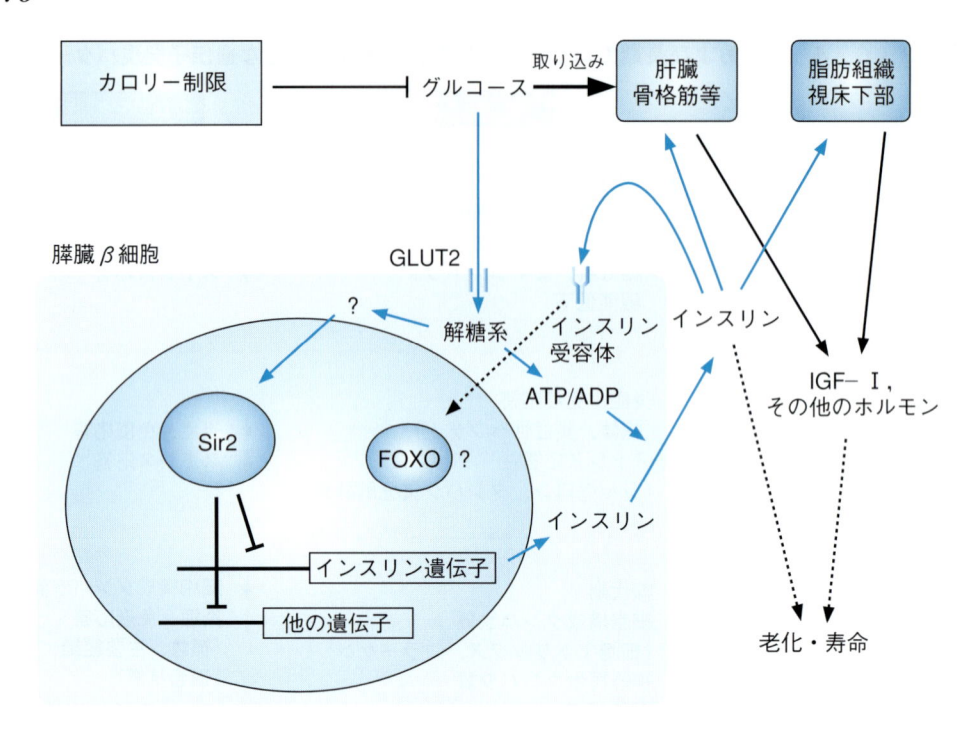

図3・6・10　カロリー制限のメカニズムに関する作業仮説

第 4 章

生命の継続

第4章の学習目標

1) ヒトを含めて多くの動物は有性生殖を行い，子孫を残す．有性生殖では，配偶子である卵と精子が受精することにより，新しい命を生み出す．二倍体である生物の染色体数は，配偶子形成で半減した後，受精により倍化し元に戻る．生殖の基本を学び，有性生殖の鍵となる減数分裂における染色体分配様式について理解する．
2) 減数分裂によって生じる配偶子（精子・卵）は，受精によって新しい命の始まりを迎える．ヒトの配偶子形成の特徴と受精によって受精卵が成立する仕組みについて理解する．
3) 単一細胞の受精卵は増殖と分化を繰り返し，多細胞からなる個体へと変貌を遂げる．受精卵から個体が発生する過程を学び，各発生時期における特徴を理解する．また発生現象に関連して観察される生命の営みや発生現象と臨床応用との関連性について代表的事例を知る．
4) 生命を特徴づけるさまざまな形質は，親から子へと受け継がれる．この遺伝という現象は，染色体上に刻まれた遺伝情報が，親から子へと受け継がれることによる．遺伝の基本を学び，生命の営みが遺伝情報に基づいて実践されていることを理解する．

はじめに

ヒトに寿命があるように，永遠の命をもつ生物は存在しない．しかし生物個体は死滅しても，子孫を残すことによって，自らを特徴づける性質を後代に残すことができる．原核細胞のような

単細胞生物では，細胞の分裂が自らの複製を意味するが，哺乳類などの高等動物においては，配偶子の形成と受精というプロセスを経てはじめて，新しい個体を生み出すことができる．本書の目的は「ヒトの生命を理解すること」にあるので，配偶子形成・受精・新個体の形成，という一連の流れを"生命の継続 continuity of life"と捉え，本章を構成した．

単一細胞の受精卵が，胞胚・原腸胚・胚葉・器官の形成というプロセスを経て個体を形成することを，発生 embryogenesis という．また生命を特徴付ける性質が親から子へと受け継がれることを，遺伝 heredity という．本章では，主に高等動物における"生命の継続"について学び，生命活動が染色体上に刻まれた遺伝情報のプログラムに従って営まれていることを理解する．

4·1　生殖と減数分裂

生物が子孫を増やすために，新しい個体をつくる働きを生殖 reproduction という．生殖には，性とは無関係に子孫を増やす無性生殖 asexual reproduction と，性に依存して配偶子 gamete を形成し，2個の配偶子が接合（受精）することによって子孫を増やす有性生殖 sexual reproduction がある．二倍体 diploid である哺乳動物は有性生殖により子孫を増やす（図4·1·1）．もし配偶子の染色体数が体細胞と同じとすると，受精を重ねるたびに染色体数が倍化し，生物として生存できなくなる．そのため有性生殖においては，配偶子形成の際に減数分裂 meiosis を行い半数体 haploid（一倍体）となることが重要である．染色体数が二倍体になっている世代のことを複相世代 diplophase，一倍体の世代を単相世代 haplophase という．

4·1·1　無性生殖と有性生殖

無性生殖は哺乳類や鳥類では見られないが，単細胞生物・多細胞生物の区別なく広く行われている生殖方法である．しかし，無性生殖を行う多細胞生物の場合，生活環 life cycle の中で有性生殖を行っている場合が多い．無性生殖は，無配偶子生殖（単細胞生物の分裂や，胞子による生殖など）と，多細胞生物に見られる栄養生殖とに分けられる．植物や菌類・原生生物に見られる胞子は，生殖細胞ではあるが配偶子とは異なり，単独で新個体を形成できる（図4·1·2）．一般に植物細胞には全能性があり，栄養生殖がごく普通に行われている．動物における栄養生殖には，分裂と再生・出芽と成長などがある．無性生殖ではいずれも親の身体の一部が分かれて新個体になるため，新個体は親と全く同じ形質をもつことになり多様性に乏しい．厳しい環境の下では，すべてが死滅してしまう危険性があり，種の保存のためには不利である．

一方，有性生殖では配偶子と呼ばれる生殖細胞が産生され，2つの配偶子が接合 conjugation

第 4 章　生命の継続

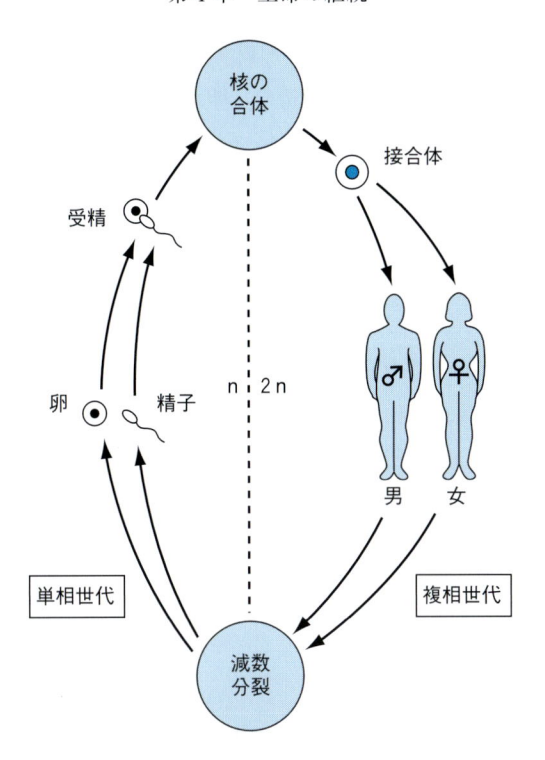

図 4・1・1　哺乳動物（ヒト）の生活環

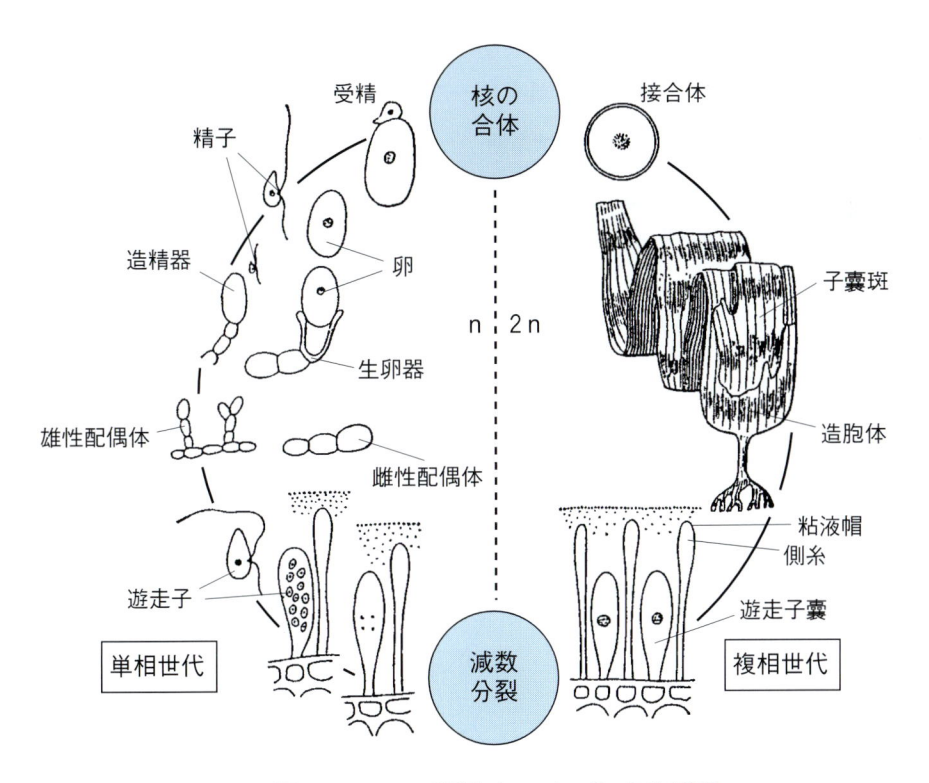

図 4・1・2　藻類（マコンブ）の生活環

することによって新個体（接合体 zygote）を形成する．雌雄の配偶子が接合する両性生殖が典型的であるが，雌雄同体生物における自家受精や，卵が受精なしに発生する単為生殖などの変形もある．無性生殖に比べ，接合という能率の悪いプロセスを行う必要があるが，多様性のある子孫をつくり，環境の大きな変化に適応する可能性が高く，種の保存のために有利である．

4・1・2　減数分裂

配偶子を形成する際，染色体数を体細胞の半分にする細胞分裂が起こる．これを減数分裂 meiosis という．減数分裂は，動物では生殖器官においてのみ起こる分裂様式で，配偶子を形成するときにだけ行われる．減数分裂の過程は，染色体数が半分になる第一減数分裂 division I of meiosis（還元分裂）と，染色体数は変化せず体細胞分裂と同じ様式で分裂する第二減数分裂 division II of meiosis とに分けられる．それぞれの分裂過程はさらに，前期・中期・後期・終期の4期に区分される．細胞あたりの染色体数が半分になる機構を理解するために，以下に減数分裂の各期における特徴を示す．

第一分裂前期：相同染色体 homologous chromosome どうしが平行に並び，動原体 centromere 部分が対合（接着）し，二価染色体 bivalent chromosome を形成する．各相同染色体は縦列して分体化し，二価染色体は計4本の染色分体 chromatid から構成されて

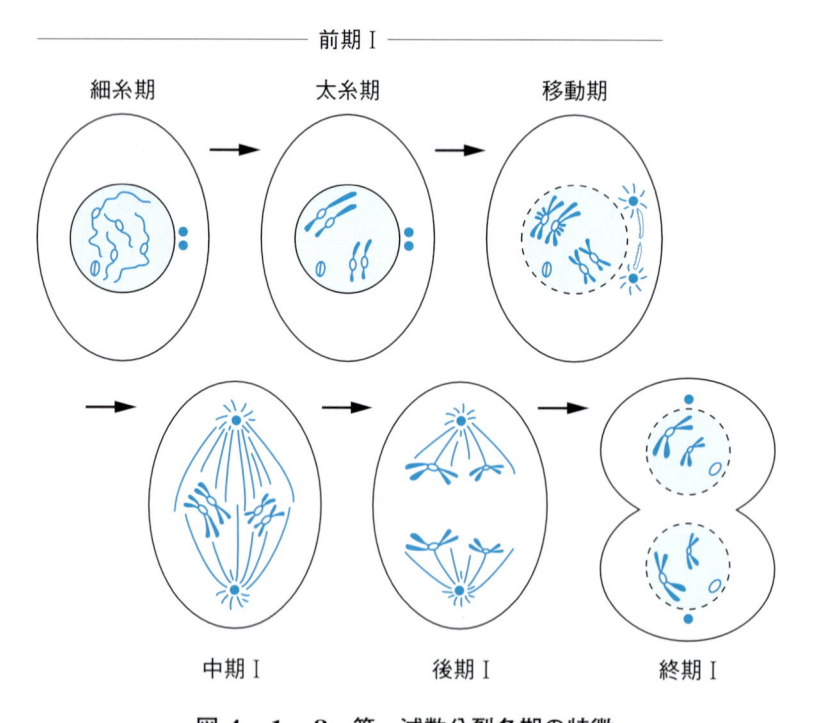

図4・1・3　第一減数分裂各期の特徴

いる.

第一分裂中期：二価染色体が赤道面に配列し，微小管が**紡錘体 spindle** を形成する．

第一分裂後期：微小管の収縮により，二価染色体は対合を解消して2本の相同染色体に分かれ，互いに反対方向の極へ向かって移動を開始する．体細胞分裂とは異なり，染色体は分体化したままであり，動原体の分離も見られない．

第一分裂終期：両極に分かれた染色体は凝集密度が低下し，微小管も分解する．続く細胞質分裂によって細胞が二分される間に，核膜と核小体の再形成が起こり，2つの娘細胞が形成され

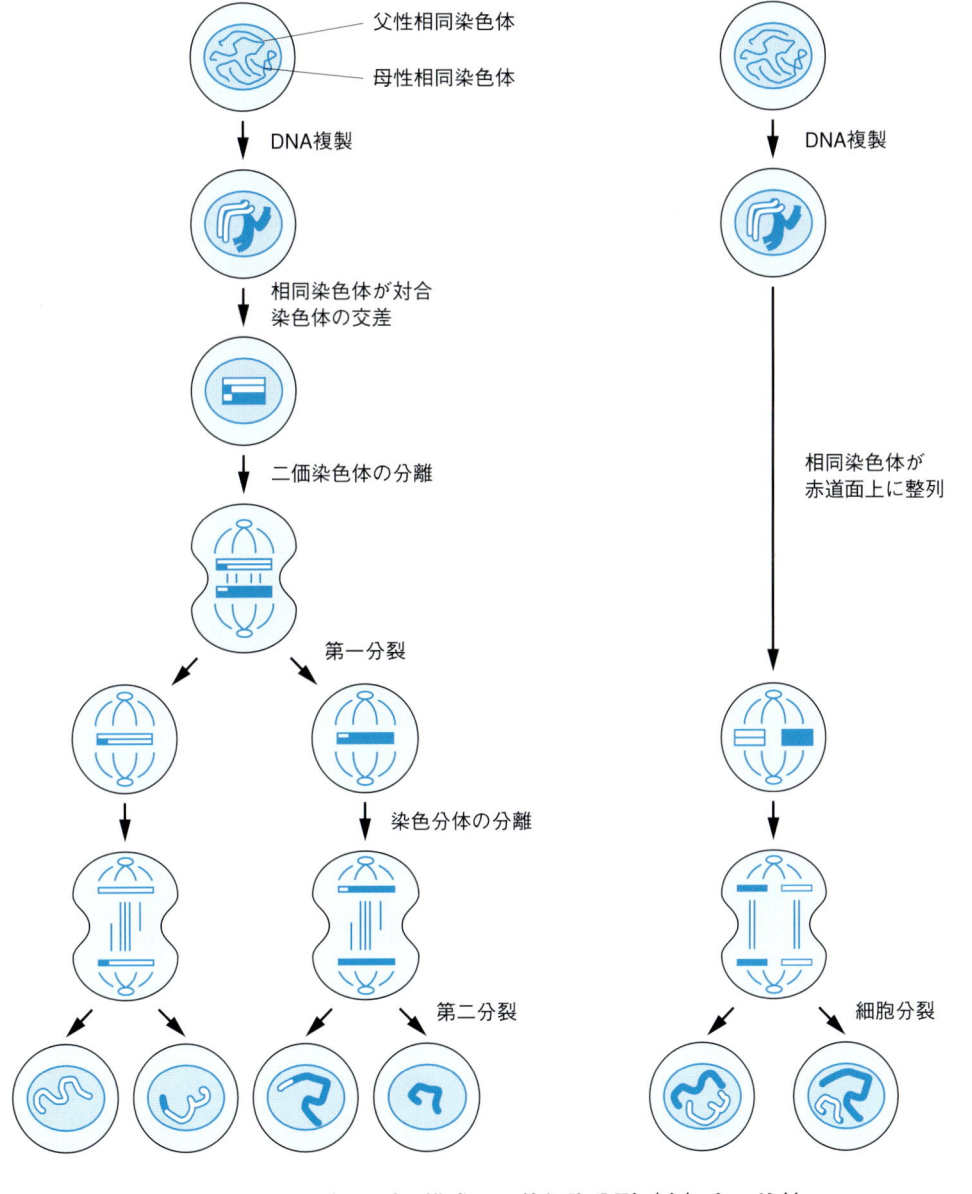

図4・1・4　減数分裂の模式図　体細胞分裂（右）との比較

る．この時点で娘細胞は母細胞がもつ 1 対の相同染色体の片方を含み，染色体数は半分である．半数体になった娘細胞の核相を 単相 haploid phase という．この後，DNA は複製されないまま，中心体 centrosome の分裂だけが起こり，第二分裂に進む．

　第二分裂前期：単相になった 2 つの娘細胞は隣接して存在し，第二分裂は各細胞で同期して進行する．再び明確になった染色体の動原体に微小管が結合し，染色体が赤道面に移動する．核膜と核小体が消失する．

　第二分裂中期：分体化した染色体が赤道面に配列し，微小管が紡錘体を形成する．

　第二分裂後期：微小管の収縮により，各染色体は 2 本の染色分体に分かれ，互いに反対方向の極へ向かって移動する．

　第二分裂終期：両極に位置した娘染色体は凝集密度が低下し，微小管も分解する．細胞質分裂に続き核膜と核小体が再形成され，減数分裂の全過程が終了する．

　第一分裂のように染色体数が半減する分裂様式を異形核分裂といい（図 4・1・3），第二分裂に見られる分裂様式は体細胞分裂と同じ同型核分裂という（図 4・1・4）．減数分裂により，二倍体の生殖母細胞 1 個から，半数体の生殖細胞 4 個ができる．

4・2　配偶子形成と受精

　生殖細胞（配偶子）は，生殖器官内で生殖母細胞から生じる．雌性配偶子と雄性配偶子とでは，二倍体細胞から減数分裂によって形成されるという点は同じであるが，その形状・分裂過程・生じる娘細胞の数・成熟過程などの点は大きく異なる（図 4・2・1）．動物の生殖細胞のうち，小さくて運動能力をもった雄性配偶子を 精子 spermatozoon と呼び，大きくて運動能力をもたなくなった雌性配偶子を 卵 egg, ovum と呼ぶ．精子と卵の接合を特に 受精 fertilization といい，その接合体を 受精卵 fertilized egg という．受精卵は新個体の始まりである．

4・2・1　精子形成

　精巣 testis の精細管（図 4・2・2，図 4・2・3）の中で 始原生殖細胞 primodial germ cell が体細胞分裂を繰り返して増殖した 精原細胞 spermatogonium は，思春期を迎えると 2 倍近くの大きさに成長して 一次精母細胞 primary spermatocyte になる．一次精母細胞は第一減数分裂により 二次精母細胞 secondary spermatocyte を 2 つ，第二減数分裂により 精細胞 spermatid を計 4 つ生じる．精細胞は図 4・2・4 に示すような変態過程を経て成熟した精子となる．この一連の過程を 精子形成 spermatogenesis という．

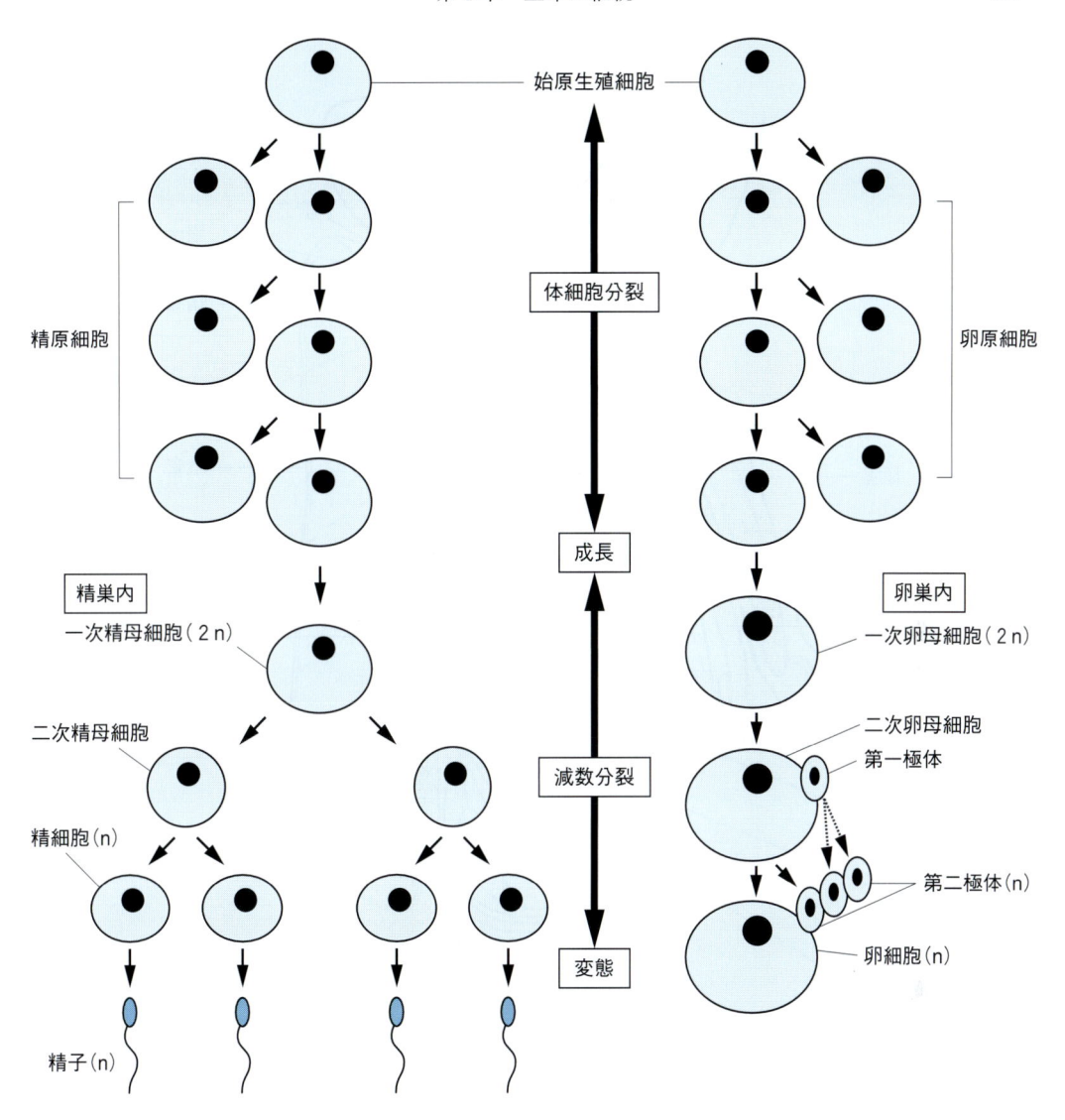

図 4・2・1　動物生殖細胞の形成

　成熟したヒトの精子は全長が 60 μm ほどで，細胞質をほとんど含まず，頭部・中片部・尾部に区分される形態をしている（図 4・2・4）．頭部には先体 acrosome と呼ばれる小胞があり，卵への侵入を可能にするため卵周辺の物質を溶解させる酵素類が含まれている．中片にはミトコンドリアがらせん状に並び，尾部のべん毛を動かすために必要なエネルギーを供給している．

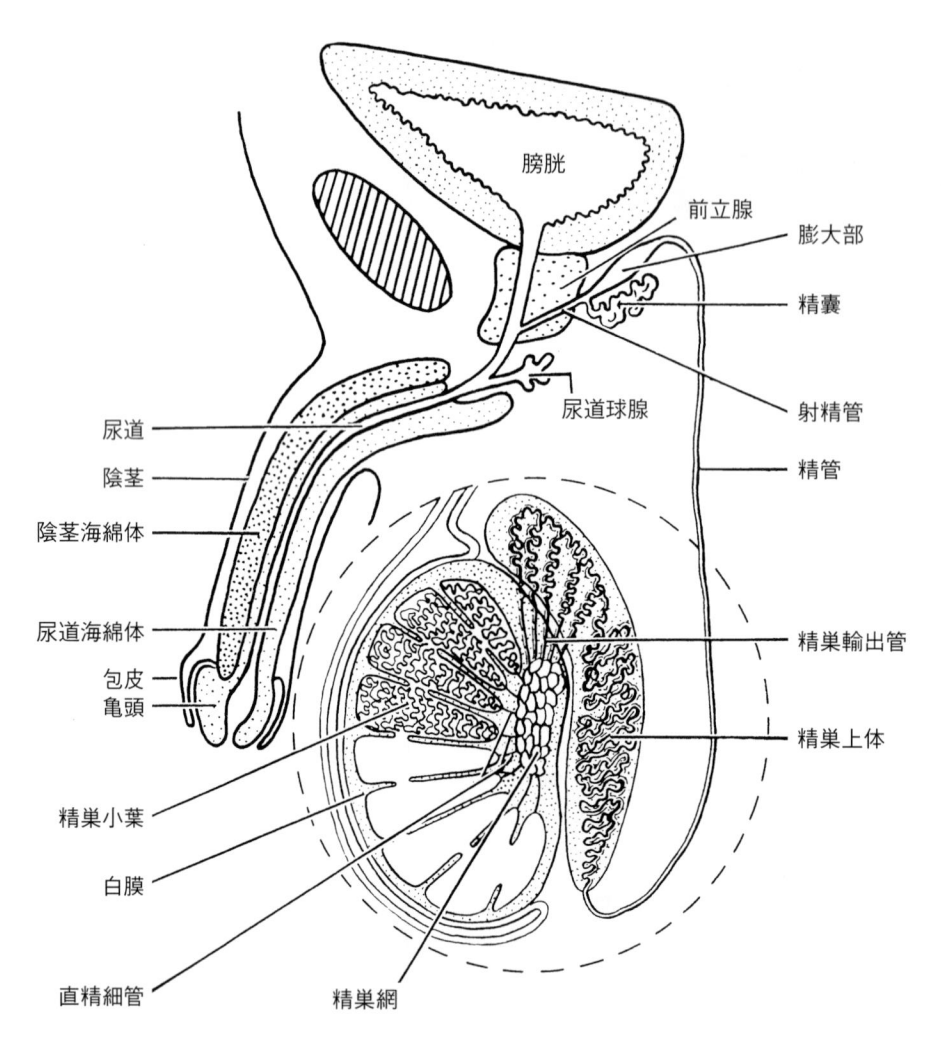

図 4・2・2　雄性生殖器の構造

（ランゲの組織学，廣川書店）

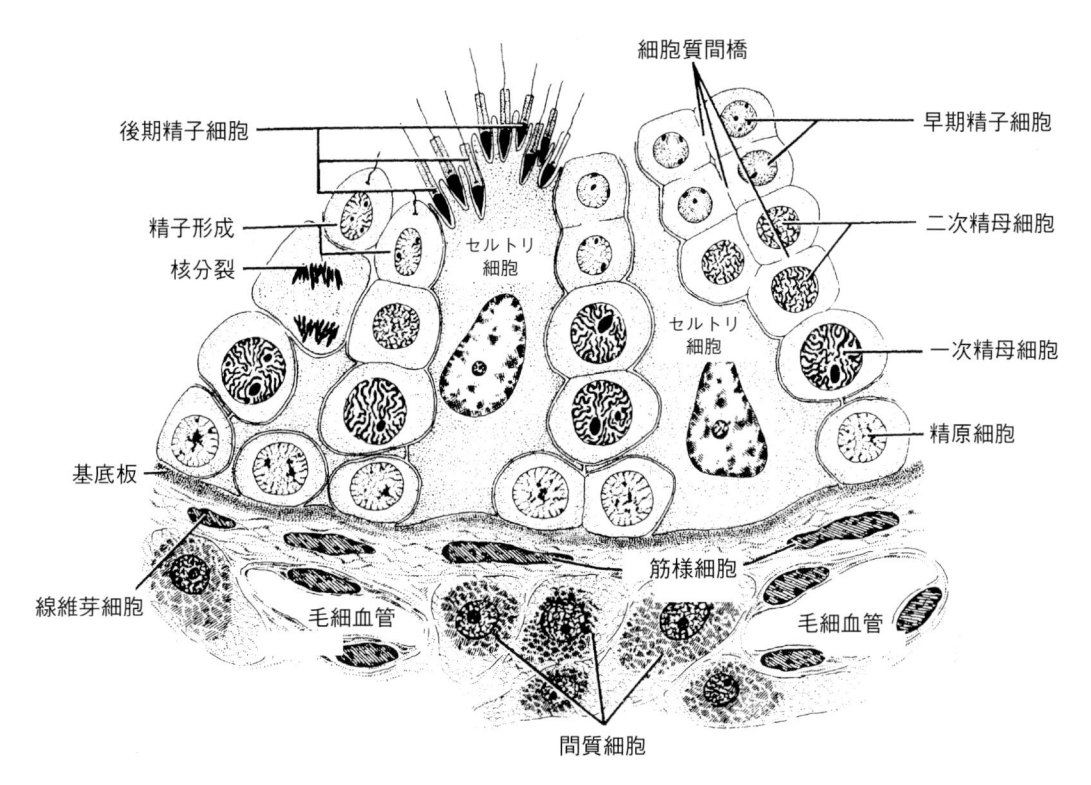

図 4・2・3　精細管の細胞構成

(ランゲの組織学，廣川書店)

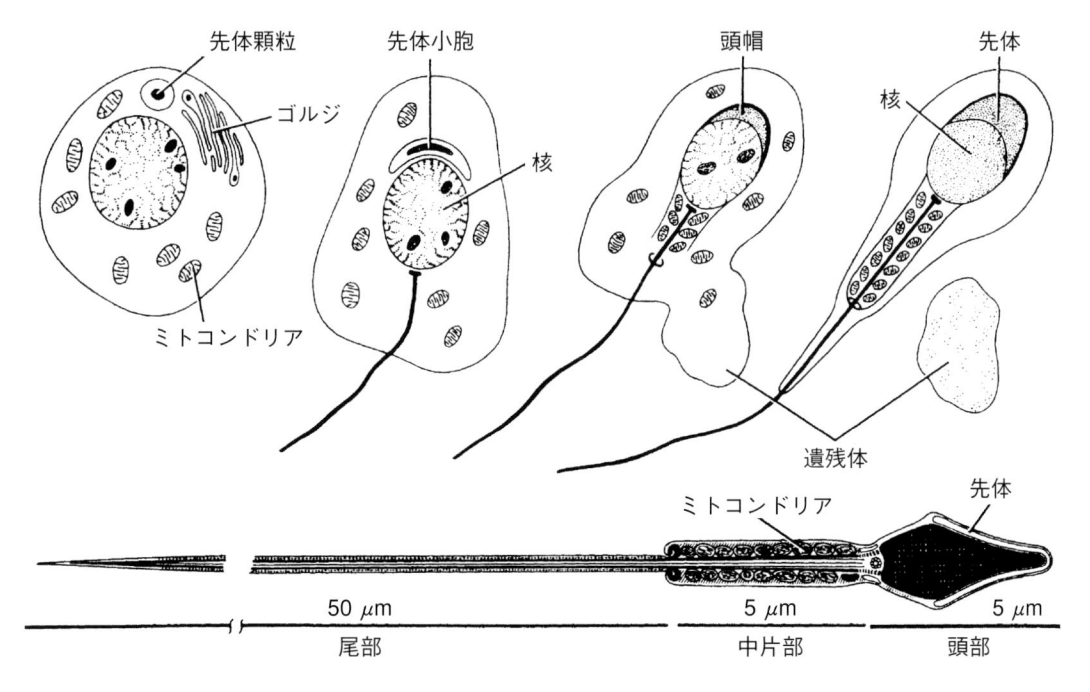

図 4・2・4　精細胞の変態と成熟

(ランゲの組織学，廣川書店)

4・2・2 卵の形成

胎生6か月頃の卵巣 ovary では，始原生殖細胞が体細胞分裂を繰り返し，多数の卵原細胞 oogonium が形成される．卵原細胞は成長して一次卵母細胞 primary oocyte になる．一次卵母細胞は周囲を1層の卵胞細胞でおおわれて，原始卵胞 primodal follicle を形成している．やがて，一次卵母細胞は減数分裂を開始して，第一分裂前期の状態で停止したまま誕生を迎える．このとき原始卵胞の数は約70万である．思春期に入ると減数分裂が再開されるが，原始卵胞の大部分は退化し，その数は約4万に減少している．これらのうち成熟して排卵されるのは，約30年間で300〜400個と推定されている．

卵胞細胞が増殖し成熟してくると，一部が半島状に突出しグラーフ卵胞 Graafian follicle（成熟卵胞）をつくる（図4・2・5）．グラーフ卵胞中の一次卵母細胞は第一減数分裂により，

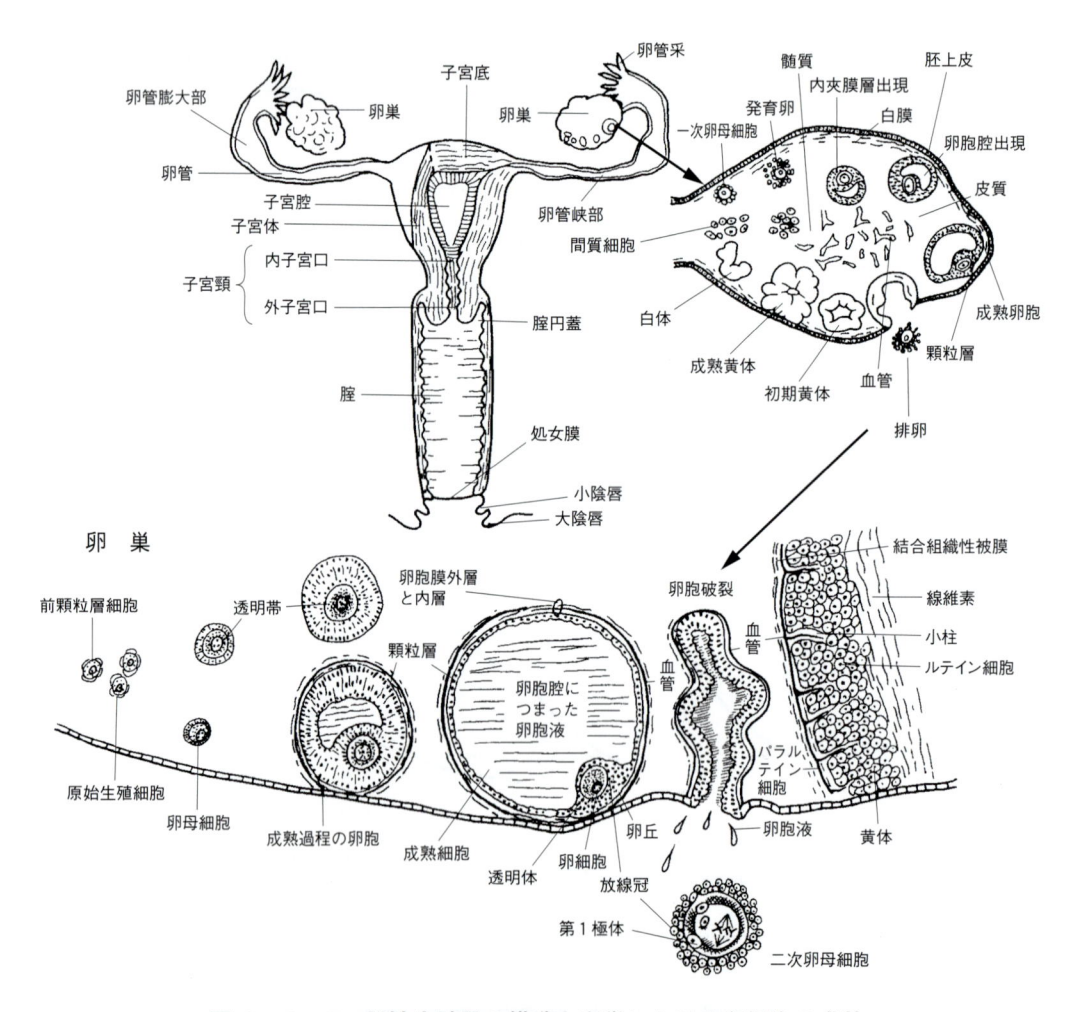

図4・2・5 雌性生殖器の構造と卵巣における卵細胞の成熟

半数体の細胞を生じるが，中期で二価染色体が赤道面ではなく細胞の端部に並ぶため，終期では細胞質が不均等に二分される．大きい細胞を二次卵母細胞 secondary oocyte，小さい細胞を第一極体 polar body という．やがて二次卵母細胞は第一極体とともにグラーフ卵胞壁と卵巣表面の皮膜を破って腹腔中へ放出される．この現象を排卵 ovulation という．

　二次卵母細胞はただちに卵管 oviduct に捕えられて卵管膨大部へ移動し，ここで第二分裂中期の状態で精子との出会いを待つ．このとき二次卵母細胞の外側には卵母細胞の分泌液でできた透明帯 zona pellucida と，卵胞細胞群の一部で構成された放線冠 corona radiata があり，周囲をおおっている．二次卵母細胞は精子が細胞膜に触れると減数分裂を再開して，卵 ovum と第二極体が形成される．

　卵形成 oogenesis の結果，染色体は卵と極体に均等に4分されるが，細胞質は著しい不均一化が行われ，大きな卵（直径 100 μm）と小さな極体が生じる．これは受精卵がしばらくの間，胎児を育てるために必要な栄養分を蓄えているためである．第一極体は分裂することもあるが，いずれの極体も次第に退化し消失してしまう．極体が放出されたところを動物極 animal pole といい，赤道面から動物極側を動物半球，反対側の極を植物極 vegetal pole といい，赤道面から植物極側を植物半球という．哺乳類の卵では極性が見られないが，多くの動植物の卵には極性が存在し，初期発生の方向性を決める要因として重要である．

4・2・3　受　精

　卵と精子の核が融合して接合体を形成する現象を受精という．精子の頭部が卵の周囲にあるゼリー層に触れると，精子の頭部の先体が破れ，細い突起を形成する．この過程を先体反応 acrosome reaction と呼ぶ．先体から放出された溶解物質は，卵黄膜を溶かし，精子は尾部の活発な運動によって前進し，先体突起は卵細胞膜に達する．卵細胞の表面が速やかな化学変化を起こすので，他の精子はもはや侵入することができない（図4・2・6）．

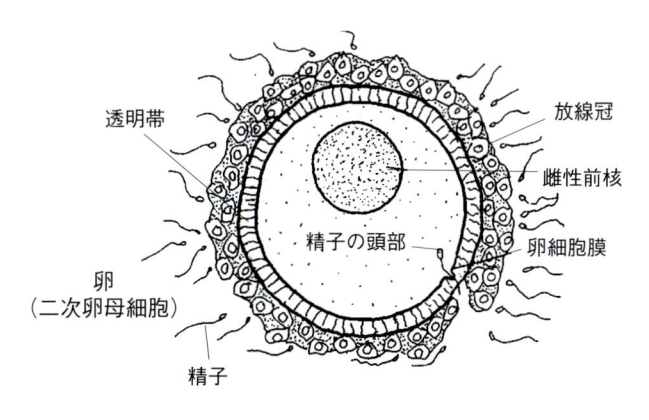

図4・2・6　受精

精子核が卵に入ると，第二減数分裂の中期で停止していた二次卵母細胞が分裂を再開し，卵核と精子核が出会うまでに減数分裂を完了し，第二極体を放出する．精子が卵の中に入ると頭部が膨大し，雄性前核となる．中片部と尾部は卵の細胞質中で消失する．雄性前核は雌性前核に向かって移動し，卵のほぼ中央で核融合し，受精が完了する．これにより接合体が形成され，胚発生が始まる．

4・3　受精卵から個体へ

　精子と卵の核融合により接合体が形成される．ヒトの受精卵は，父親と母親から1セットずつ23対46本の染色体を受け継いでいる．受精卵は増殖を繰り返し，単一細胞から新生児で約3兆，成体では約60兆の細胞からなる個体へと発生・成長する．細胞分裂により，受精卵がもつ染色体はすべての細胞に受け継がれるが，ある時期を境に各細胞は目的をもった細胞へと特殊化していく．この過程を分化 differentiation という．受精卵から個体への発生過程は，大きく3段階に分けられる．受精卵の卵割から胞胚にいたる初期発生 early embryogenesis，原腸が現れ三胚葉の形成にいたる原腸胚形成 gastrulation，各胚葉から器官が形成され胎児と認識される器官形成 organogenesis である．これら個体発生の流れと仕組みは，脊椎動物に共通して見られる性質である．

4・3・1　初期発生

　動物の初期発生の段階では，受精卵は繰り返し分裂を続け多細胞の胚 embryo を形成する．受精直後の分裂は，細胞の成長を伴わず，細胞を分割するだけのため分裂速度がきわめて速い．この期間は，細胞の数は増えても大きさは小さくなり，全体の容積は受精卵とほとんど変わらない．そのため，この過程は卵割 cleavage と呼ばれる．この初期段階の分裂過程で生じた胚は胞胚 blastula と呼ばれ，同じように見える細胞からなり，内側に穴のある球形をしている．哺乳類で見られる胚盤胞 blastcyst は胞胚の一種である（図4・3・1）．
　哺乳類の受精卵も同様に細胞分裂するが，その速度は他の動物のものより遅い．特にヒトの卵は受精した場所から子宮内へ移動する約1週間の間に4回しか分裂せず，胞胚はわずか16細胞からなる．さらに哺乳類の胞胚は，2つの異なるタイプの細胞からなり，胞胚の外側は発生中の胚の胎盤 placenta をつくる部分になる．胎盤は哺乳類に独特の構造であり，母親と胎児との間の栄養分や老廃物の受け渡しを可能にする．残る胚内部の細胞層のみが実際の胚として発生を継続する．

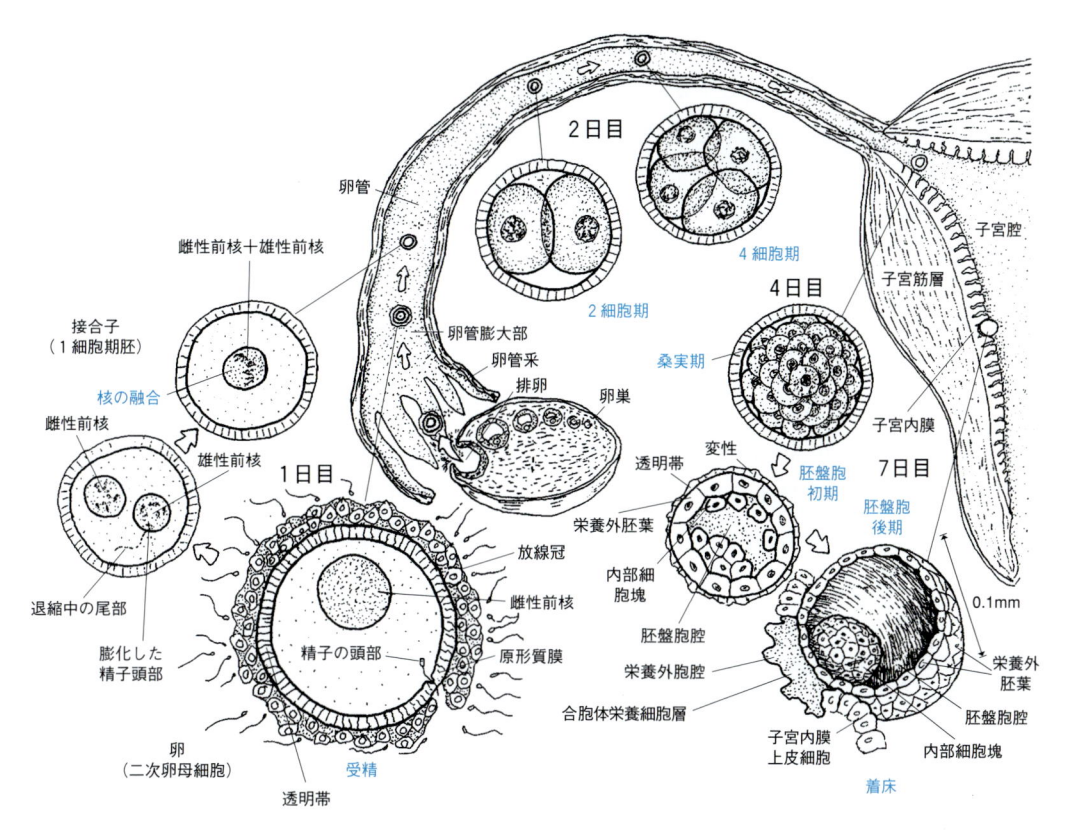

図 4・3・1　ヒトの初期発生

4・3・2　原腸胚形成

　初期発生の段階で，胚を構成していた細胞は内部の位置に従って三胚葉を形成するようになる．胚の外側に存在していた細胞は，胚内部の適切な位置へ移動を開始する．**内胚葉 endoderm** が胚の内部に，**中胚葉 mesoderm** がそれを囲むように，そして**外胚葉 ectoderm** が胚全体の表面をおおうようになる．この劇的な再配列は原腸胚形成の過程で起こる．

　内胚葉は一般に腸や肺の上皮組織を生じ，中胚葉は筋肉や骨格，外胚葉は神経と脳そして外皮をつくる（表 4・3・1）．このように三胚葉はそれぞれ異なる発生の道筋をたどることになり，

表 4・3・1　三胚葉の運命

胚　葉	分化する組織・器官
内胚葉	腸管・胃・肝臓・気管・肺の上皮など
中胚葉	脊椎骨・筋肉・生殖器官・腎臓・血液・血管・心臓など
外胚葉	脳・神経・目・耳・表皮・毛・つめなど

個体の異なる組織を形成する．胚葉の形成は，あらゆる細胞へと分化し得る性質をもっていた受精卵から生じた個々の細胞の運命が決定づけられた証である．ヒトの原腸胚形成の過程における再配列は，胚が子宮壁に着床して2週間の間に起こる．

4・3・3　器官形成

原腸胚形成後，胚葉細胞の速やかな分化および再配列が起こり，さまざまな器官がつくられる．ヒトの胚は，受精後3週間で，心臓をつくる．8週目では，約2.5 cmの胎児として認識され，肝臓・腎臓・赤血球など，成体に存在するすべての器官の始まりが存在する．12週目では，約8 cmの長さで，外部生殖器の判別が可能であり，腸から糖分を吸収することができる．ヒトの場合，妊娠後3か月間は不安定期といわれ，流産はこの期間に起こることが多い．これは初期発生で起こる分化の過程を破壊するような出来事は，個体形成において深刻な問題となることの現れである．

4・3・4　発生の方向付け

イモリの初期原腸胚の原口背唇部を切り取り，これを同じ時期のほかの胚に移植したところ，移植片は中胚葉に分化し，周辺の外胚葉を神経管に分化させた二次胚を形成することがわかった（図4・3・2）．この原口背唇部のように他の細胞に働きかけて運命を決定するものを形成体 organizer といい，この働きを誘導という．発生の過程は形成体による誘導の連鎖が働いているといえる．

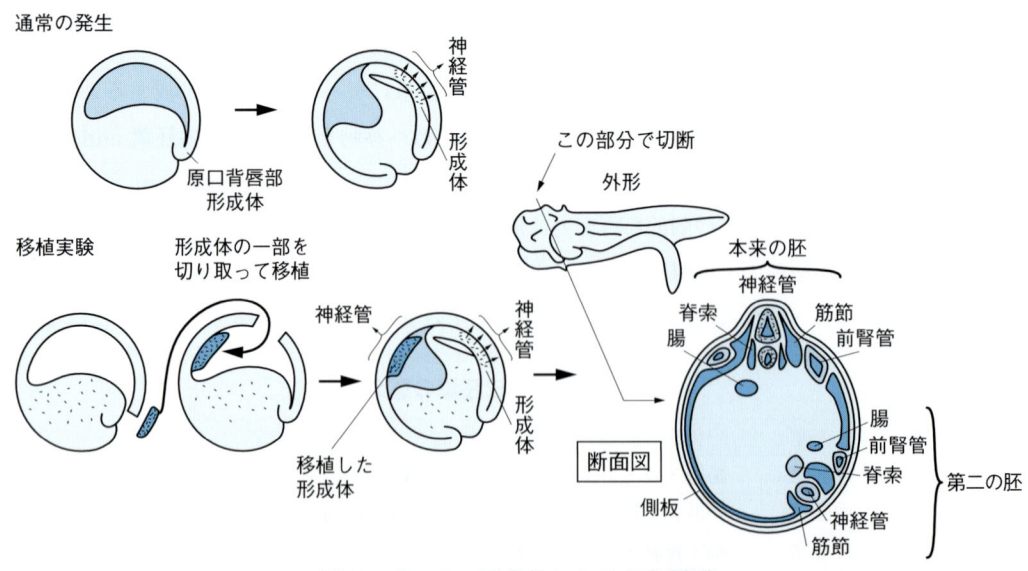

図4・3・2　形成体による分化誘導

胞胚形成まで区別の見られなかった細胞が，分化を始めることはとても不思議に見える．細胞の分化は細胞の不均一化であり，これを遡って突き詰めてみると，卵細胞中の物質の不均一な分布にたどり着く．細胞質中の物質の濃淡が，細胞の運命を決定する要因となる．細胞分裂を重ね，細胞と細胞の境界ができれば，細胞の外側と内側が決まり，明らかな極性が生じ表裏や前後を区別することができる．

各細胞は受精卵から体細胞分裂により生じるため，どの細胞も同じ染色体セットをもっている．つまり細胞が特殊化するのは，異なる染色体情報を保持した結果ではなく，特定の時期と場所で異なるプログラムが発動されるからである．このプログラムの発動を制御しているのが，細胞質内の物質であり，その不均一な分布や質の違いによって，各細胞は異なる方向へ分化するのである．

4・3・5　細胞死の役割

多細胞生物の発生過程は，種々の細胞の増殖と分化によって調節されているだけではなく，細胞の積極的な死によっても巧みに制御されている．このような生理的な細胞死を，アポトーシス apoptosis という．アポトーシスは，「生命のプログラムに従った能動的な死」と定義され，プログラム細胞死 programmed cell death ともいわれる．毒物や栄養不足など非生理的条件における細胞死は形態学的特徴からネクローシス necrosis（壊死）と呼ばれ，アポトーシスと区別される（図4・3・3）．

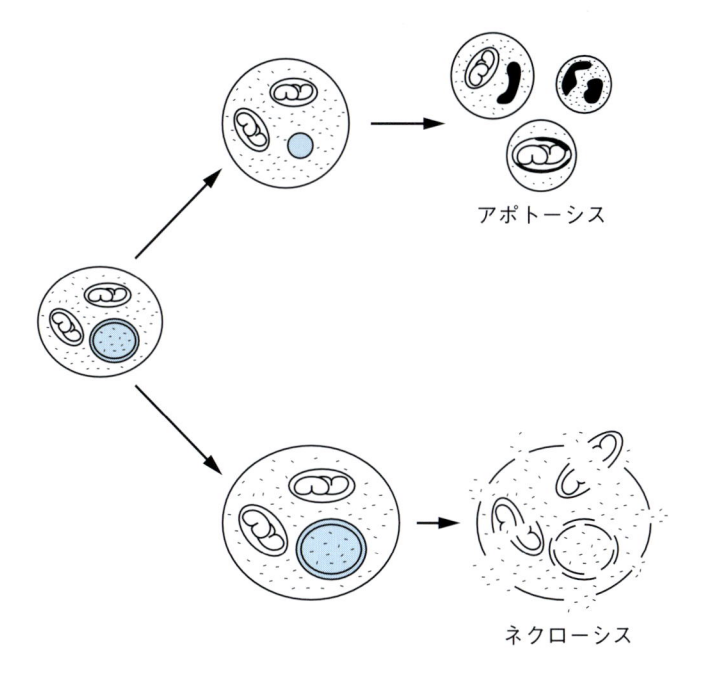

図4・3・3　アポトーシスとネクローシス

(A) アポトーシス前　　　　　　(B) アポトーシス後

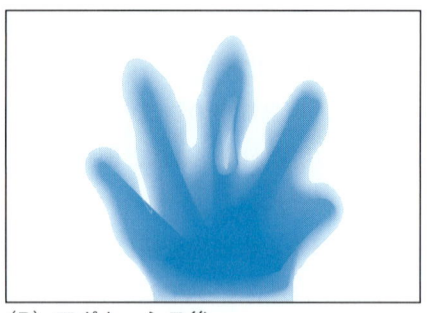

図 4・3・4　手指の形態形成

　手指の形態形成は，胚発生期にアポトーシスが起こる典型的な例である（図 4・3・4）．手ははじめ，大きな 1 枚のしゃもじのようにつくられる．その後，指と指の間に相当する部分の細胞がアポトーシスにより死滅し，脱落することによって手指が形成される．また神経細胞は，発生過程において一度過剰な状態となり，必要以上に多くの細胞と接触している．しかし出生後すぐに，余分な神経細胞が死滅することによって，正常な細胞間コミュニケーションが成立する．実際，神経細胞の半数以上が生まれてすぐにアポトーシスで死んでしまう．これらの事象から，個体形成という目的を達成するために，個々の細胞が能動的な死を選択していることがわかる．

4・3・6　胚性幹細胞の応用

　胚性幹細胞 embryonic stem cell（ES 細胞）とは，初期胚から樹立された未分化な細胞株である．ES 細胞は，三胚葉のいずれにも分化する能力（多能性）があり，条件さえ整えば個体にまで発生し得る．試験管内においても，ES 細胞から血液細胞などへの分化は比較的安定して容易に行うことができる．ヒトにおいても ES 細胞株が樹立され，神経幹細胞・インスリン産生細胞・血液細胞などへ分化誘導できることが示され，難治性疾患などに対する福音として再生医学への応用が期待されている．

　これまでに確立された技術を駆使すれば，次の事象（図 4・3・5）を実現することが可能である．白血病患者の皮膚細胞から取り出した核を提供された除核卵に移植する．この卵細胞からつくられた初期胚を用いて，患者本人の ES 細胞を樹立する．ES 細胞を造血幹細胞へ分化させたのち，白血病患者に移植する．この方法により，白血病治療を実現できると同時に，臓器移植に際し，しばしば問題となる拒絶反応を回避することもできる．しかし，実際の臨床応用には安全性・有効性だけでなく，誰が卵を提供するかといった倫理的側面，費用対効果の側面など解決すべき問題点が数多く残されている．

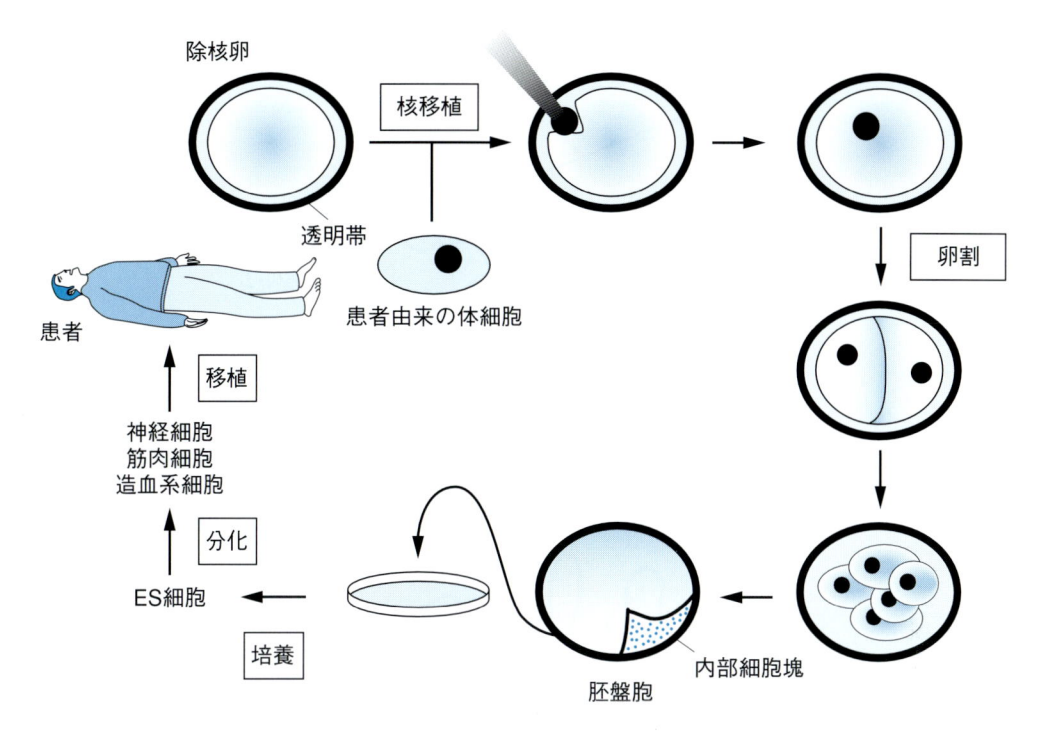

図 4・3・5　ES 細胞の医学的応用

4・4　遺　伝

　親子が似ているのは，親の形質を特徴づける因子が，生殖細胞を通じて子へ伝達されるからである．親の形質が子へ伝わることを遺伝 heredity という．前節までに見てきたように，細胞分裂の際には，染色体の分配が行われる．染色体の実体は，デオキシリボ核酸 deoxyribonucleic acid（DNA）の重合体とヌクレオソームを形成するタンパク質 protein からなる複合体である（図 4・4・1）．生命活動のプログラムは，染色体の DNA 上に刻まれており，各形質を決める遺伝素因を遺伝子 gene といい，種を特徴付ける遺伝子セットをゲノム genome という．ヒトの場合，23 対 46 本の染色体上に約 3 万種の遺伝子が存在することが，ヒトゲノム解析により明らかにされている．

　子が一方の親の影響を強く受け継ぐことや，親には見られない祖父・祖母の形質が現れる場合がある．またある疾病にかかりやすい家系があることや，家系の男性だけにある種の疾病が見られることもある．こうした遺伝の仕組みは，遺伝子が形質に及ぼす影響や配偶子形成における染色体の分配様式により説明される．あらゆる生命現象は遺伝子に刻まれたプログラムに従って営まれる．

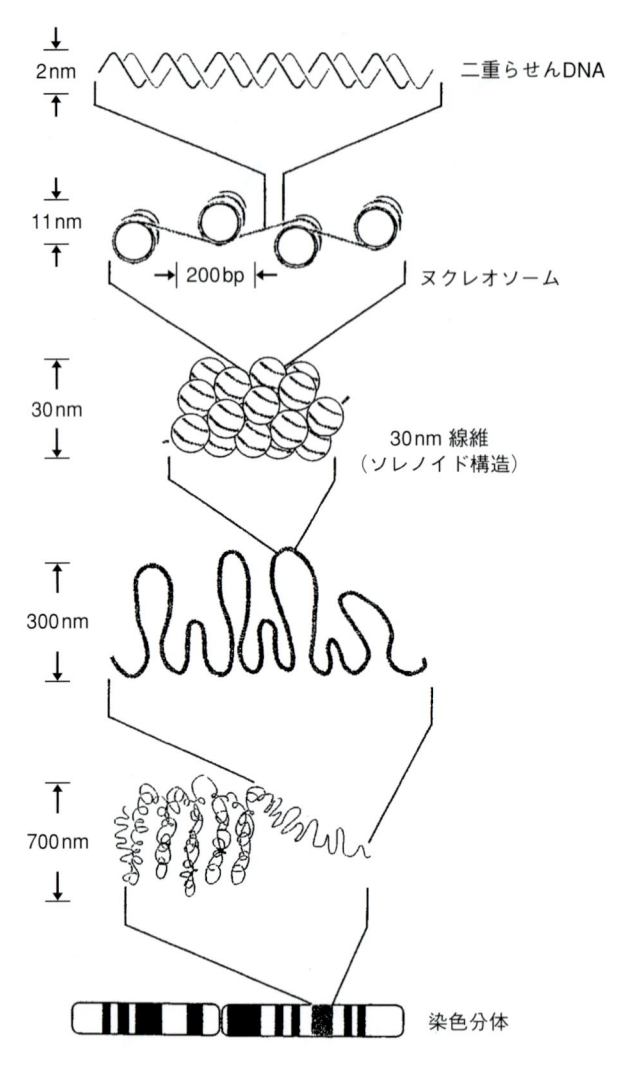

図 4・4・1　染色体と DNA
（豊島　聰他（1999）NEW 生化学，p.409，廣川書店より，一部改変）

4・4・1　遺伝子型と表現型

　ある形質を表す遺伝子は，通常 1 対の相同染色体上にそれぞれ存在する．片方は父親に由来し，もう一方は母親に由来する．この対を成す遺伝子を対立遺伝子 allele という．父親と母親に由来する遺伝子は全く同一とは限らない．対立遺伝子を表すのに A，a などの英文字を用い，二倍体個体のうちホモ接合体 homozygote を AA，aa，ヘテロ接合体 heterozygote を Aa と表す．このような遺伝子上の構成を遺伝子型 genotype という．

　一方，「背が高い」「種子の色が黄色い・形が丸い」「血液型が A 型」など，観察可能な個体の

第4章　生命の継続

遺伝子型	*RR* （ホモ接合体）	*Rr* （ヘテロ接合体）	*rr* （ホモ接合体）
表現型	 滑らか	 滑らか	 しわあり

図4・4・2　遺伝子型と表現型

形質を**表現型 phenotype** という．表現型は遺伝子型によって規定されるが，遺伝子型の数と表現型の数は同じとは限らない（図4・4・2）．これは対立遺伝子が個体形質に与える影響には，優劣が存在するためである．対立遺伝子 A と a があり，2つの遺伝子型 AA と Aa が表現型では区別できず，aa の表現型とは異なるとき，A は a に対して**完全優性 complete dominance** であるといい，逆に a は A に対し**完全劣性 complete recessive** であるという．優性とか劣性とは，発現した形質の優劣とは無関係である．

ある特定の形質の遺伝様式を確認するために，**交配 mating** 実験が行われる．異なる形質を示す純系（ホモ接合体）の配偶子どうしを交配することを特に**交雑 hybridization** という．交配実験における親世代をP世代というのに対して，第1子世代を F_1 世代（雑種第1代），F_1 世代同士の交配による子の世代を F_2 世代（雑種第2代）という．異なる表現型を示す純系の親どうしを交雑することによって得られる F_1 世代，F_2 世代の表現型を観察することによって，遺伝の仕組みを調べることができる．

4・4・2　メンデルの実験

メンデルの法則 Mendel's law は，現在に至るまで**遺伝学 genetics** の基本となっているが，こうした普遍的な現象をつかむことができた理由は，その実験材料の選択にある．メンデルが用いたエンドウが遺伝の実験材料として優れていた点は，自家受粉で純系をつくることも他個体との交雑も可能であること，また種子や花の色・種子や葉などの形状を観察し測定することが容易であること，などがあげられる．以下にメンデルの実験を2例紹介し，メンデルの法則を導く．

> **実験 1**　はじめに単一形質の違いに着目し，交雑実験を行った．滑らかな種子としわのある種子をつける純系のエンドウを交雑させて，F_1 世代の表現型を観察したところ，いずれも滑らかな種子をつけた．次に F_1 どうしを自家受粉させて F_2 世代の種子の表現型を観察したところ，滑らか：しわあり ＝ 705：224，すなわち，およそ3：1で現れた（図4・4・3）．

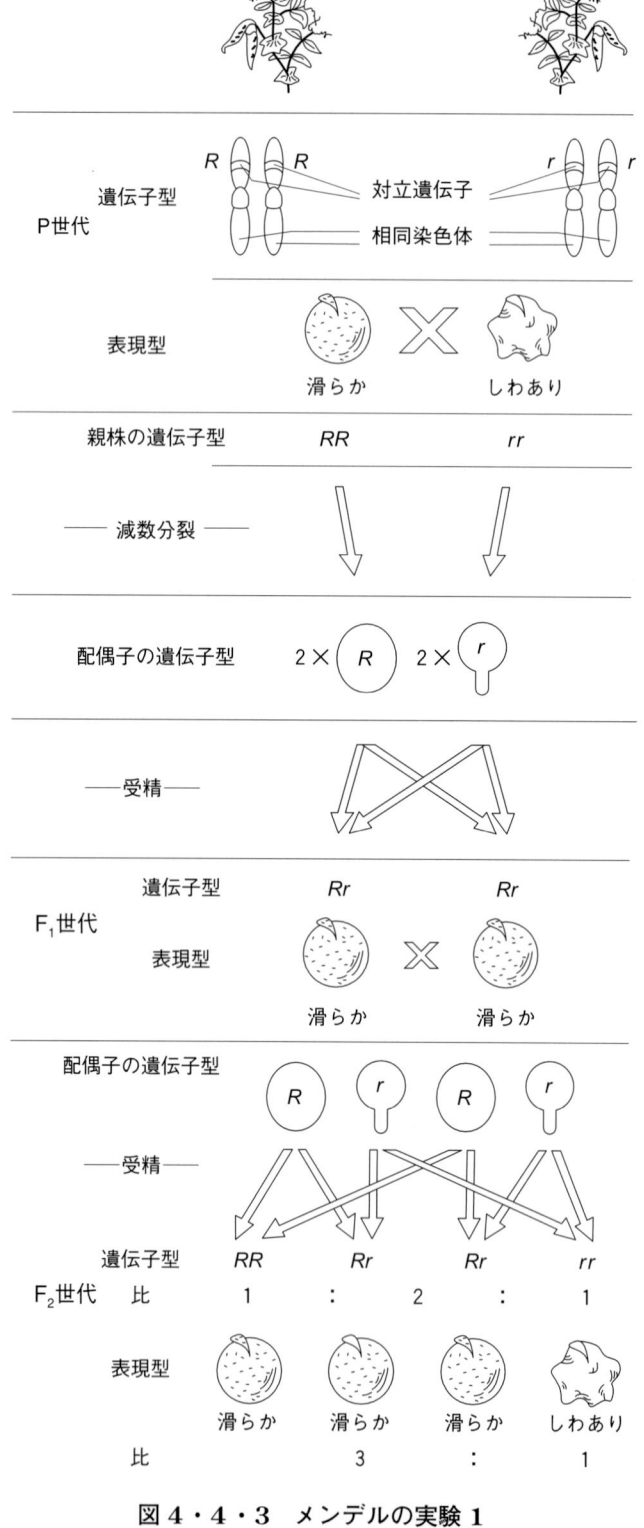

P世代	遺伝子型	R R ─対立遺伝子─ r r ─相同染色体─	
	表現型	滑らか ✕ しわあり	
	親株の遺伝子型	RR rr	
──減数分裂──		⇓ ⇓	
	配偶子の遺伝子型	$2 \times R$ $2 \times r$	
──受精──			
F_1世代	遺伝子型	Rr Rr	
	表現型	滑らか ✕ 滑らか	
	配偶子の遺伝子型	R r R r	
──受精──			
F_2世代	遺伝子型 比	RR : Rr : Rr : rr 1 : 2 : 1	
	表現型 比	滑らか 滑らか 滑らか しわあり 3 : 1	

図 4・4・3 メンデルの実験 1

この結果から，メンデルは遺伝の理論の中に，遺伝素因の概念を初めて導入して，メンデルの第一法則 —— 分離の法則* law of segregation を導き出した．当時は遺伝子という概念が存在しなかったが，対立遺伝子に基づく遺伝子型と表現型との関係を示しながら，メンデルの実験を考察する．

滑らかな種子はしわのある種子に対して優性な対立遺伝子に基づく表現型である．滑らかな種子をつける純系エンドウの遺伝子型を RR とし，しわのある種子をつける純系エンドウの遺伝子型を rr とする．それぞれの配偶子は減数分裂により対立遺伝子が分離され，R と r という遺伝子型をもつ．これらの配偶子を交雑した結果生じる F_1 の遺伝子型は Rr だけとなる．このとき滑らかな種子をつける遺伝子 R が表現型に現れたので，対立遺伝子 R は r に対して優性であることがわかる．

遺伝子型 Rr の個体から生じる配偶子の遺伝子型は R と r であり，その発現確率は 1：1 である．この F_1 どうしを交配すると，F_2 世代の遺伝子型は RR，Rr，rr となり，その発現比率は 1：2：1 となる．RR も Rr も表現型としては優性対立遺伝子の影響が現れ滑らかな種子となる．すなわち，滑らかな種子としわのある種子の発現比率は，3：1 となった実験事実と一致する．この考察は，1 組の対立遺伝子が減数分裂の際に，異なる染色体に分配されるときに初めて成立する．

*分離の法則：ある対立遺伝子のコピーは減数分裂の際に分離され，異なる配偶子に分配される．

実験 2

次に 2 種類の異なる形質に着目して，交雑実験を行った．滑らかで黄色い種子をつける純系のエンドウと，しわがあり緑色の種子をつける純系のエンドウを交雑させて，F_1 世代の表現型を観察したところ，いずれも滑らかで黄色い種子をつけた．さらに F_1 どうしを自家受粉させて F_2 世代の表現型を観察したところ，表現型の形質は混ざり合い，4 種の形質を示すことがわかった．その結果，(滑らか・黄色)：(滑らか・緑色)：(しわあり・黄色)：(しわあり・緑色) = 9：3：3：1 の比率で現れた（図 4・4・4）．

この結果から，メンデルの第二法則 —— 独立の法則* law of independent assortment を導き出した．これについて，遺伝子型と表現型の関係を示して考察すると次のようになる．

滑らかで黄色い種子をつけるエンドウの遺伝子型を $RRYY$，しわがあり緑色の種子をつけるエンドウの遺伝子型を $rryy$ とする．それぞれの配偶子は，RY と ry という遺伝子型をもつ．これらの配偶子を交雑した結果生じる F_1 の遺伝子型は $RrYy$ だけとなる．このとき F_1 はすべて滑らかで黄色い種子をつけたので，滑らかがしわに対して優性，黄色が緑色に対して優性であることがわかる．

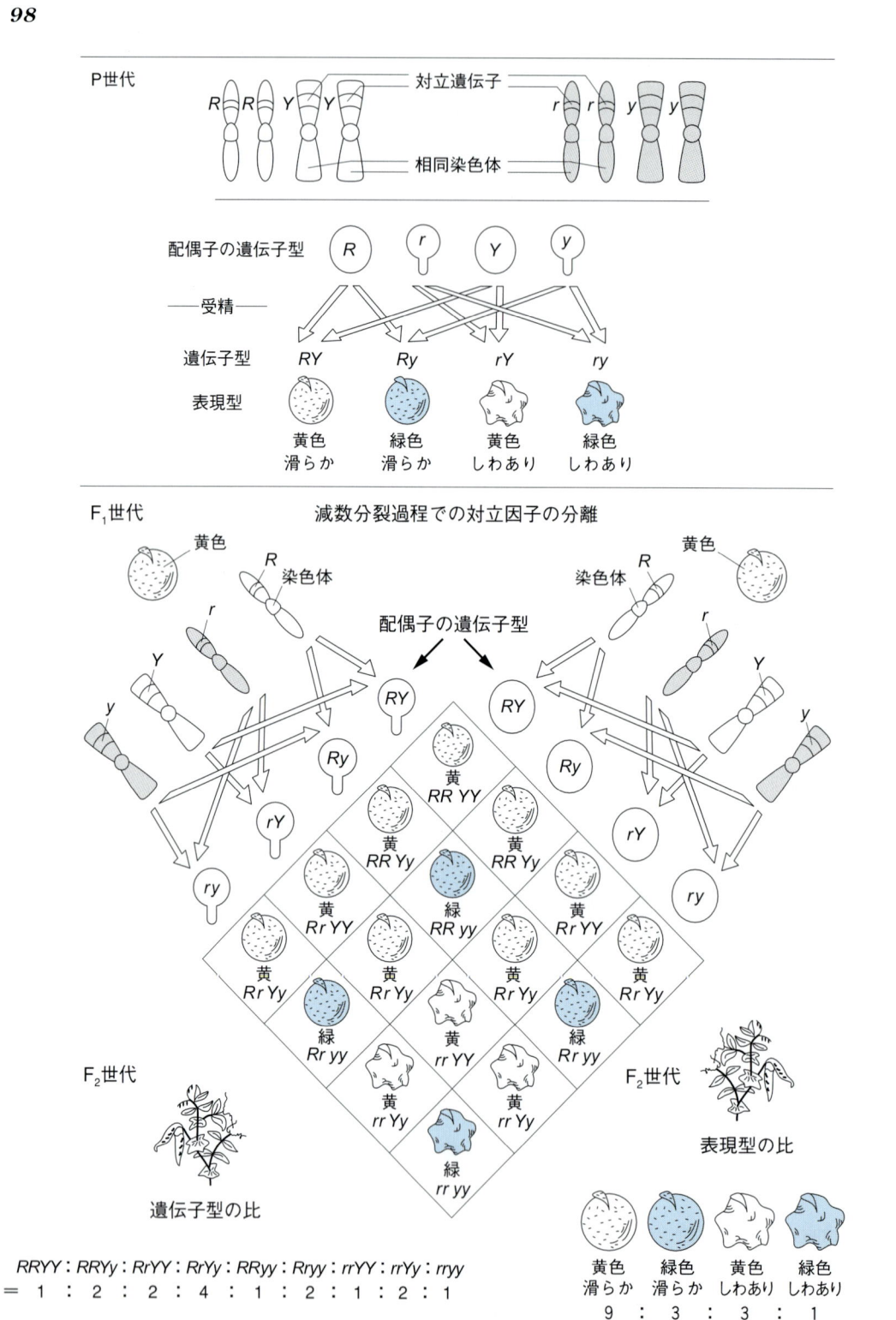

図 4・4・4 メンデルの実験 2

次に遺伝子型 *RrYy* の個体から生じる配偶子の遺伝子型の組合せは，*RY*，*Ry*，*rY*，*ry* となり，その発現比率は１：１：１：１となる．この F_1 どうしを交配すると，F_2 世代の遺伝子型は *RRYY*，*RRYy*，*RrYY*，*RrYy*，*RRyy*，*Rryy*，*rrYY*，*rrYy*，*rryy* となり，その発現比率は１：２：２：４：１：２：１：２：１となる．優性対立遺伝子が表現型に現れるので，*RRYY*，*RRYy*，*RrYY*，*RrYy* は滑らかで黄色，*RRyy*，*Rryy* は滑らかで緑色，*rrYY*，*rrYy* はしわありで黄色，*rryy* はしわありで緑色の種子をつけることになる．すなわち表現型の発現比率は９：３：３：１となった実験事実と一致する．この考察は，２つの形質を表す対立遺伝子が互いに独立に遺伝されて初めて成立する．

*独立の法則：配偶子に対立遺伝子が分配されるとき，２つの形質に関する対立遺伝子は互いに独立に分離される．

4・4・3 遺伝現象の不思議

遺伝現象の中には，遺伝子どうしの相互作用によって，一見メンデルの法則に従わないようにみえる現象がある．しかし，これは遺伝子の伝わり方の違いではなく，遺伝子が表現型へ及ぼす影響の違いであり，遺伝子は基本的にメンデルの法則に従って受け継がれている．その代表例について，以下に紹介する．

1) 不完全優性

優性が完全に現れるためには，優性対立遺伝子は１コピーで表現型の形質を最大限支配しなくてはならない．しかし，多くの対立遺伝子は，完全な優性を示さない．例えばマルバアサガオは，純系の赤い花の個体（*RR*）と純系の白い花の個体（*rr*）を交雑すると，ヘテロ接合体（*Rr*）はピンクの花をつける（図4・4・5）．このようにヘテロ接合体が２つのホモ接合体の中間的な形質になることを**不完全優性 incomplete dominance** という．

2) 複対立遺伝子の相互作用

ある表現型は２つ以上の遺伝子によって決定される．そのような場合には，表現型はいくつもの遺伝子が部分的に効果をもたらした結果となるので，これらの遺伝子は相互作用するといわれる．ネズミなど多くの哺乳類では，色素を支配する遺伝子に，黒い毛をつくる優性対立遺伝子（*B*）と，茶色い毛をつくる劣性対立遺伝子（*b*）がある．しかし，これらの色素遺伝子の効果は，他の遺伝子（*c*）による相互作用によって打ち消されてしまうことがある．すなわち，*BB* と *Bb* のネズミは黒毛になり，*bb* のネズミは茶毛になるが，*c* 対立遺伝子を２つもつ場合には，*BB*，*Bb*，*bb* にかかわらず白い毛並みになる（図4・4・6）．

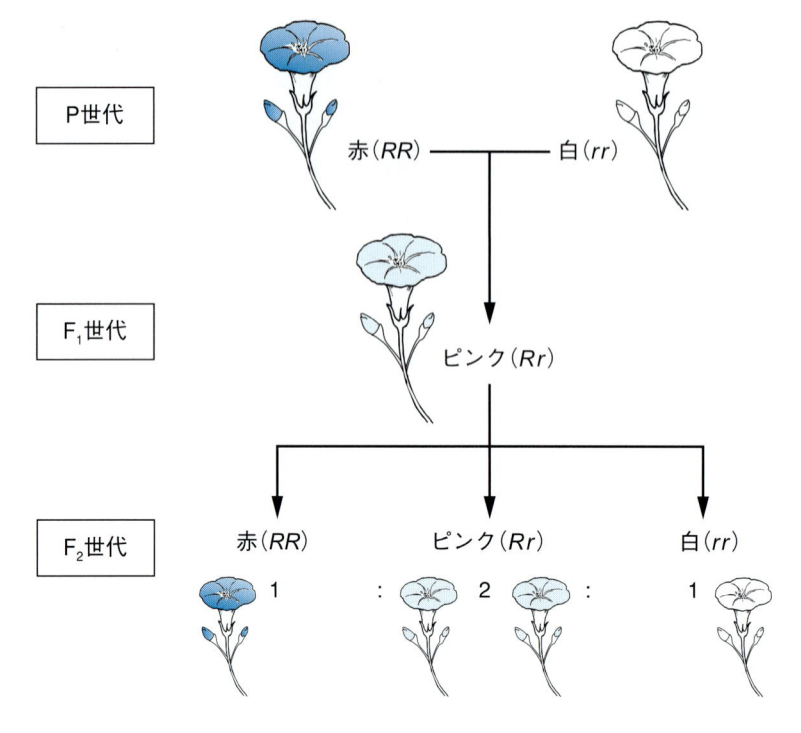

図4・4・5　マルバアサガオの花の色

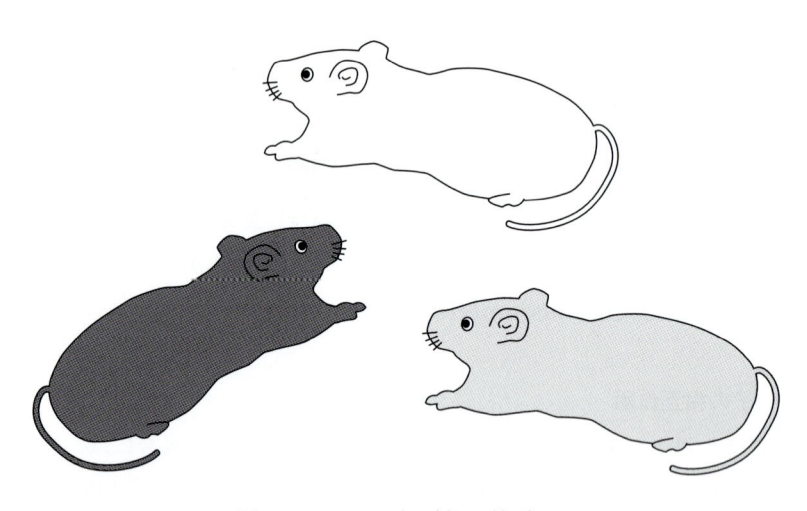

図4・4・6　ネズミの体毛

3）複数の遺伝子による相互作用

　メンデルが着目した形質はいずれも単一遺伝子が形質を決めていたが，多くの形質は2つ以上の遺伝子の作用によって決定されている．例えば，黒色色素であるメラニンはヒトの皮膚の色を決めているが，皮膚組織のメラニン含量の違いは3つの遺伝子（A，B，C）によって支配さ

AaBbCc（中間色） × AaBbCc（中間色）

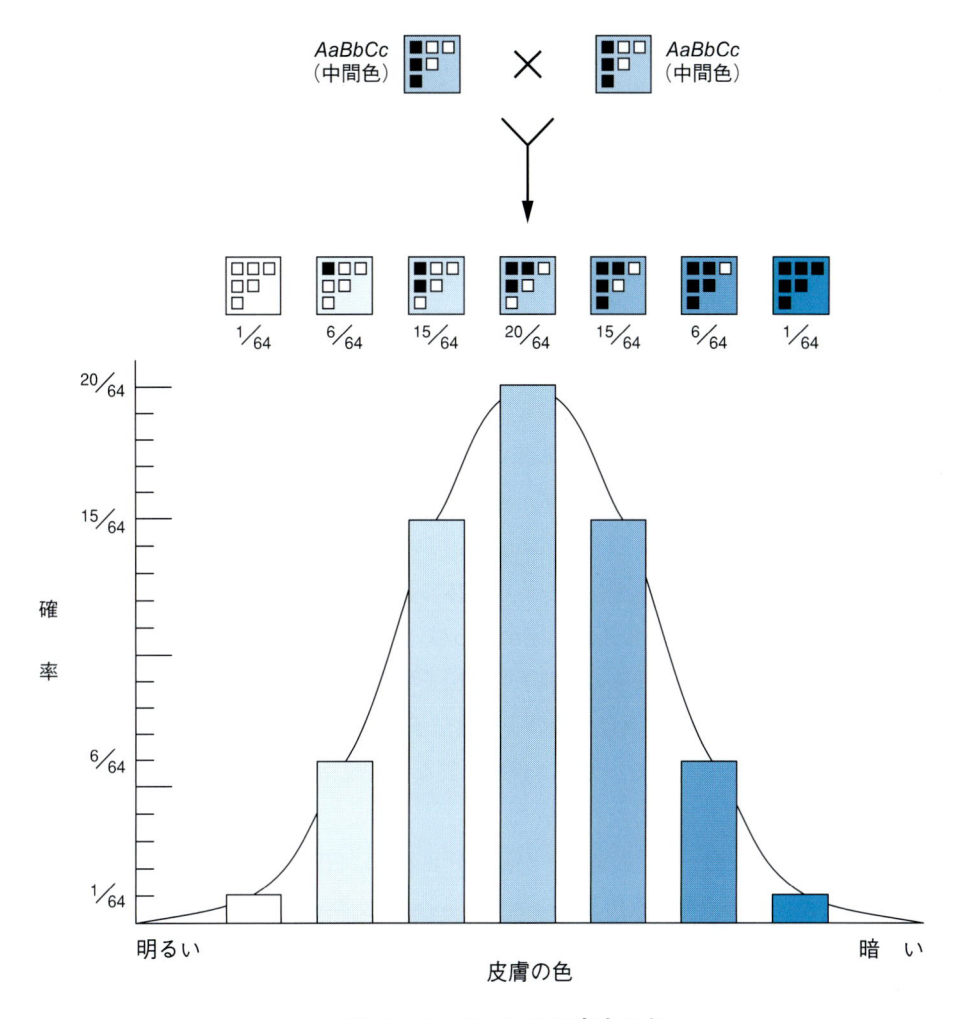

1/64　6/64　15/64　20/64　15/64　6/64　1/64

図 4・4・7　ヒトの皮膚の色

れている．このうち特に優性なものはなく，皮膚の色は非常に変化に富む（図 4・4・7）．遺伝子型が $aabbcc$ は明るく，$AABBCC$ は暗い色の皮膚になる．ヒトの皮膚の色は，遺伝子型で 64 通りの組み合わせがあり，さらに日焼けなどの環境要因によっても影響を受けるので，多種多様な色になる．

4・4・4　連鎖と乗換え

メンデルの第二法則によれば，遺伝子は独立して遺伝するが，複数の遺伝子がいっしょになって遺伝する例がある．モーガンはショウジョウバエを用いた研究の中で，子孫にいっしょに伝わる遺伝子を発見した．独立の法則の例外に当たるモーガンの実験例を紹介する．

体色がグレー（G）で正常の長さの翅（W）をもつ純系のハエ（$GGWW$）と，体色が黒色（g）

で短い翅（w）をもつ純系のハエ（$ggww$）を交雑し，子の世代の表現型を観察したところ，すべて優性の表現型（$GgWw$）が現れた．その後，$GgWw$ のハエにさらに $ggww$ のハエを交雑させた（図4・4・8）．独立の法則に従えば，配偶子の遺伝子型は，GW, gW, Gw, gw が1：1：1：1と，gw とになるはずで，その子の世代の遺伝子型は $GgWw$, $ggWw$, $Ggww$, $ggww$ が1：1：1：1になり，表現型は優性の法則が働き，（グレー，正常翅），（黒，短翅），（グレー，短翅），（黒，正常翅）が1：1：1：1になるものと予想された．

しかし，実験から得られた結果は（グレー，正常翅），（黒，短翅），（グレー，短翅），（黒，正常翅）が965：944：206：185と約5：5：1：1となった．この結果は明らかに，独立して分離されない遺伝子が存在することを示していた．実験結果からモーガンは，体色と翅の長さを決める遺伝子は，同じ染色体上に位置していると結論した．2つの遺伝子が同じ染色体上にある場合，減数分裂の際に独立に分配されず，連携して遺伝されるものと考えられた．このように独立して分配されない遺伝子を，連鎖 linkage しているという．実際には，染色体上の遠くの遺伝子座に位置する遺伝子どうしや，異なる染色体に存在する遺伝子どうしは連鎖していない．

もし染色体上の遺伝子について連鎖が完全ならば，GW と gw が必ずいっしょに遺伝するので，$GgWw$（グレー，正常翅）からの配偶子の遺伝子型は GW か gw になる．黒く正常な翅をもつハエ（配偶子は gw）と交雑すれば，その子の遺伝子型は $GgWw$ か $ggww$ となり，親と全く同じ表現型しか現れないはずである．では，親とは異なる表現型（グレー，短翅），（黒，正常翅）の出現はどのように説明されるのだろうか？

この結果からモーガンは，2つの遺伝子が減数分裂の際に相同染色体の間で物理的に入れ替わったためと考えた．この置換は乗換え crossing over（交差）と呼ばれている．乗換えは，片方の親からきた遺伝子をもう一方の親に由来する遺伝子と張り替える作業であり，遺伝子の連鎖

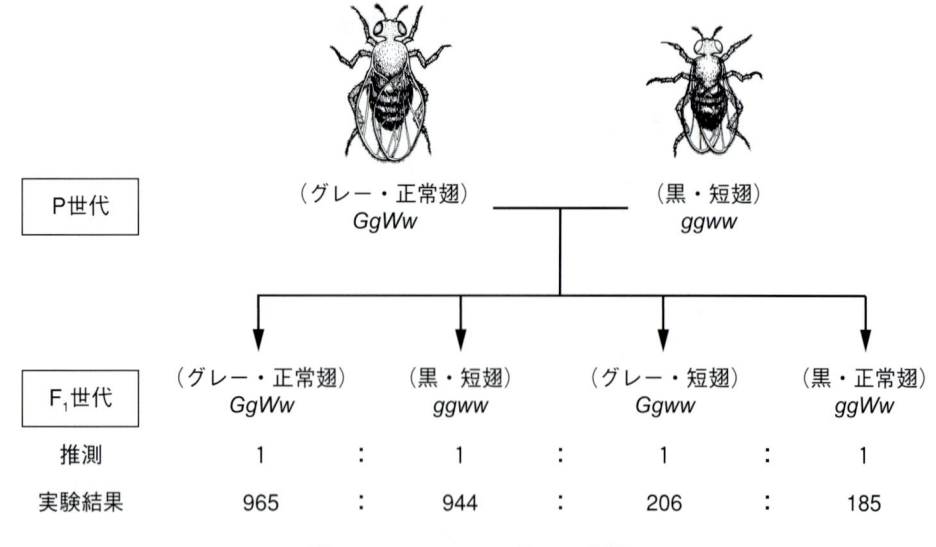

	P世代	（グレー・正常翅） $GgWw$		（黒・短翅） $ggww$	
	F₁世代	（グレー・正常翅） $GgWw$	（黒・短翅） $ggww$	（グレー・短翅） $Ggww$	（黒・正常翅） $ggWw$
	推測	1 :	1 :	1 :	1
	実験結果	965 :	944 :	206 :	185

図4・4・8 モーガンの実験

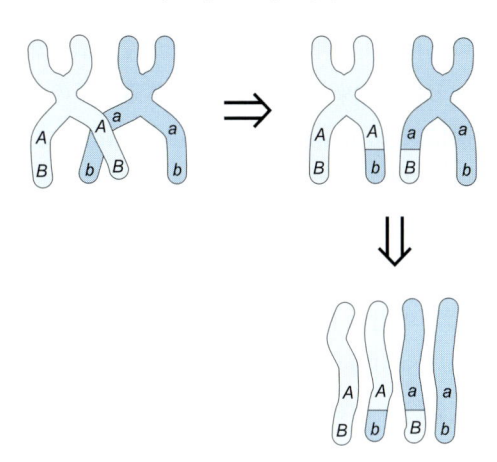

図 4・4・9　染色体の乗換え

を崩壊させることになる（図 4・4・9）．

　新しいヒトが生まれる際の生命の多様性を考える．23 対の相同染色体は独立して分配されるので，2 の 23 乗（838 万通り）の組み合わせが想定される．雌雄それぞれの配偶子形成の際には，染色体の乗換えが起こり，さらなる多様性を生み出す．これらの配偶子同士が受精して新個体をつくるので，少なくとも 70 兆種以上の変化のある受精卵が生まれる可能性がある．このうちの 1 つの受精卵から，新しいヒトの命が誕生することになる．

4・4・5　ヒトの性決定

　二倍体生物における性決定のもっとも一般的な方法は，性染色体によるものである．ヒトの場合 XY 型と呼ばれ，男性の染色体は 22 対の同型染色体と 1 対の異型染色体からなる．この異型対が XY 対と呼ばれている．女性は X 染色体が 2 つ，すなわち XX から構成されている．減数分裂の際，女性は X 染色体をもつ配偶子だけを生ずるが，男性は X 染色体をもつ配偶子と Y 染色体をもつ配偶子の 2 種類を生ずる．そのため，女性は同型配偶子 homogamete を有し，男性は異型配偶子 heterogamete を有することになる．ヒトの場合，Y 染色体の存在，すなわち Y 染色体上の特定の遺伝子が，胚を男性として発生させることを決定づけている．

4・4・6　ヒトの遺伝病

　鎌状赤血球貧血 sickle cell anemia やフェニルケトン尿症 phenylketonuria など，ヒトの疾病が世代を越えて受け継がれることは，古くより知られていた．その多くは，遺伝病 hereditary disease と認識され，ヒト遺伝子上の変化が個体の表現型として，疾病症状を呈するものである．ヒトゲノム解析は，23 対 46 本の染色体上に約 2～3 万の遺伝子が存在すること

を明らかにした．現在までに，何千もの単一遺伝子に基づく遺伝病が知られている．

　ヒトの遺伝病のうちほとんどは，常染色体上に位置する遺伝子の劣性突然変異に基づくものである．これを常染色体劣性遺伝病 autosomal recessive inherited disease という．劣性対立遺伝子（a）に基づく遺伝病で実際に発病するのは，aa の遺伝子型をもつホモ接合体だけである．最もよくみられるのは，発病者の両親がヘテロ接合体である場合で，両親はともに優性遺伝子をもつため発病しない．Aa の組み合わせのヒトを保因者 carrier という．保因者どうしから生まれた子供のうち，25％は原因遺伝子をもたず，50％が保因者となり，25％が発病する（図4・4・10）．原因遺伝子は，ヘテロ接合体である保因者の中に隠れることができるため，ヒト集団の中に存続し続ける．代表例として，鎌状赤血球貧血がある．

　一方，常染色体優性遺伝によるヒトの遺伝病の例は少ない．それは，深刻な悪影響をもたらす優性遺伝病では，原因遺伝子をもつ個体は生存や繁殖が厳しくなり，環境から排除される可能性が高いためである．このタイプの疾病にハンチントン舞踏病 Huntington's disease がある．この疾病は，比較的年をとってから発症する．生殖機能に異常がないことから，発症前に子供をつくることが可能であり，原因遺伝子は次の世代に受け継がれる．

　X染色体上には約1000，Y染色体上には約100の遺伝子が存在すると推定されている．これ

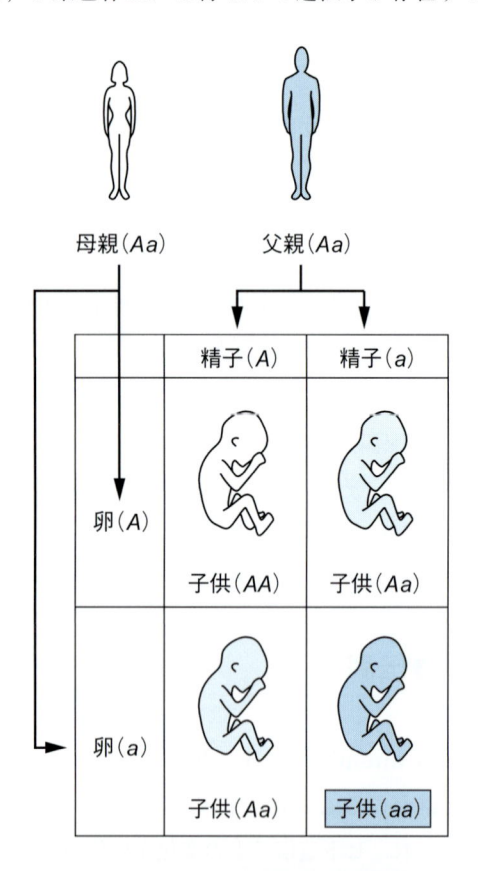

図4・4・10　常染色体劣性遺伝

ら性染色体上の遺伝子は，性に伴って遺伝するため，伴性といわれる．Y 染色体上に位置する遺伝病の原因遺伝子はこれまでに知られていないが，X 染色体上には遺伝病の原因となる遺伝子が存在する．**伴性劣性遺伝 sex-linked recessive inheritance** による遺伝病が知られているが，男性の場合，X 染色体を 1 本しか受け継がないので，常染色体上のものとは違った遺伝様式を示す．例えば X 染色体に連鎖した劣性対立遺伝子が疾病の原因遺伝子であり，これを X^a とする．優性対立遺伝子は X^A と書く．保因者の母親（$X^A X^a$）と正常な父親から子供が生まれた場合，女の子は $X^A X^A$ と $X^A X^a$ となり発病しない．一方，男の子は $X^A Y$ と $X^a Y$ となり，50％の確率で発病する（図 4・4・11）．Y 染色体上に優性の遺伝子コピーが存在しないため，a 対立遺伝子の効果を打ち消すことができない．このタイプの代表的な疾病例として，**血友病 hemophilia** がある．

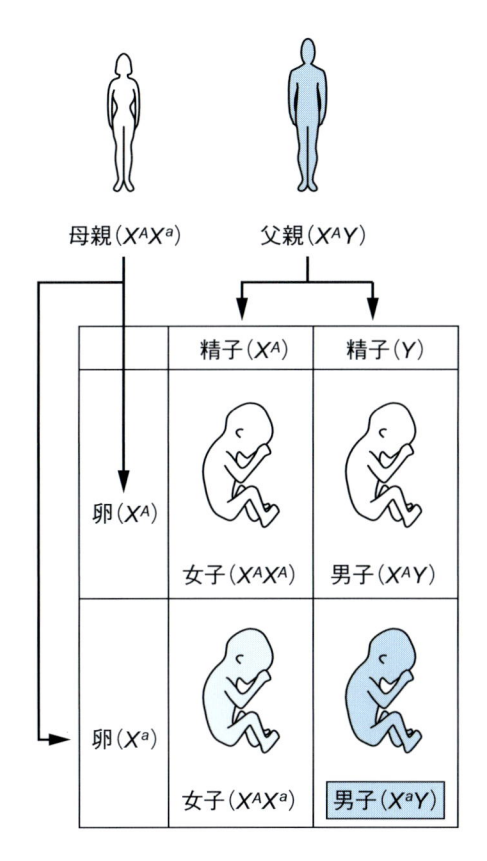

図 4・4・11　伴性劣性遺伝

第 5 章

遺伝情報の発現と制御

第 5 章の学習目標

1) ゲノムの構造，複製と維持

　ゲノムに集積された遺伝情報は細胞が増殖するとき，正確に複製され，保持される．DNA複製やDNA修復の機構を理解する．そのための基礎として，DNA構造とゲノム構築をまず理解しておこう．PCR法はDNA複製と関連する技術である．DNAは物理化学的に安定な物質であるが，変異を受けることがある．DNA変異の多くは形質に何ら変化をもたらさない（多型となる）が，その一部は遺伝子の機能消失をもたらす．DNA損傷の原因と種類，それぞれに対応する修復機構を理解する．

2) ゲノムの発現と調節

　DNAのもつ遺伝情報は転写や翻訳という過程を通して発現する．遺伝子はRNAポリメラーゼによってメッセンジャーRNAに転写され，その情報はタンパク質合成，すなわち翻訳によりアミノ酸の配列情報へと置き換えられる．DNAやRNAに書き込まれた情報をアミノ酸配列情報に置き換えるには遺伝暗号を用いる．個々の遺伝子は細胞種により選択的に発現される．この選択性と発現調節が細胞の機能的分化を可能にしている．遺伝情報の転写，プロセシング，翻訳の基本を理解し，調節機構を説明できるようになろう．

はじめに

　DNA や RNA といった核酸やタンパク質は細胞を構成する巨大分子であり，遺伝情報の保持，発現，制御を担う物質である．核酸とタンパク質はそれぞれヌクレオチド，アミノ酸からつくられるが，これらの単純な原材料からは想像もできない特有の性質をもつ．生体の巨大分子は何千，時には何百万もの原子が厳密に決まった空間配置をとる構造体であり，その1つ1つの形には固有の機能が付与される．すなわち，形・構造はゲノムの中の遺伝プログラムにより決められ，その中には一連のメッセージが組み込まれている．そのメッセージ分子同士が分子間相互作用によって"会話をする"と，巨大分子は細胞に必要な機能を正確に果たすことになる．

　遺伝情報を担う1つの単位，すなわち遺伝子がDNAであることが確定されたのは1944年のことであり，Avery らによる肺炎双球菌を使った形質転換実験による．また，1953年にはWatsonとCrickによるDNAの二重らせん構造モデルの提唱があった．互いに逆向きの相補的な1本鎖のDNA分子が塩基対間の水素結合で結ばれている，というモデルである．この塩基対合はアデニンにはチミン，グアニンにはシトシンと厳密に決まっている．DNAには自己増殖のための複製と，遺伝情報をRNAに写しとるための鋳型になるという，2つの機能が要求されるが，二重らせん構造はどちらの機能も説明可能な構造モデルである．一方，生命活動を担うもう1つの巨大分子・タンパク質は古くから知られていた酵素の本体であり，そのことが明らかになったのは1920年代のことである．

　遺伝子は細胞でつくられるタンパク質の一次構造配列を指定するが，タンパク質合成の直接の鋳型とはならない．**メッセンジャー RNA messenger RNA（mRNA）**と呼ばれる一群のRNA分子がその役割を果たす．すべての細胞内RNAは，DNAの鋳型（遺伝情報をプリントした）からRNAポリメラーゼによって合成される（転写という）．転写されたmRNAは遺伝情報を写しとり，その情報はタンパク質合成，つまり翻訳によりアミノ酸の配列情報へと置き換えられる．正常細胞での遺伝情報の流れは以下のように進む．

　　　　　　　DNA →→ RNA →→ タンパク質
　　　　　　　　　　転写　　　翻訳

　DNAやRNAに書き込まれた情報をタンパク質に置き換えるには遺伝暗号を用いる．3塩基の配列はコドンと呼ばれ，1つのコドンは1つのアミノ酸を指定する．mRNA上のコドンは，タンパク質合成のアダプターとして作用するtRNA分子によって順序よく読まれていく．タンパク質合成は，リボソームRNAと50種類以上のタンパクの複合体であるリボソーム上で行われる．新しく合成されたタンパク質は自分自身を細胞内の特定の場所に向かわせる信号をもつ．本章では遺伝情報を集積し保持するDNAの構造，複製，維持とその発現，制御について概説する．

5·1 ゲノムの構造，複製と維持

5·1·1 ゲノム，染色体と遺伝子

細胞核の中に含まれる DNA 全体はゲノムと呼ばれる．ヒトのゲノムは約 3.2×10^9 塩基対，すなわち 3,200 Mb の DNA からなる．ヒトゲノムは 22 種類の常染色体と 2 種類の性染色体とに分かれて存在している（第 4 章を参照）．中期染色体標本を G バンド法などで分染すると 550 本のバンドが観察され，1 本のバンドは平均 6 Mb の DNA を含む．24 種類の染色体は染色体バンド模様で簡単に区別でき，染色体の大きさとセントロメアの位置により分類される．セントロメア領域は染色体の一次狭窄（有糸分裂期染色体にみられる顕著な染色体のくびれ）として，リボソーム RNA 遺伝子の存在する領域は二次狭窄（一部の染色体にみられるくびれ）として観察される．

ゲノムは遺伝子領域（遺伝子関連配列を含む）と非遺伝子領域（遺伝子間 DNA）とに分けることができる（図 5·1·1）．ヒトゲノムの中に約 3 万個の遺伝子が含まれるので，ゲノム中の遺伝子密度は平均すると約 100 kb に 1 つという計算になる．遺伝子領域の平均の長さを 10 kb ～ 15 kb とすると残りの非遺伝子領域は平均 85 kb ～ 90 kb となる．遺伝子領域はアミノ酸を指定する配列（エクソンの一部），イントロン，遺伝子の発現調節に関与する配列からなる．

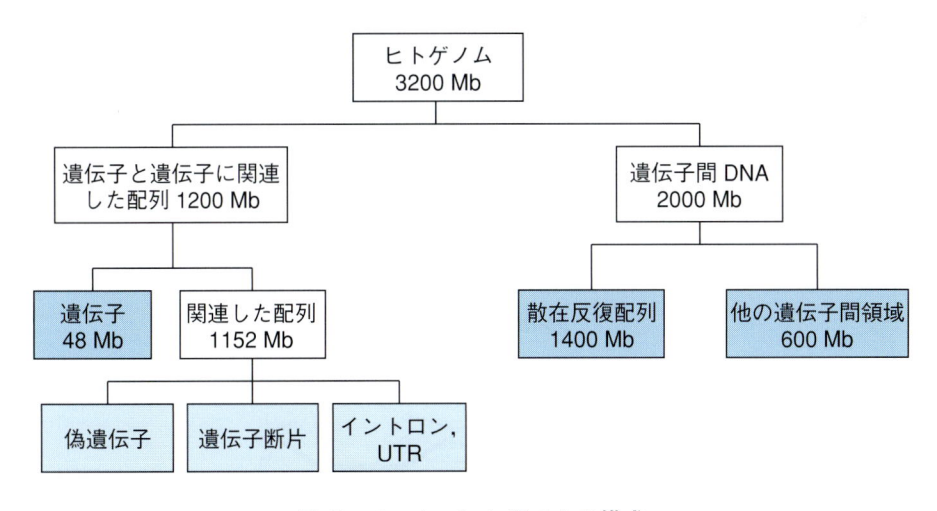

図 5·1·1 ヒトゲノムの構成

IHGSC（2001）および Venter *et al.*（2001）による．この中にはミトコンドリア DNA は含まれていない．

遺伝子関連配列には進化的な遺物である偽遺伝子などが含まれるが，残りの非遺伝子領域は染色体や核構造の形成に関与するDNA，遺伝子領域と遺伝子領域の間のスペーサーからなる．ゲノム中にいくつものコピーが存在する反復配列もこの中に含まれる．

5・1・2　DNA と RNA

　DNAは遺伝子の本体であるが，化学的にはごく単純な分子からなる高分子ポリマーである．すなわち，塩基（プリンまたはピリミジン），糖（デオキシリボース，五炭糖），リン酸を1分子ずつ含む**デオキシリボヌクレオチド deoxyribonucleotide** が，次々と線状に連なったものである（図5・1・2）．DNAに含まれる4種類の塩基はアデニン（A），グアニン（G），チミン（T），シトシン（C）である．ヌクレオチドのC3′（五炭糖の三番目の炭素原子）に結合しているリン酸基と隣のヌクレオチドのC5′のリン酸基がリン酸ジエステル結合で次々に結合すると，高分子ポリマーが形成される．この糖-リン酸の繰り返し構造体がDNA分子の骨格（バックボ

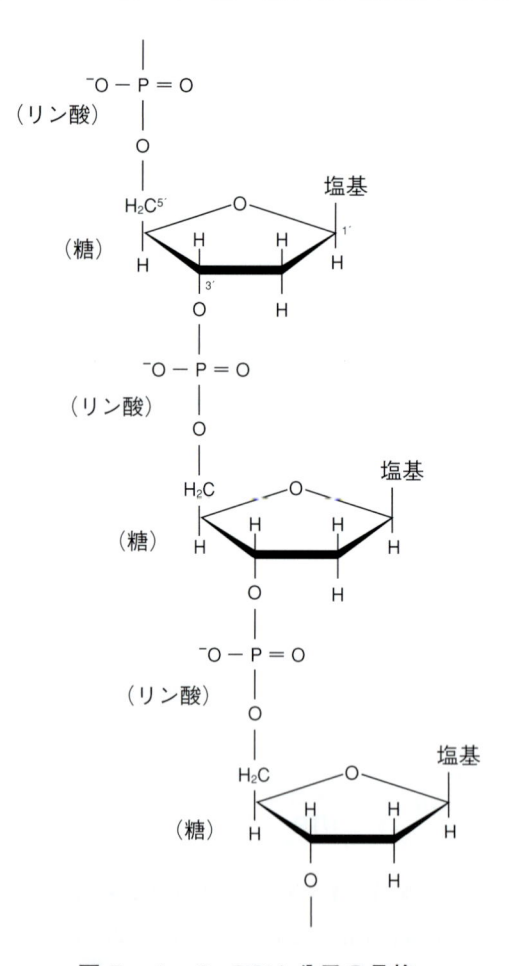

図5・1・2　DNA分子の骨格

ーン）を形成し，その側鎖として塩基が（ヌクレオチドの C1′ から）ぶら下がる．DNA は 2 つの 1 本鎖 DNA 分子の塩基間でファスナーのように結合し，互いに相手を保持するかのような二重らせん構造を構成する．このときの塩基対はワトソン－クリックの法則に従って形成される．すなわち，アデニン（A）はチミン（T）と，シトシン（C）はグアニン（G）とそれぞれ特異的に結合する．この構造の理解は，DNA 複製，組換え，修復機構を理解するための基礎であり，立体的な配置を想像できるようにしておこう．

RNA 分子の組成は DNA 分子の組成に似ているが，糖としてデオキシリボースの代わりにリボース（C2′ に H 基の代わりに OH 基が結合している）を含むところが異なる．C2′ の OH 基は反応性に富むため，RNA は DNA に比べ分解されやすいのが特色である．また，RNA はチミン塩基の代わりにウラシル塩基を含む．

5・1・3　細胞増殖と DNA 複製

細胞の増殖は個体形成（発生）や生命活動維持の基本である．細胞は外部から増殖シグナルを受け取り，細胞分裂のための準備をし，DNA 複製を開始し，細胞分裂を行う．神経細胞のように成人では全く分裂しないものから，年に 1 度ぐらい分裂する肝細胞，日に 2 度も分裂する消化管の細胞までいろいろな細胞種がある．これは細胞分裂周期の G_0（G_1）期，すなわち細胞分裂したときから DNA 複製が始まる前までの間，の長さの違いによる．細胞増殖には増殖因子が必要であるが，増殖因子はその細胞に対応したものが必要で，多くの種類がある．細胞膜にはレセプター（受容体）が存在し，増殖シグナルのセンサーとしての機能をもつ．このような液性因子の要求以外に足場依存性を示す．すなわち，細胞増殖には周囲に細胞やマトリックスが存在する必要がある．これは生体内での位置情報も細胞分裂には要求されるということを意味する．レセプターから発せられるシグナルは細胞質から核，特定の DNA 領域に伝達される．シグナルは細胞を成長させ，細胞周期 G_1（G_0）期から S 期への進行を促す．S 期では DNA の複製が始まり，その後 G_2 期を経て，M 期で核が二分し，細胞が分裂する．細胞周期の調節系はタンパクキナーゼ（Cdk タンパク）とそれを活性化するサイクリンを基礎としている．細胞周期が正確に進行しているかどうかはチェック機構により監視され，チェック機構の乱れはがんの原因となる．

5・1・4　試験管内での DNA 複製：PCR 反応

DNA 複製 DNA replication は多くのタンパク質が関与する複雑な反応過程である．この過程を説明する前に，DNA 複製過程の素過程，すなわち DNA ポリメラーゼ（DNA 複製反応を触媒する酵素）を利用した **PCR 反応 polymerase chain reaction** を説明する．PCR 法は試験管内での DNA 複製反応で，これは複製の一局面を取り出したことになる．また，現在もっとも有効

に利用されている技術なので，原理を理解しておく必要がある．さて，PCR 反応過程では熱処理により 2 本鎖 DNA が 2 本の 1 本鎖 DNA に分離（融解）し，それぞれの鎖が新たに DNA ポリメラーゼ DNA polymerase により合成され，元の 2 本鎖状態となる．この複製反応ではゲノム DNA の特定の，百万分の 1 という領域だけに複製が起こるように工夫されているが，それには DNA ポリメラーゼが働くためには必ずプライマー（約 20 ヌクレオチドからなる 1 本鎖 DNA 鎖）を必要とするという特性を利用している．プライマー DNA の 3′ 末端にヌクレオチドを付加する反応を触媒する．プライマーの塩基配列特異性は高く（4^{-20} と計算される），そのためゲノム中の特定の位置からの合成を指定することができる．

　PCR 反応の実験過程を簡単に説明する（図 5・1・3）．反応液は以下の構成となる．(1) 鋳型：約 50 ng の検査対象 DNA，(2) 向き合った 2 種類のプライマー（5′ から 3′ 向きのプライマーが距離を置いて向き合う：約 25 ng），(3) DNA ポリメラーゼ，(4) 4 種類のヌクレオチドの入った緩衝液，である．この溶液を 3 段階に温度を変化させながら反応させる．① 95 ℃，30 秒：鋳型 DNA が融解し 1 本鎖となり，② 55 ℃，1 分：2 種類のプライマーが鋳型 DNA の相同な領域に結合し，検査したい遺伝子領域を特定する，③ 72 ℃，1 分：結合したプライマー部位から DNA ポリメラーゼによる複製反応が起こる．この反応サイクルを繰り返す．その結果，図 5・1・3 に示されているように，向き合った 2 種類のプライマーで挟まれた領域が増幅される．反応サイクルを 22 回行うと，計算上はプライマーで指定された DNA 断片は百万倍になる．実際には 30〜40 サイクル程度行うが，百万倍から千万倍にまで増幅される．

　試験管内での PCR 複製反応は，合成プライマーからの DNA ポリメラーゼによる DNA 伸長

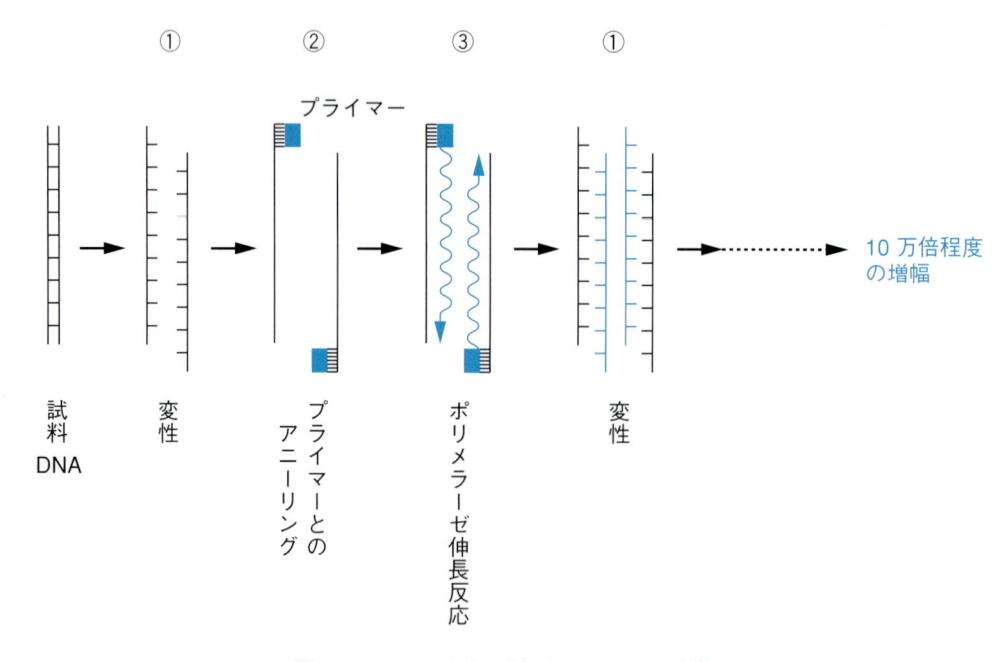

図 5・1・3　PCR 法による DNA 増幅

第5章 遺伝情報の発現と制御　　113

反応として理解される．2本鎖DNAのどちらのDNA鎖もこのとき同等に複製されるが，細胞核内では同等には複製されない．

5・1・5　DNA 複製

　原核細胞のDNA複製は特定のDNA領域（**DNA複製起点 replication origin** という）から始まるが，ヒトを含めた哺乳類細胞のDNA複製起点の構造についてはよくわかっていない．複製の開始点には多くのタンパク質が集合し，**プライモソーム primosome** と呼ばれる複合体を形成し，1本の2本鎖から二股に分かれた2本の2本鎖が合成される．その姿はフォーク様であり，**複製フォーク**の進行と表現される（図5・1・4）．しかし，細胞内でのDNA複製はPCR反応のようにいかず，**リーディング鎖**，**ラギング鎖**と区別される2種類の鎖として別々に合成される．2本鎖DNAはすでに述べたように3′から5′へ伸びた鎖と5′から3′へと伸びた逆向きのDNA鎖からなる．リーディング鎖は3′から5′へと伸びた鎖を鋳型にし，5′から3′に伸びる鎖を新しく合成するので特に複雑な問題は起こらない．一方，ラギング鎖（ラギングは遅れることを意味する）は5′から3′へと伸びた鎖を鋳型にするため，複雑な合成過程を経ることになる．それはDNAポリメラーゼが触媒する反応はプライマーの3′末端にヌクレオチドの5′末端を結合するという反応だからである．そこで，(5′〜3′)鎖を鋳型とし，複製フォークからみるとリーディング鎖とは反対向きに，小さなDNA断片として合成されることになる．この小さなDNA断片を発見者の名に因み岡崎フラグメントと呼ぶ．

　複製の素過程を大腸菌を例に説明する．複製フォークの根本に位置するDNAポリメラーゼⅢ（ホロ酵素は10種類のポリペプチドの集合体からなる）は二量体を形成し，その1つのサブユニットはリーディング鎖に，もう1つのサブユニットはラギング鎖に結合し，同調したDNA鎖の伸長を行う．この伸長反応にはDNAポリメラーゼⅢホロ酵素のほかに1本鎖結合タンパク質

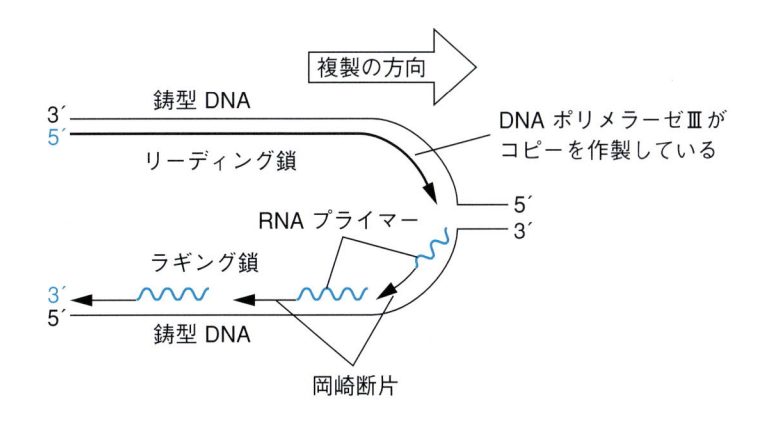

図5・1・4　複製フォーク
リーディング鎖では連続的に，ラギング鎖では不連続的に複製は進行する．

(SSB），RNA プライマーゼ，DNA ポリメラーゼ I，DNA リガーゼ，DNA トポイソメラーゼなどが関与する．複合体の中でまず RNA プライマーゼが働き，RNA プライマーを合成し，ホロ酵素によりこの RNA の 3′ 末端にヌクレオチドを付加する形で DNA 鎖が伸長していく．リーディング鎖は複製フォークの進行と同じ向きなので，そのまま合成が進行する．

一方，ラギング鎖の進行は複製フォークの進行とは逆向きとなっているため，小さな 500 塩基ほどの岡崎フラグメントとして少しずつ合成される．このラギング鎖が合成されているときには，DNA ポリメラーゼ I と DNA リガーゼは不活性であるが，新しく合成された岡崎フラグメントの 3′ 末端が，先に合成された岡崎フラグメントの 5′ 末端にある RNA プライマーに到達すると活性化される．DNA ポリメラーゼ I は RNA の切り取りをまず行い，それからその部分の DNA を合成（修復）する．最後に，DNA リガーゼにより岡崎フラグメントを結合させる．これを繰り返すことにより，ラギング鎖はリーディング鎖から遅れながら伸長する．DNA トポイソメラーゼは 2 本鎖 DNA に一時的に切れ目を入れ，複製の際に生じる超らせん構造を解消させる．

DNA 複製はこのように複雑なプロセスを経て進行するが，写し間違えの頻度は非常に低い．一度の複製で $10^8 \sim 10^{12}$ 塩基に 1 個の複製エラーというレベルにまで抑えられている．それは DNA ポリメラーゼに校正機能が付与されているからである．DNA ポリメラーゼは複製後，その写しが正確かどうかを検定し，誤った対合があるとそれを修復する．さらに，DNA 複製時に生じるミスマッチを修復する機構も存在する（後述）．

真核細胞では 3 種類以上の DNA ポリメラーゼが存在し，DNA ポリメラーゼ α は RNA プライマーの合成を，DNA ポリメラーゼ δ または ε はリーディング鎖の合成を，DNA ポリメラーゼ δ はラギング鎖の合成を行う．真核細胞では複製起点が多数存在するが，DNA 複製は全染色体領域にわたり一度だけ厳密に行われる．この 1 回性は細胞の機能を正常に保つのに重要であり，チェック機構が存在する．チェック機構の破綻したがん細胞では同じ領域が幾度も複製される（遺伝子増幅 gene amplification）．

真核細胞の染色体は線状なので，細胞が DNA を複製し，細胞分裂するごとに少しずつ染色体末端（テロメア telomere）が短小化する．それはプライマーゼで合成された RNA プライマー部分が DNA に置き換わることができないからである．したがって，加齢とともに細胞分裂が繰り返され，テロメア長がある限界にまで短くなると，細胞の増殖が停止することが知られている．この現象が老化の一端を担うものと考えられ，注目を浴びている．一方，生殖細胞など世代を越えて細胞分裂を繰り返す細胞はテロメラーゼという酵素をもち，その働きでテロメアを伸長させ，維持することができる．

5・1・6　遺伝子変異

遺伝子の本体である DNA は物理化学的に安定な物質であるが，様々な要因で DNA 変異を受

けることがある．DNA 複製時に生じるミスマッチが原因で，変異が導入される可能性についてはすでに述べた．DNA 上の変異の多くは形質に何ら変化をもたらさない（多型 polymorphism となる）が，一部は遺伝子の機能的変化をもたらす．塩基配列の変化により，元の遺伝情報が書き換えられることを突然変異あるいは単に変異 mutation と呼び，多型とは区別される．DNA 変異（変異と多型を含む）はいろいろな種類に分類される．塩基の置換，塩基や塩基配列の欠失，組換えなどである．塩基置換はアミノ酸の置換に至るもの，ストップコドンを生じるものなどがあり，これらは遺伝子機能をなくす可能性が高い．変異が生殖細胞に起こると遺伝病の原因となり，体細胞で起こるとがんや老化の原因となり得る．

　変異をもたらす変異源は多種多様である．細胞自身が内包する原因と外的原因とがある．① プリン塩基は塩基と糖との結合が自然にはずれる性質をもち，シトシンやアデニンは自然に脱アミノ化される．塩基全体がリン酸 – 糖骨格から脱離することによる脱塩基部位（AP サイトと呼ばれる）が生成される．この AP サイトはそれ自体が非常に不安定で，二次的に 1 本鎖切断をひき起こすことが知られている．鎖切断とは，DNA 骨格のリン酸と糖との間の切断を意味する．② 化学物質の多くは，例えばニトロソ化合物に代表されるアルキル化剤は，DNA 塩基に付加体を形成し，変異の原因となる．③ 物理的な因子として，紫外線や電離放射線などがあり，紫外線は変異の元となるチミンダイマー，すなわち近接した塩基間の架橋が形成される．一方，電離放射線は 1 本鎖および 2 本鎖 DNA の鎖切断を起こす．それぞれの DNA 損傷がもたらす DNA の構造変化を図 5・1・2 をみながら，自分自身で検討しておく必要がある．

5・1・7　DNA 修復

　DNA 損傷はそれぞれ細胞で認識され，細胞の応答現象を引き起こす．直接影響を受けるのは複製や転写などの反応である．DNA ポリメラーゼによる塩基配列の正確な複製反応は相補的な塩基対の形成に依存している．そのため，鋳型となる DNA 鎖上の塩基に構造変化が起こると，その相手となる塩基と対合することができず，その場で DNA ポリメラーゼは複製反応を停止してしまう．高等真核生物では，複製が阻害された状態が続くと細胞はアポトーシス apoptosis（プログラム細胞死）を誘発し，細胞死に至ることが知られている．

　DNA 損傷のほとんどは修復され，DNA 変異として細胞に蓄積されることは少ない．図 5・1・5 は DNA 変異の種類と対応する DNA 修復反応をまとめたものである．DNA 損傷は上記のように，短期的には細胞周期の停止やアポトーシスをもたらすが（B の上），長期的には恒常的な DNA 変異をもたらし，がん化や老化の原因となる（B の下）．修復関連タンパク質が DNA 変異部位に集まって修復するが，ほとんどの細胞は 5 つの修復系をもつ．直接修復系（光再活性化酵素による），塩基除去修復，ヌクレオチド除去修復（チミンダイマーの切り出し修復機構），不適正塩基除去修復（DNA 合成時のミスマッチを修復），組換え修復である．この図に従って，それぞれの修復機構を説明する．

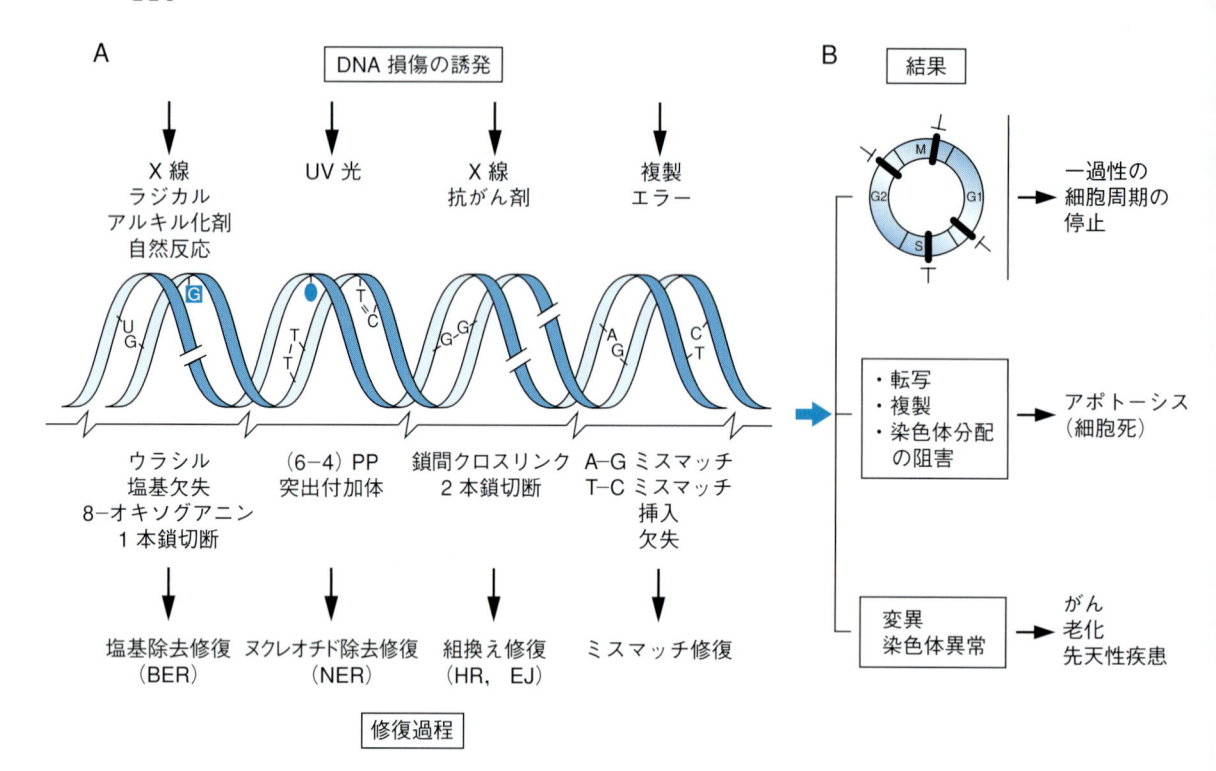

図 5・1・5　DNA 損傷，修復機構とその結果
(Nature より)

1) 直接修復系は光再活性化酵素による

　損傷した塩基を化学反応により元に戻す反応であるが，ヒトではこの修復系の存在は明らかでない．塩基除去修復とヌクレオチド除去修復は切り出し修復機構と呼ばれ，2本鎖DNAの片側のDNA鎖の塩基にのみ異常が発生したときに利用される修復系である．したがって，正常な遺伝情報は残りの鎖に保存され，その情報が修復に利用される．損傷を受けた塩基のまわりのDNA鎖領域を一度取り除き，その後にDNA鎖を合成し修復する機構である．

　塩基除去修復で取り除かれる異常な塩基は，DNA合成のときに誤って取り込まれたウラシル，酸化損傷塩基，メチル化などの修飾塩基である．これらの異常塩基はグリコシダーゼという酵素により取り除かれ，APサイトを形成する．APエンドヌクレアーゼは欠落した塩基部位で糖とリン酸を結合している部位を切断する．欠損した1ヌクレオチド（そのまわりの数ヌクレオチドの場合もある）をDNAポリメラーゼが合成し修復する．その断端はDNAリガーゼで結合される．一方，チミンダイマーのような比較的大きな構造変化が起こると，周囲を含めた切り出し修復機構が働く（図5・1・6）．損傷部位を含めたDNA領域（まわりの数ヌクレオチド）の両端で1本鎖切断が起こり，その1本鎖領域をDNAポリメラーゼが合成し修復する．これはヌクレオチド除去修復と呼ばれるが，紫外線によって生じる損傷や架橋（チミンダイマー）が修復の対象となる．

第 5 章　遺伝情報の発現と制御　　　　　　　　　　　　　　　　　　　117

損傷したヌクレオチド
らせんのゆがみをひき起こしている

↓ UvrAB 三量体が結合

↓ UvrA が離れる
　 UvrC がつく

↓ 断片の切り出し（UvrB と UvrC に
　 より切断），ヘリカーゼ II による
　 1 本鎖の除去

UvrB がギャップをつなぐ

↓ DNA ポリメラーゼ I ＋ DNA リガーゼ

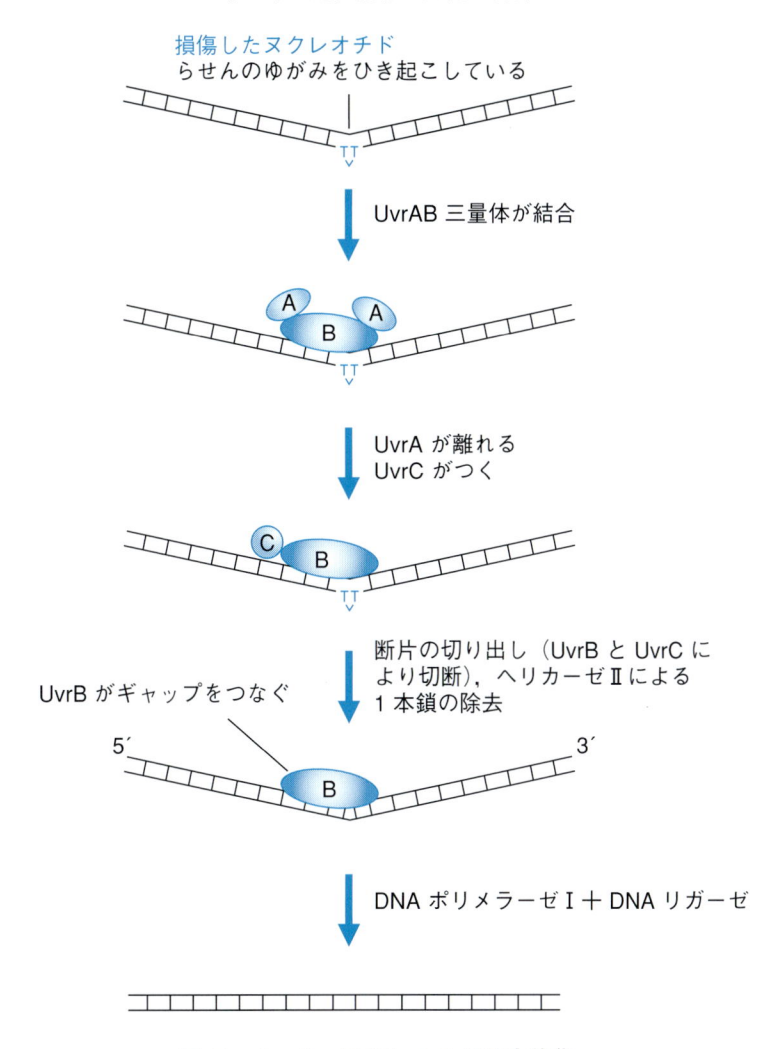

図 5・1・6　ヌクレオチド除去修復

損傷したヌクレオチドがらせんのゆがみを生む．このゆがみを UvrAB 三量体が認識すると考えられている．

　不適正塩基除去修復（またはミスマッチ修復）は除去修復の一種で，ミスマッチ塩基を含む新生 DNA 鎖がヌクレアーゼで取り除かれ，その後は DNA ポリメラーゼで合成・修復される．

　図 5・1・5 の修復機構では取り上げられていないが，重要なものとしてアルキル化剤などで付加される DNA 付加体の除去機構がある．DNA 塩基のメチル基付加体やエチル基付加体は，アルキル（またはメチル）転移酵素により除去される．DNA 中のアルキル化されたグアニンは，グアニンからアデニンへの遷移を引き起こしやすく，この酵素の欠失は細胞のがん化をもたらすと考えられている．最近，変異を修復せず，その領域をバイパスし DNA を合成するという，新しい修復系が発見された．この修復系および次に述べる組換え修復は，修復後変異を残す可能性がある．

2）電離放射線などにより2本鎖DNAの鎖切断が生じる

この場合には，2本鎖DNAの両方の鎖に異常が発生するため，元のDNAの鎖がもつ遺伝情報を修復に利用できない．この場合には，相同組換えや非相同組換えといった組換え修復機構が働く（図5・1・8）．

相同組換え修復 homologous recombination repair は1本鎖や2本鎖DNAの鎖切断のときに，その損傷を修復する機構として働く．次の項で相同組換えの機構を説明するが，図5・1・7Aには2本鎖DNA切断の修復過程を示した．断端のある1本鎖DNAそれぞれにRecAタンパク質が結合し，損傷部位と相同な配列をもつDNA配列（姉妹染色分体上の配列など）を認識し侵入することによって，そのDNA配列との間の組換え反応が起こる．この過程で進行す

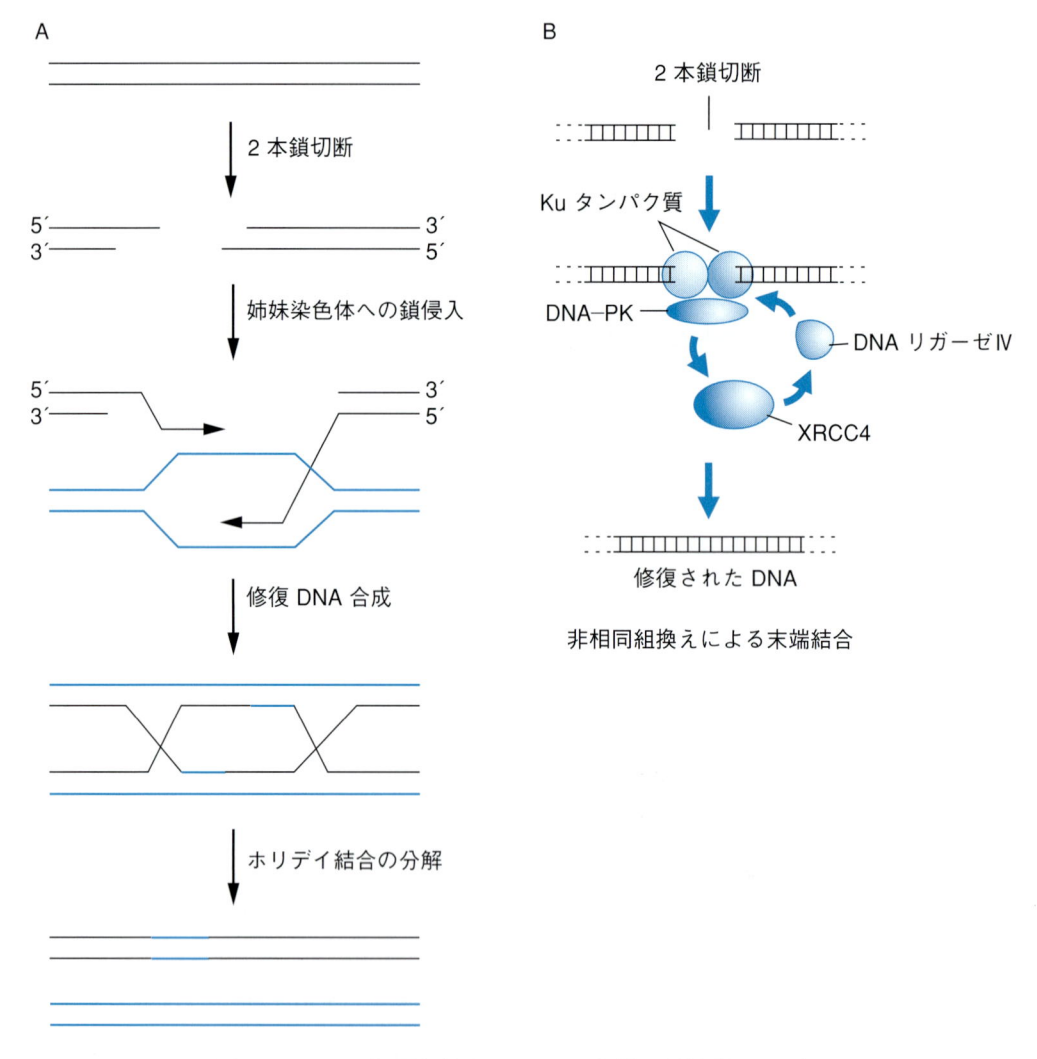

図5・1・7 相同組換えによる2本鎖切断修復のモデル
Rad51と数種類の他のタンパク質が関与している．

るDNA複製により欠損した配列が修復される．

　一方，ヒトでは**非相同組換え non-homologous recombination repair** が修復に重要な働きをすることがわかってきた（図5・1・7B）．2本鎖切断を受けたDNAの断端を再結合する機構で，断端にはKu70/Ku80タンパク質が結合し，その複合体がDNA依存性タンパク質キナーゼ（DNA-PK）を呼び寄せ，このキナーゼが断端結合の指令を出すという機構である．すなわち，DNA-PKからXRCC4，DNAリガーゼIVという経路をたどる．この組換えの特徴は相同性が要求されないところにある．DNA断端はこの過程で削られることが多く，非相同末端結

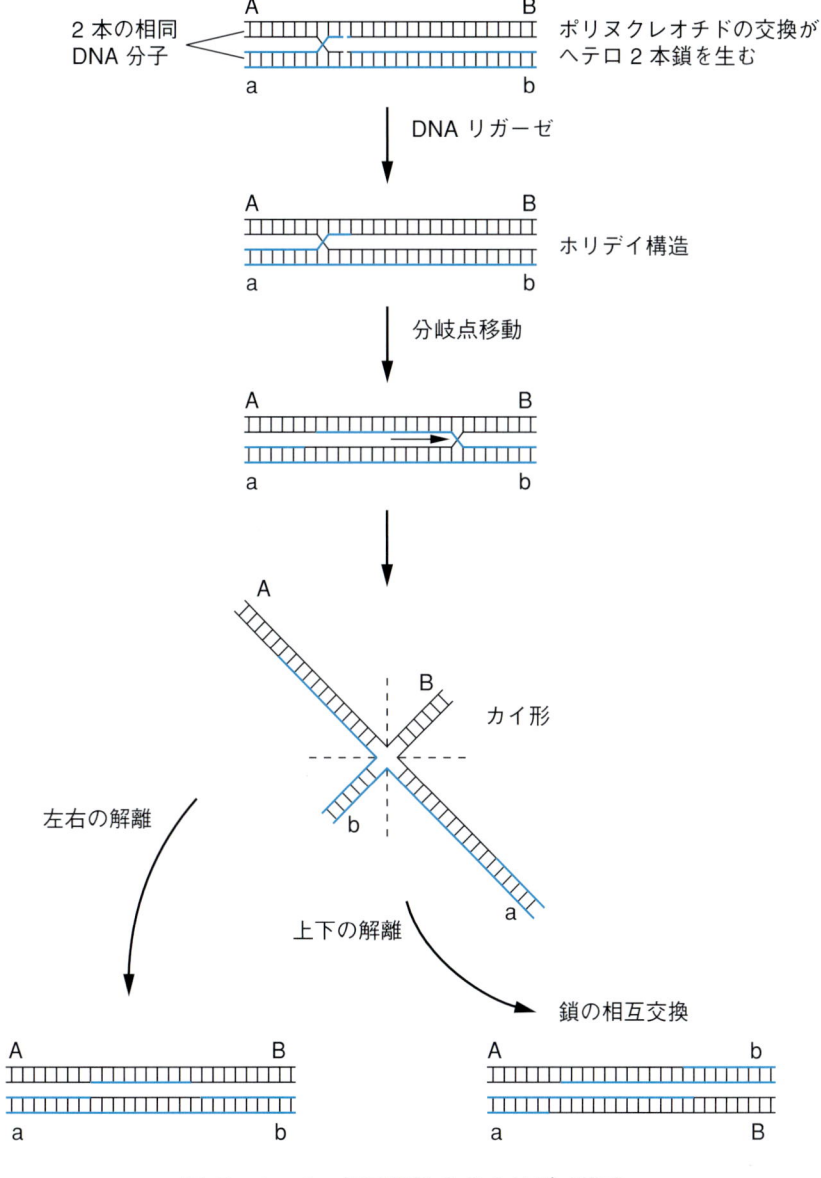

図5・1・8　相同組換えのホリデイ構造

合は突然変異を起こしやすい．この修復経路に比べ，相同組換えはより正確に 2 本鎖切断を修復することができる．

5・1・8　相同組換え

　相同配列間の組換え反応は減数分裂時の染色体交差に働くことが知られ，生物の多様性を生み出す元として関心がもたれてきた．しかし，実は DNA 合成と関連した DNA 修復に重要な働きをすることが最近わかってきた．相同組換えを分子レベルで説明する機構として，ホリデイモデルが提唱されている．相同な配列をもつ 2 つの 2 本鎖 DNA 間の組換えには，同じ配列をもった 2 本鎖 DNA 同士が認識し合い，複合体を形成する必要がある．4 本の 1 本鎖 DNA が十字型になった複合体が，ホリデイ構造である（図 5・1・8）．

　この複合体モデルの重要な点は 2 つの 2 本鎖 DNA からなるヘテロ 2 本鎖の形成である．このヘテロ 2 本鎖ではドナー側の DNA 鎖と受け手側の DNA 鎖とが安定な塩基対を形成する．この構造体は動的で，十字型 DNA の分岐点は移動する．ホリデイ構造が最終的に解離し 2 本の 2 本鎖 DNA に戻るときには，分岐点をまたぐ切断によって解離が引き起こされる．その切断の方向には 2 通りあり，異なった組み合わせの 2 本鎖 DNA が形成される．上下に切断されると，DNA 鎖交換が起こり，ドナー側の DNA 鎖と受け手側の DNA 鎖が交換する．左右の場合は分岐点移動した領域を除き，元の 2 本の 2 本鎖 DNA となる．

　相同配列の認識は 1 本鎖 DNA の切断と断端の新生から始まる．ドナー DNA の 1 本鎖 DNA にまずニックが入り，この末端をもつ DNA 鎖が受け手側の 2 本鎖 DNA の相同部位に侵入し，D ループと呼ばれる構造を形成する．このとき，受け手側の 2 本鎖 DNA は 2 本の 1 本鎖 DNA となり，相補鎖が侵入してきた DNA 鎖と塩基対を形成する．このときの構造が D ループ様構造，すなわち相同部位で塩基対形成した 2 本鎖 DNA と追い出された 1 本鎖 DNA とからなる 3 本鎖構造である．これに引き続き，追い出されたほうの受け手側 1 本鎖 DNA にニックが入り，それがドナーの残ったほうの 1 本鎖 DNA と塩基対を形成する．この構造体がヘテロ 2 本鎖からなるホリデイ構造となる．

　組換えがうまくいかない大腸菌の変異体が多数分離され，それらの解析から組換えに関与する遺伝子，タンパク質が明らかになった．3 種類の組み換え経路，すなわち RecBCD，RecE，RecF の経路が明らかになっているが，RecBCD 経路がもっとも重要な働きをする．ヌクレアーゼ活性をもつ RecBCD 酵素はカイ配列と呼ばれる 8 ヌクレオチドの配列を認識し，その近傍でニックを入れる．遊離した 1 本鎖 DNA に RecA タンパク質が結合し，この複合体が受け手側の 2 本鎖 DNA の相補配列を検索し結合する．この段階が上述した D ループ構造形成過程である．ホリデイ構造の分岐点の移動には RubA，RubB，RecG が働く．分岐点に結合したこれらのタンパク質は分子モーターとして移動に役割を果たす．ホリデイ構造の解離には RubC タンパク質が働き，鎖の切断を行う．

第5章 遺伝情報の発現と制御

ホリデイモデルのほかには2本鎖DNA切断モデルがあるが，これは真核生物である酵母の研究から提唱された．ドナーDNAの1本鎖DNAのニック生成が組換え反応の開始反応ではなく，2本鎖DNAの切断で始まるという考え方である．遺伝子変換という現象がよく説明できるという特徴がある．断端のある1本鎖DNAそれぞれにRecAタンパク質が結合し，異なる2本鎖DNAの相同な配列をもつ領域を検索し，鎖が進入する（図5・1・7参照）．その後は，上記の1本鎖切断モデルと同じように，組換え反応が起こる．

5・2 ゲノムの発現と調節

5・2・1 ゲノム中の遺伝子とその基本構造

ゲノムの中に存在する一般的な遺伝子の構造をまず理解しておく必要がある．遺伝子はゲノム中の一点（遺伝子座）をただ占める存在ではなく，いくつかの複雑な構成単位からなる．タンパク質を指定する遺伝子領域を図5・2・1に模式化した．遺伝子に求められる基本要素はアミノ酸配列を指定すること，それが必要なときに正確に転写され，mRNAへとプロセスされ，タンパク質へと翻訳されるところにある．そのために必要なシグナルが遺伝子配列内，その近傍に

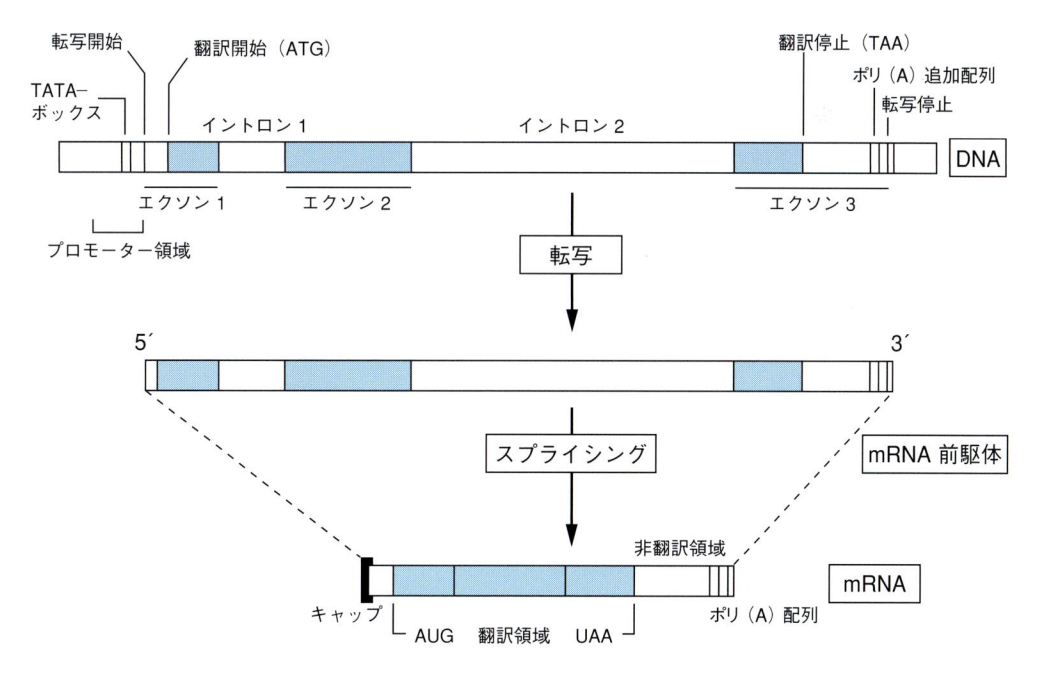

図5・2・1 遺伝子の構造

存在する．転写の調節に関与する塩基配列（TATA ボックスなど）やスプライシングシグナル，タンパク質合成の翻訳の開始や停止を指定する配列などがそれである．遺伝子の塩基配列には，転写される開始部位の塩基に＋1 という番号をつけ，この点を基にして転写の上流では各塩基にマイナスを，下流ではプラスの番号をつけて呼ぶ．この開始点の RNA の 5′ 末端にはキャップと呼ばれる修飾塩基が付加されるので，キャップ部位とも呼ばれる．遺伝子領域をここでは狭義の遺伝子，すなわち便宜上 mRNA に対応するエクソンとスプライシングにより切り取られるイントロン部分（mRNA 前駆体に対応する領域）として説明する．転写調節に関与するシス配列であるエンハンサー（後述）などについては，別途説明する．シス配列とは（その遺伝子と）同じ染色体上の近くにあることを意味し，異なった染色体上にあるときはトランスという．

ほ乳類の遺伝子の大きさはいろいろであり，数百 bp から数 Mb にまで及ぶものまである．ヒト染色体の平均の大きさが約 150 Mb であることを思い出し，比べてみよう．2.5 Mb という大きなジストロフィン遺伝子は，その転写には 16 時間もかかり，転写の終了する前にスプライシングが始まる．遺伝子の大きさとその産物（多くはタンパク）の大きさには直接的な比例関係はない．エクソンの長さはイントロンに比べ短く，一方イントロンの長さは千差万別で，これが遺伝子の長さの多様性の元になっているからである．大きな遺伝子のイントロン中に別の遺伝子が存在するという例も知られている．NF1 遺伝子（神経線維腫症 1 型遺伝子）のイントロン 26 は約 40 kb におよぶが，その中に 3 個の小さな遺伝子（OGMP，EVI2B，EVI2A）が存在する．

5・2・2　遺伝子の発現制御の概略

遺伝子はどの細胞でも，いつでも発現しているわけではない．ある特定の環境時に必要な遺伝子産物のみを選択的に発現する．この選択的発現はエネルギーの節約という意義だけでなく，細胞が機能的に分化し，多種類の機能を分担することを可能にしている．真核生物の遺伝子発現調節は 5 段階からなり，幅広い調節機構をもつ．その第 1 段階はゲノム制御であり，クロマチンの凝縮・脱凝縮過程であり，それには DNA のメチル化やヒストンのアセチル化，メチル化などの修飾反応が対応する．この段階で，細胞で転写される可能性のある遺伝子群が選択される．第 2 は転写制御であり，多種類の転写調節因子とそれらに対応する制御 DNA 配列との間の特異的な相互作用がこれを担う．すなわち，転写が要求されるとき，この機構が働く．第 1 段階と第 2 段階の調節で，遺伝子発現調節の概略が決定されると考えてよい．第 3 は RNA プロセシングと核輸送で，選択的スプライシングや mRNAs の輸送といった機構を含む．第 4 は翻訳調節で，タンパク質合成因子の活性化の修飾，翻訳リプレッサーによる特異的な mRNA の翻訳制御，mRNA 分解速度の機構を含む．最後は翻訳後調節機構で，タンパク質分解速度を制御する機構，タンパク質の構造と機能を一時的もしくは永遠に変化させる機構を含む．これ以外にも特殊な例として，遺伝子の増幅，欠失，再配列，といった DNA そのものの変化による調節が知られている．これらの各段階について，もう少し詳しく説明を加えることにする．

5・2・3 特殊な例：DNA再配列による遺伝子発現調節

DNAがゲノム上のある位置から別の場所に移動することにより，再編成された遺伝子の創出と遺伝子発現制御が行われる．これは特殊な現象で，その例が免疫系の細胞で知られている．ヒトを含めたほ乳類では，その生体を構成する細胞はすべて同じゲノムDNAをもつと説明してきたが，リンパ球だけは例外で，抗体遺伝子やT細胞リセプター遺伝子にDNA再配列が起こり，抗体分子やT細胞リセプターが産生される．ここでは抗体遺伝子の再構成について説明する．

1つの抗体分子は1つのリンパ球から産生され，異なった外来分子を特異的に認識し，結合することができる．多くの異なった外来分子に対応するため，百万種類以上の抗体タンパク質を生体は産生することがわかっている．ヒトゲノムには約3万個の遺伝子しか存在しないため，1つの抗体タンパク質に1つの遺伝子が対応するとは考えられない．比較的少数の遺伝子断片を巧みに組み合わせ再編成することにより，この巨大な数のタンパク質に対応する遺伝子を創出している．抗体は重鎖と軽鎖と呼ばれる2種類のポリペプチドサブユニットから構成されるが，重鎖の再配列は，V，D，JおよびCと呼ばれる4種類のDNA配列を利用する（図5・2・2）．C断片は定常領域を指定し，その配列は異なる種類の抗体間でも共通である．一方，V，D，J断片は切断後再結合し，抗体間で異なる可変領域を指定し，それぞれが特定の外来分子を特異的に認識し，結合する能力をもつ遺伝子が形成される．

ヒトの抗体遺伝子は約100のV断片，30のD断片と9種類のJ断片とC遺伝子領域から構成される．種々のV，D，J断片をもつDNA領域は，リンパ球の分化過程で再編成する．まずD断片とJ断片の間の配列が切り取られD–Jが結合し，次にV断片とD断片の間の配列が切り取られ，結合する．この部位特異的組換え反応は，個々のリンパ球でランダムに起こり，それぞれ1つずつのV，D，J断片を選択することになる．このランダムな再配列で，免疫系は$200 \times 20 \times 6 = 24{,}000$という膨大な数の異なった種類の重鎖可変領域を形成する．リンパ球に存在す

ゲノムの再編成による免疫グロブリン遺伝子の構築

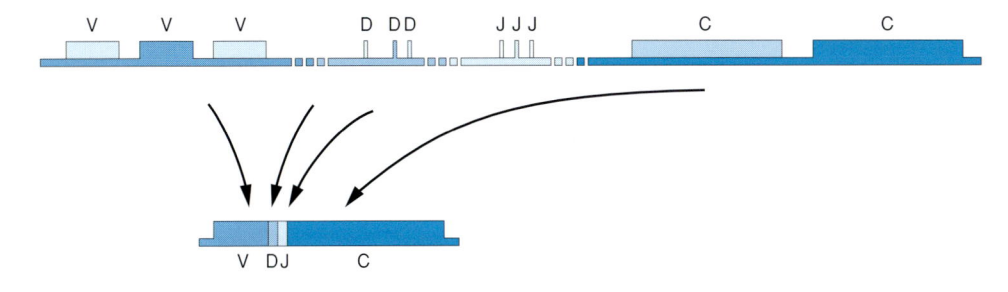

図5・2・2 免疫グロブリン遺伝子領域と組換えにより形成される機能的遺伝子
V，D，J，C遺伝子領域の結合によりゲノム再編成が起こり，機能をもつ重鎖遺伝子ができる．

る組換え終了後の遺伝子は，転写され得る構造（エンハンサーとプロモーターが近接した状態：後述）になっている．

5・2・4　クロマチンの構造と変化

細胞間期（細胞分裂を行っていないとき）の核 nucleus を色素で染色すると，濃染される部分と淡染される部分が観察される．前者はヘテロクロマチン heterochromatin と呼ばれ，タンパクで高度に折りたたまれた DNA が存在する．後者は疎に折りたたまれた DNA 領域で，ユークロマチン euchromatin と呼ばれ，DNA から RNA への転写が活発に行われる部分である（図5・2・3）．核には1つの，ときには複数の核小体 nucleolus があり，そこではリボソーム RNA の合成が行われる．細胞分裂時には核構造は消失し，クロマチンはいわゆる染色体構造をとり，光学顕微鏡で鮮明に観察できるようになる．

DNA とタンパク質の複合体であるクロマチンを水のような低張液に浸す（DNA からタンパクを除き，可溶化する）と，光学顕微鏡で絡まった糸のように観察される．DNA がコンパクトに折りたたまれていることが想像される．DNA は4種類のヒストンからなるタンパク質複合体（コアヒストン：ヒストン八量体）のまわりに巻き付くことによりヌクレオソームを構成する（図5・2・3）．ヌクレオソームは H1 ヒストンの結合によりさらに密に集合し，30 nM 繊維を形成する．この繊維の長さは1本の染色体当たり約1 mm で，核の直径の100倍以上もある．さらに高次の凝縮機構（ループ構造，ドメイン構築など）が存在する（電子顕微鏡ではこれが観察される）．この高次構造は遺伝子発現の調節に重要であると考えられている．ヌクレオソームはヌクレアーゼ処理により，分離・精製することができる．1つの遺伝子の大きさが 10 kb とすると，この DNA を直線に引き伸ばすと，約3 μm にもなり，細胞核（約5 μm）の直径の長さ

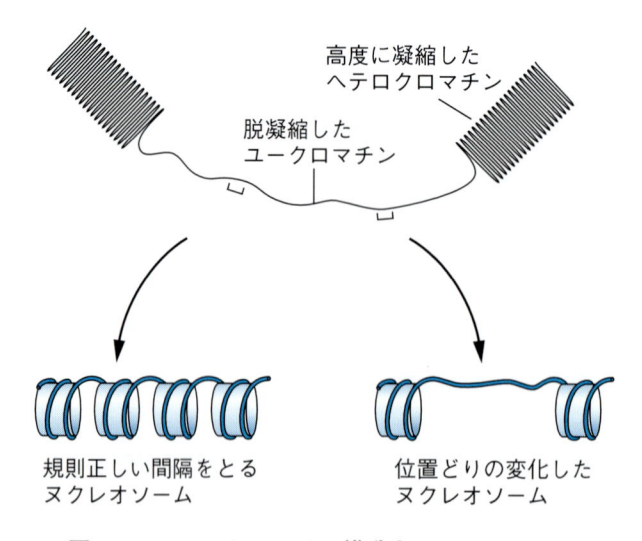

図5・2・3　クロマチン構造とヌクレオソーム

DNAが転写されるには転写される染色体領域は巻き戻され，その領域内のDNAが転写因子やRNAポリメラーゼと結合する必要がある．クロマチンの巻き戻しや脱凝縮が遺伝子の転写とよく相関することは，DNaseIを用いた実験から明らかになった．可溶化したクロマチンを低濃度のDNaseIで消化すると，活発に転写されているクロマチンDNAはよく消化される．この転写活性なDNA領域のDNaseI高感受性は，クロマチンDNAがよく解けていて，転写因子などのタンパク質がアクセスしやすいことを示す．一方，消化されないDNA領域はアクセスビリティーが低く，転写活性のない領域と考えられる．

脊椎動物のDNAは少量のメチル化されたシトシン残基をもち，それは遺伝子の5′末端に位置する傾向にある．約半分の遺伝子の5′末端近傍にはシトシンとグアニンが並ぶ配列（CG配列）が頻繁にみられ，このシトシンのメチル化はクロマチンの凝縮を引き起こし，DNaseI抵抗性を与える．このCG配列の集まり（10塩基程度のものがよくみられる）はCpG島（CpG island）と呼ばれる．逆配列のGC配列にはそのようにプロモーター領域に偏在する傾向はなく，このことがCG配列の機能意義を示唆する．CpG島は遺伝子発現と関連した機能モチーフを担い，メチル化されたCpG配列に特異的に結合するタンパク質MeCP2が単離されている．

MeCP2タンパク質がCpG島に結合すると，そのクロマチンは転写活性のない状態に導かれることがわかっている．このメチル化の研究からゲノムインプリンティング（刷り込み）という現象の分子機構が明らかになった．インプリンティングを受けたゲノム領域では父親由来と母親由来で異なる遺伝子発現が観察される．すなわち，どちらか一方のアレルは発現が抑制され，その抑制はアレル特異的なメチル化によって引き起こされるという．

転写活性なゲノム領域はDNaseI感受性や低DNAメチル化に加え，構造的組成に違いを示す．ヒストンはクロマチン構成で中心的働きをするが，H3ヒストンとH4ヒストンにアセチル化という構造的修飾がみられる．すなわち，ヒストン分子のアミノ酸側鎖にアセチル基が附加する反応である．上述のクロマチンをDNaseIで選択的に消化する実験で，活性クロマチンを取り出し，ヒストンH3とH4を調べると，アセチル化型ヒストンがより多く遊離してくる．このことからアセチル化したヒストンは活性な遺伝子のヌクレオソームを構成することがわかる．アセチル化のほかに，ヒストン分子のアミノ酸側鎖はリン酸化やメチル化といった修飾も受ける．それらの修飾もクロマチン構造を変え，遺伝子の活性に影響する．一方，転写活性の高いクロマチン領域ではH1ヒストンが結合していない，というヒストン構成上の変化もみられる．H1ヒストンはクロマチンを30-nmクロマチン糸にたたみ込むのに必要で，H1ヒストンがないと活性クロマチンを解けた10-nmクロマチン糸の状態に保持するのに役立つと想像される．

酵母の研究からSWI/SNFというタンパク質がクロマチンの再モデル化，すなわちヌクレオソーム構造を変え，プロモーター領域にある転写因子結合部位に転写因子がアクセスしやすいように働くと考えられている（図5・2・3参照）．SWI/SNF複合体のヒト相同体はやはりATP依存的にヌクレオソーム構造を変化させることが示されている．

5・2・5　転写調節因子と制御 DNA 配列との相互作用による転写制御

　DNA から RNA への転写は RNA ポリメラーゼにより行われる．真核生物は 3 種類の RNA ポリメラーゼ，すなわち RNA ポリメラーゼ I，II，III をもち，それぞれ異なった種類の遺伝子の転写に働く．RNA ポリメラーゼ I はリボソーム RNA 遺伝子を，RNA ポリメラーゼ II はタンパク質を指定する多くの種類の遺伝子を，RNA ポリメラーゼ III は低分子の RNA を転写する．これらの RNA ポリメラーゼは類似の構造をもち，2 つの大きなサブユニットと多くの小さなサブユニットからなる．一部のサブユニットは共用されることも知られている．どの RNA ポリメラーゼも遺伝子の転写開始を指示する**プロモーター配列**を直接認識することはできない．転写開始因子が個々のプロモーターの特異的な配列を認識し，そこに RNA ポリメラーゼを動員し，結合させる．ここでは，生命現象の多様性を担う遺伝子群を転写する RNA ポリメラーゼ II を代表として選び，その転写認識機構と開始反応について説明する．

　RNA ポリメラーゼ II を含む転写複合体は，基本転写因子による装置とそれを含めた大きな転写因子複合体装置とに分けられる．転写開始点近くには **TATA 配列**（**TATA ボックス**と呼ばれる）の存在する場合が多く，基本転写因子の代表的な構成タンパク質である TBP は TATA 配列に結合する（図 5・2・4）．TATA 配列が存在しないときにも，TBP 因子は開始点近傍に結合する．次に，TAF タンパク質（TBP と TAF を含めて TFIID と呼ばれる）が結合し，それから RNA ポリメラーゼ II と他の基本転写因子が集合し，基本転写因子装置が構築される．転写の伸長反応が始まると，ほとんどの基本転写因子はこの複合体から離れる．

　TATA 配列上で RNA ポリメラーゼは基本転写因子との相互作用により，ゆっくりとした速度で転写を開始することができる．したがって，TATA 配列，転写開始配列，その前後にみられる配列は最小限という意味で，コアプロモーターと呼ばれる．遺伝子の多くはこのコアプロモーターに加え，さらに上流（あるいは下流）に転写活性に働く短い制御 DNA 配列をもっている．この配列に転写因子が結合し，この結合によりコアプロモーターの転写開始効率が上昇する．このような転写制御 DNA 配列はコアプロモーターの上流約 100～200 bp 以内に存在し，近位制御配列と呼ばれる（コアプロモーター配列と近位制御配列を含む領域をプロモーターと呼び，後に述べるエンハンサーと区別する）．数や正確な位置など近位制御配列の特性はそれぞれの遺伝子によって異なるが，CAAT ボックス，GC ボックス，オクタマー配列が代表的な因子といえる．コアプロモーター領域外にある制御配列に選択的に結合する転写因子は，転写調節因子と呼ばれる．これらが転写装置と相互作用することにより，転写開始が増加（時に減少）する．これらの転写制御配列に欠失や変異が起こると，転写開始効率の低下の起こるのはもちろんだが，そればかりでなく転写開始点の位置のずれることが知られている．

　近位制御配列は，多くの原核生物の制御配列のように，コアプロモーターに近いところに位置している．もう 1 つのクラスの制御配列，すなわち**エンハンサー配列**はプロモーターから遠く

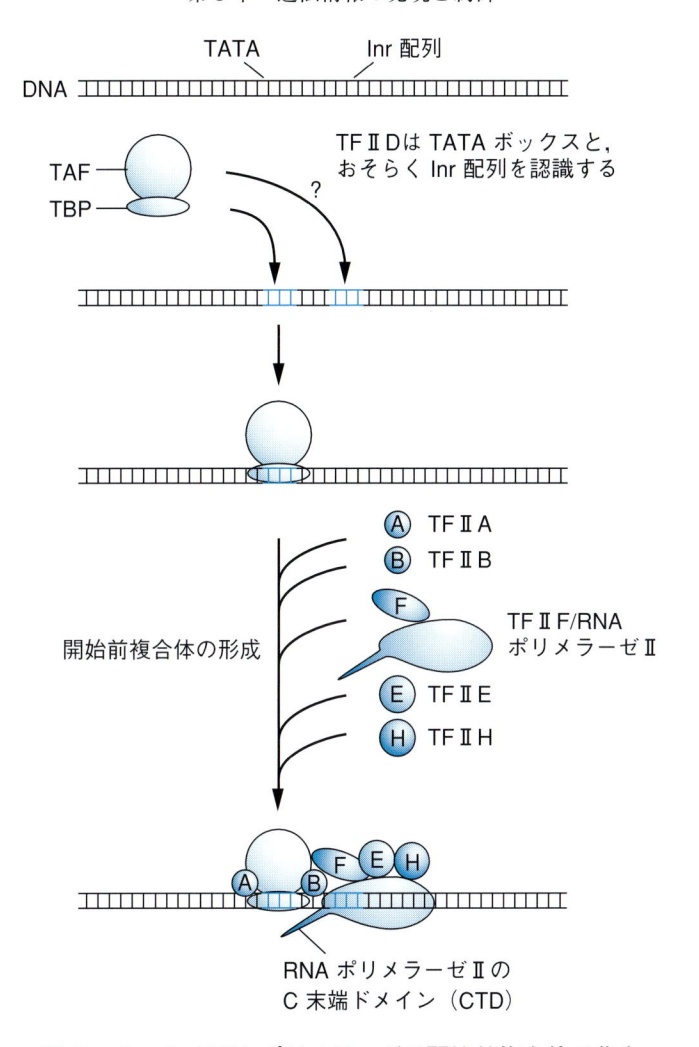

図 5・2・4　RNA ポリメラーゼⅡ開始前複合体の集合

離れ，制御する遺伝子の上流または下流に位置する．したがって，遠位制御配列と呼ばれることもある．エンハンサーは遺伝子の転写を加速させるときにはそう呼ばれ，一方，転写を抑制するときにはサイレンサーと呼ばれる．エンハンサーの顕著な特徴はプロモーターからの位置が変化しうること，方向が逆転しうるということにある．したがって，エンハンサーはプロモーターの遠くばかりでなく近くに存在することもあり，また遺伝子の中にあることもある．抗体遺伝子ではイントロンの中にエンハンサーが存在する．

　エンハンサーは真核生物の遺伝子発現を制御する重要な配列であるが，複数の異なった短い制御 DNA 配列から成り，それらは異なる種類の転写調節因子が結合する部位となる．エンハンサー配列のなかには近位制御配列とよく似た配列もある．すなわち，オクタマー配列と GC ボックスは，近位制御配列としてもエンハンサーとしても働く．エンハンサーが機能するためには，その様々な制御配列と結合する転写調節因子の存在が必要である．エンハンサーは転写活性化に働

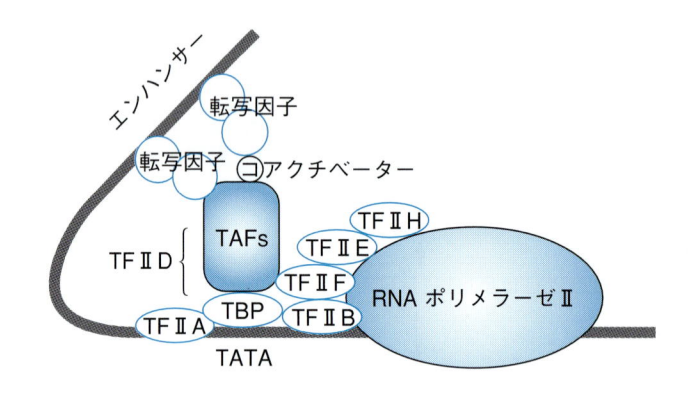

図 5・2・5 RNA ポリメラーゼと転写因子群
TATA 配列に結合した TFⅡD とエンハンサーに結合した転写因子の結合に注目する.

き，この転写調節因子は活性化因子（アクチベーター）と呼ばれる．エンハンサーは制御する遺伝子から離れていても機能することをすでに述べたが，これはエンハンサーとプロモーターとの間の相互作用を司ることができるからである．エンハンサーがプロモーターから DNA 鎖に沿って直線的に遠く離れていても，活性化因子が DNA 分子ループを形成することにより，エンハンサーをプロモーター近傍に連れていく．その次に，通常コアクチベーターがこの DNA ループ作製に関与し，エンハンサーに結合する転写調節因子（アクチベーター）とプロモーターに結合する基本転写因子とを結合させ，これによりエンハンサーとプロモーターの間に「橋」を形成する（図 5・2・5）．

　この相互作用はプロモーターと TFⅡD の結合を促進し，TFⅡD をプロモーター近傍の適切な位置に置くことを助けるか，またはその後の反応過程である TFⅡD と RNA ポリメラーゼや他の基本転写因子との結合を補助するか，である．これらの相互作用によって RNA ポリメラーゼ複合体のプロモーターへの集合を促進し，転写を開始させる．コアクチベーターが RNA ポリメラーゼ複合体の会合を促進する機構は様々で複雑であるが，いくつかのコアクチベータータンパクはヒストン・アセチルトランスフェラーゼの活性を示し，ヒストンのアセチル化を促進する（触媒作用をする）．この章の冒頭でも述べたが，ヒストンのアセチル化は転写装置タンパク質がプロモーターへアクセスしやすいように，ヌクレオゾームの折りたたみを緩めると考えられている．

　転写調節タンパク質は DNA 結合を担うドメインをもつが，1 つの代表例が C_2H_2 ジンクフィンガー・モチーフである（C はシステイン，H はヒスチジンを表す）．その他にもホメオボックスと呼ばれるドメインなどがある．この C_2H_2 DNA 結合モチーフは 1 つの α ヘリックスと 2 つの β シートを形成する約 20 のアミノ酸からなり，5S rRNA 遺伝子（TFⅢA）の転写因子の中ではじめて発見された．亜鉛原子とともに立体的に正確に配置したシステイン残基およびヒスチジン残基で構成され，この立体構造物が DNA の大溝から特異的な配列を認識し結合する．タンパク質分子に含まれるジンクフィンガーの数は，転写因子により様々であり，少ないものでは 2

つ，多いものでは 20～30 またはそれ以上にもなる．

5・2・6　RNA プロセッシングとその制御

　転写段階での遺伝子発現調節について述べてきたが，転写後も遺伝情報は修飾され制御される．この転写後調節は細胞全体の遺伝子発現パターンを変えないので，細胞内外の環境変化に素早く応答し，適切に対応する手段として有用と考えられる．mRNA からタンパク質への翻訳速度は，mRNA の安定性の変化によって制御を受ける．mRNA の分解が速ければ速いほど翻訳に利用される時間は短くなる．mRNA が最初の量の 50％ にまで分解されるのに要する時間（半減期）は，真核細胞の mRNA により様々であり，成長因子 mRNA の中には 30 分またはそれより短いものがあり，一方，βグロビン mRNA の半減期は 10 時間以上にも及ぶ．

　細胞核内で転写される RNA はリボソーム RNA，mRNA，低分子 RNA に対応する前駆体 RNAに大別される．それぞれの前駆体 RNA は特徴的なプロセシング processing を受ける．ここでは前駆体 mRNA のプロセシングについて述べることにするが，その他の前駆体 RNA も RNA の化学的修飾と余分な配列の除去という点では共通したプロセシングを受ける．

　核内で転写された前駆体 mRNA は 5′ 末端のキャッピングや 3′ 末端のポリアデニル化，メチル化などの化学的な修飾に加え，イントロンを取り除きエクソンを結合させるというスプライシング反応を受ける（図 5・2・1 参照）．5′ 末端のキャッピングはプリン環の 7 位がメチル化されたグアニンヌクレオチドが末端に結合した構造をいうが，このヌクレオチドが逆方向に，すなわち 5′-5′ 方向で結合するところに特色がある．このキャップ反応は転写の直後に起こる．RNAは DNA と比べ分解しやすい性質をもつが，5′ 末端キャッピングは mRNA をヌクレアーゼの攻撃から防御し，mRNA の安定性に寄与する．また，リボソーム上での翻訳開始の始まりを指定する働きをする．一方，mRNA のポリアデニル化は 3′ 末端に 50～250 ヌクレオチドのアデニン付加が加わる反応をいう．ヒストン mRNA のみがこの例外として知られているが，その他の mRNA にはすべてポリアデニル化がみられる．mRNA の 3′ 末端近傍にあるシグナル配列（AAUAAA 配列）が認識され，その直後 10～35 ヌクレオチド下流で RNA が切断され，ポリ A ポリメラーゼにより付加される．ポリ A 尾部に特異的に結合するタンパク質も単離されており，ポリ A 尾部は 5′ 末端キャッピングと同様に，mRNA の安定性に寄与し，ポリ A 尾部が長ければ長いほど mRNA の生存期間は長くなる．

　前駆体 mRNA 分子から機能的な mRNA を産生する過程は RNA スプライシング splicing と呼ばれる．スプライシングは多数のタンパク質と RNA からなる複合体（スプライソーム spliceosome）により行われ，指定されたシグナル部位で正確に切り取りと再結合が進行する（図 5・2・6）．1 ヌクレオチドの違いでも生じると，アミノ酸の読み取りフレーム（コドン：後述する）が移動し，いわゆるフレームシフト変異を起こしてしまう．前駆体 mRNA 上の指定されたシグナル配列はイントロンの中にあり，イントロンの 5′ 末端にある GU とイントロンの

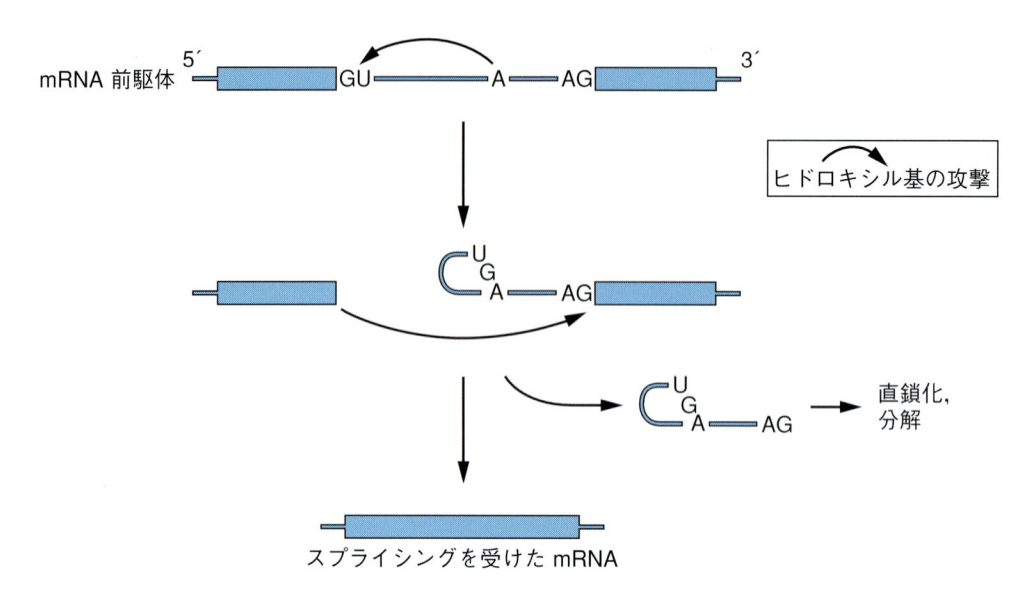

図5・2・6　スプライシングの概要

　5′切断部位の切断は，イントロン配列内のアデノシンヌクレオチドの2′-炭素についたヒドロキシル基によって促進され，その結果，投げ縄構造が形成される．その後，上流エキソンの3′-OH 基が3′切断部位の切断を誘導する．それによって2つのエキソンが連結され，イントロンが遊離する．イントロンは直鎖状になり，分解される．

3′末端にある AG がもっとも重要なシグナルとなっている．GU と AG のすぐ近傍にはさらにいくつかのイントロンに共通した配列がみられ，これらもスプライソソームが認識するシグナルとなっている．もう1つのシグナルはイントロン3′末端から数十ヌクレオチド上流にあり，イントロンの5′末端の GU で切断された RNA が一時結合する部位（分岐点）となる．

　スプライソソームは核内に存在する低分子 RNA とタンパク質からなる複合体である．スプライソソームに含まれる核内低分子 RNA（snRNA）はイントロンのシグナル配列と塩基対を形成する．はじめに U1 と呼ばれる snRNA がイントロンの5′末端にある GU に結合し，次に U2 と呼ばれる snRNA が分岐点の特異的な配列に結合する．切断されたイントロンの5′末端 GU は分岐点配列中のアデニン塩基に結合する．その結果，投げ縄と呼ばれる RNA ループ構造が形成される．最後に，U4/U6 と U5 を含む snRNA が働き，イントロンの両端にスプライソソームが形成される．それから，イントロンの3′末端が切断され，エキソンの両末端が再結合する．完成したスプライソソームは5つの snRNA と 50 種類以上のタンパク質で構成され，リボソームに匹敵する巨大な複合体装置である．

　イントロンの5′末端に GU，イントロンの3′末端には AG というイントロン構造が一般的だが，5′末端に AU，3′末端には AC というイントロンも発見されている．この AU-AC イントロンは異なった snRNA を含むスプライソソームでプロセスされる．そのほかに，イントロン RNA 自身がスプライシング活性をもつ，自己スプライシングも知られているが，ここでは説明

を省略する．

5・2・7 選択的スプライシング

スプライシングで重要なことは選択的スプライシングと呼ばれる現象の存在であり，遺伝子によっては切断されるイントロンに選択性のあることである．すなわち，前駆体 mRNA 分子の切断部位をスキップし，異なった種類の mRNA 分子，異なった種類のタンパク質を産生する現象である．この選択的スプライシングによって，働きの異なる2つのタンパク質が順次産生される例として，膜結合型の抗体と分泌型の抗体を選択する抗体遺伝子系があげられる．図5・2・2で抗体遺伝子構成を説明したが，定常領域の C 末端にはスプライシングによって2種類の配列が付与される．B 細胞分化の初期過程では細胞膜に結合する配列をもつエクソンが選ばれ，抗原を認識する抗原リセプター分子を膜の表面に出す．この識別過程が終了すると，選ばれた抗体分子を血液中に分泌する必要があるが，分泌シグナルをもつエクソンが次に選択される．

スプライシングの選択性は前駆体 mRNA に結合し，切断を活性化するタンパク質によって制御される．前駆体 mRNA の切断部位が多い遺伝子では，1つの遺伝子から何十，何百種類もの mRNA をつくり出すことが可能となる．鳥の内耳の細胞でみつかった顕著な例では，576 もの異なった mRNA が単一の Na チャネル遺伝子からつくり出される．内耳細胞のこれらの種々の mRNA から翻訳されるタンパク質がいろいろな周波数の音を聞き分けるのに役立つと考えられている．

5・2・8 遺伝コードと翻訳

mRNA に転写された遺伝情報は，細胞質中でリボソームと呼ばれる巨大分子装置でタンパク質へと翻訳される．タンパク質は 20 種類のアミノ酸が結合したポリマーで，mRNA 中の連続する3つの塩基（コドン codon と呼ぶ）がタンパク質中の1個のアミノ酸に対応する．例えば，ATG というコドンはメチオニン，UUU というコドンはフェニルアラニンを指定する．3つの塩基の組み合わせ数は 64 通りになるが，一方アミノ酸は 20 種類しかない．これは1個のアミノ酸を指定するコドンの数が複数存在することを示す．遺伝コード genetic code は図5・2・7 に示した．

リボソーム上の mRNA にアミノ酸が直接結合し，タンパク質合成が行われるわけではない．1本鎖 RNA からなる tRNA というアダプター分子を介して，mRNA 上の遺伝情報をアミノ酸配列に変換する．tRNA 分子は 73〜93 塩基からなる L 字形の立体構造をもち，それぞれのコドンに対応する tRNA が存在する．mRNA 上のコドンに相補的な配列（アンチコドン）を使って，コドン：アンチコドンという塩基対を形成し，遺伝暗号を解読する．tRNA のアンチコドン塩基配列は当然対応するアミノ酸によって異なるが，すべての tRNA の 3′ 末満は CCA という配列

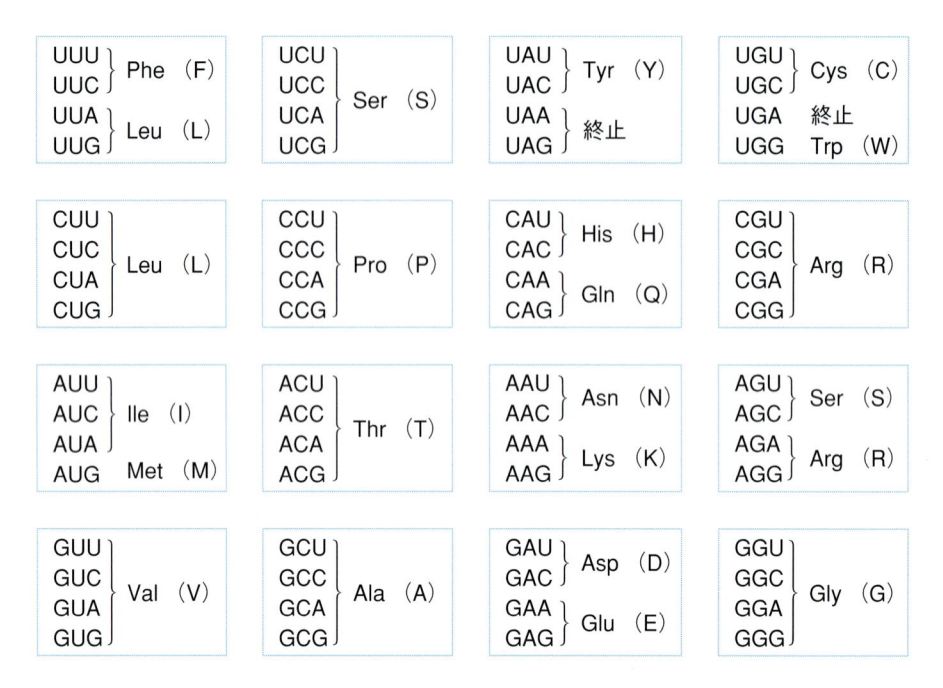

UUU } Phe (F)	UCU }	UAU } Tyr (Y)	UGU } Cys (C)
UUC	UCC Ser (S)	UAC	UGC
UUA } Leu (L)	UCA	UAA } 終止	UGA 終止
UUG	UCG	UAG	UGG Trp (W)

CUU }	CCU }	CAU } His (H)	CGU }
CUC Leu (L)	CCC Pro (P)	CAC	CGC Arg (R)
CUA	CCA	CAA } Gln (Q)	CGA
CUG	CCG	CAG	CGG

AUU } Ile (I)	ACU }	AAU } Asn (N)	AGU } Ser (S)
AUC	ACC Thr (T)	AAC	AGC
AUA	ACA	AAA } Lys (K)	AGA } Arg (R)
AUG Met (M)	ACG	AAG	AGG

GUU }	GCU }	GAU } Asp (D)	GGU }
GUC Val (V)	GCC Ala (A)	GAC	GGC Gly (G)
GUA	GCA	GAA } Glu (E)	GGA
GUG	GCG	GAG	GGG

図 5・2・7　遺伝コード
アミノ酸の3文字略記と（ ）中には1文字表記を示す．

をもち，この末端にアミノ酸が結合する．アミノ酸が結合した tRNA はアミノアシル tRNA と呼ばれるが，この結合はアミノアシル tRNA 合成酵素により触媒される．

　翻訳はリボソーム上で開始するが，このリボソームは大サブユニット（真核細胞では 60 S，原核細胞では 50 S の沈降係数をもつ粒子）と小サブユニット（真核細胞では 40 S，原核細胞では 30 S）からなり，大小サブユニットはそれぞれリボソーム RNA（rRNA）と多くのタンパク質よりなる複合体である．大小サブユニットにはいくつかの活性中心があり，これは翻訳ドメインと呼ばれる領域に集中している．図 5・2・8A はリボソーム上の tRNA が挿入される機能部位 P サイト，A サイト，E サイトを示した．リボソーム上での翻訳の開始と調節，伸長，終結，遊離の反応過程を以下に説明する．

5・2・9　翻訳開始と調節

　真核細胞の翻訳開始因子・eIF-2 は，開始に働く tRNA である tRNA^{Met} に結合し，この複合体が mRNA の 5′ キャップ構造を認識し，結合する（図 5・2・8B）．eIF-2 の働きの違いが mRNA 翻訳量全体の調節を行う（後述）．次に，リボソームの小サブユニットと他の開始因子が結合し，その複合体が mRNA 上を滑りながら最初の AUG コドンを認識し，tRNA^{Met} 開始コドンとの塩基対が形成される．開始コドンの認識にはまわりの配列が関与するようで，多くの mRNA の開始コドン領域の配列は ACC<u>AUG</u>G（下線部が開始コドン）となっている．そこにリ

第5章 遺伝情報の発現と制御   133

A
60Sサブユニット
E P A
P A
40Sサブユニット

B
(A) 開始前複合体のmRNAへの結合

開始tRNA　eIF-2
開始前複合体
小サブユニット

↓ キャップ結合複合体

キャップ　eIF-3
E 3 A
G
AUG ——— 3'
キャップ結合複合体

(B) スキャン

eIF-4B
B
A
eIF-4A

ACCAUGG 3'
コザックコンセンサス
（共通配列）

真核細胞における翻訳開始

C
P部位　A部位
M
5'——AUGACA——3'

↓ アミノアシルtRNA，eEF-1-GTP
　　アミノアシルtRNAがA部位に入る

M T
——AUGACA——

↓ ペプチド結合形成
eEF-1-GDP←

ペプチド結合
M T
——AUGACA——

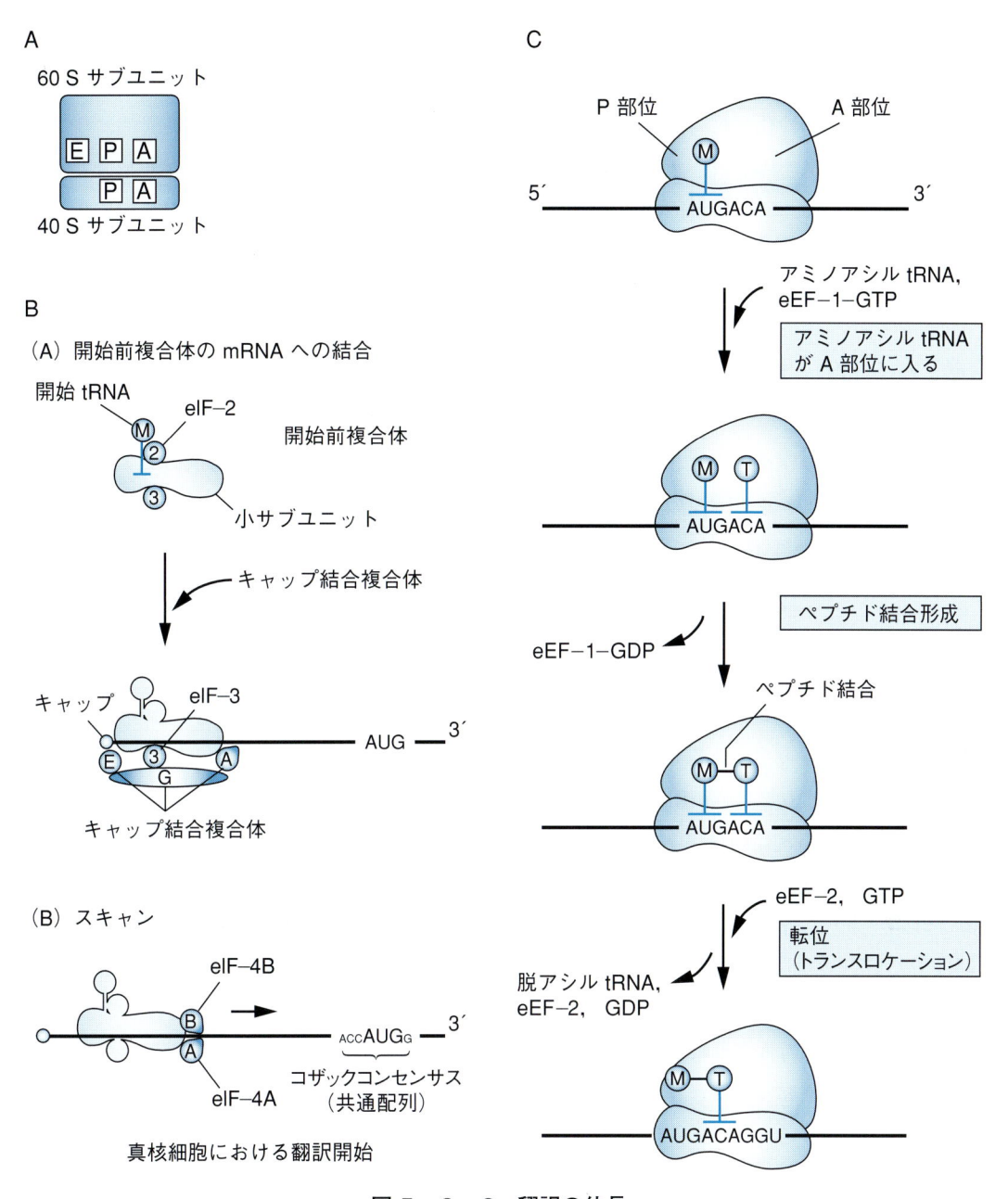

↓ eEF-2，GTP
脱アシルtRNA，eEF-2，GDP←
転位（トランスロケーション）

M T
——AUGACAGGU——

図5・2・8　翻訳の伸長

ボソームの大サブユニットが結合し，翻訳が開始される．

　翻訳調節の1つのよい例として，未成熟な網状赤血球でのグロビン・ポリペプチド鎖合成があげられる．グロビン鎖は鉄含有の補欠分子族であるヘムと結合し，機能的な分子であるヘモグロビンを形成する．したがって，十分にヘムが存在するときには，網状赤血球は高速でグロビンを合成するが，ヘムが不足する状態ではグロビンの合成が抑制される．このヘム量による調節は

生体にとって合目的な現象といえる．この抑制機構にはヘムにより制御されるヘム制御抑制因子と呼ばれるタンパクキナーゼが関与する．抑制因子はヘムの存在下では非活性であり，ヘムの濃度が低下すると活性化され，翻訳開始に必要なタンパクの1つであるeIF-2を特異的にリン酸化する．リン酸化されたeIF-2は翻訳開始に必要であるGTPやtRNA^{Met}と複合体を形成できなくなり，その結果，細胞はmRNAの翻訳ができなくなる．真核生物の他の細胞でもeIF-2をリン酸化する翻訳抑制因子が見つかってきていて，eIF-2のリン酸化が翻訳制御の大きな手段であることが示唆される．

5・2・10 翻訳の伸長と停止

　ポリペプチドの伸長過程は3段階からなる．① ポリペプチドに付加される次のアミノ酸を結合した，アミノアシルtRNAのリボソームへの結合，② ペプチド結合反応によるポリペプチドの付加，③ mRNAが移動し，次のコドンを翻訳の場に引き入れる，という過程である．リボソーム上のP部位には翻訳伸長過程でペプチド鎖が結合しているtRNA（ペプチジルtRNA）が結合し，A部位にはこれから伸長に加わるアミノ酸が結合したtRNA（アミノアシルtRNA）が結合する．脱アシルしたtRNA，すなわちペプチド伸長反応を終了したtRNAの結合するところがE部位である．さらに，重要な活性中心としてはペプチジル基転移酵素活性部位や，ペプチド伸長因子，mRNAが結合する部位などがある．

　伸長反応の始まりには，mRNAのAUG開始コドンがA部位からP部位に移動し，次のコドンがA部位に入る．このコドンに相補的なアンチコドンをもつアミノアシルtRNAがA部位に導かれると，伸長反応が起こる．このアミノアシルtRNAの導入にはペプチド伸長因子（4つのサブユニットからなるeEF-1）が必要である．伸長反応や開始反応を含めたタンパク質合成の諸段階でGTPの加水分解により得られるエネルギーが必要である．ペプチド結合反応は，P部位に結合しているペプチドのカルボキシル基にA部位に導入された新しいアミノ酸のアミノ基が結合する反応である．このペプチド結合はリボソームRNAのもつペプチジル基転移酵素活性による．ペプチド結合が終了すると，1つ伸長したペプチドはP部位にあるtRNAからA部位にあるtRNAに移るため，P部位のtRNAは脱アシルされたtRNAとなる．mRNAは小サブユニット上を3ヌクレオチド分だけ移動し，この進行に伴ってペプチドを結合したtRNAはA部位からP部位に移動し，P部位のtRNAはリボソームから遊離するためのE部位へと動く．リボソームは次のアミノアシルtRNAが導入される準備が整い，次の伸長反応が始まる．ペプチドのアミノ末端は大サブユニットのトンネルを通ってリボソームから離れていく．

　伸長過程が連続的に進行し，伸長が停止するのは終止コドン（UAA，UAGまたはUGAからなる配列）がA部位に到達したときである．終止コドンはアミノアシルtRNAではなく，特別な終結因子（または遊離因子）と呼ばれるタンパク質により認識される．この因子がA部位に結合すると，ペプチジルtRNAからペプチドが遊離する．ペプチドが遊離すると，リボソーム複

合体は解離する．合成されたタンパク質はリボソームから出口ドメインを通って離れていき，この部分で ER 膜と会合する．合成されたばかりのポリペプチドには機能活性はなく，機能をするためにはタンパク質の折りたたみ過程を経なければいけない．すなわち，翻訳後のプロセシングを受ける必要がある．このプロセシングにはタンパク質分解による切断，化学的な修飾などが含まれるが，詳細は省略する．

第6章

膜透過と物質輸送

第6章の学習目標

1) 生体膜は共通構造として脂質二重層から成り立つ．両親媒性の脂質が脂質二重層を形成することを理解する．
2) 生体膜の基本的性質は脂質二重層の特徴による．生体膜の流動性（水平方向），物質透過性（物質の大きさと脂溶性との関係）について理解する．
3) 細胞は膜を隔てた内外で無機イオン（Na^+，K^+，Cl^-，Ca^{2+}など）の分布を調節している．イオンの濃度勾配が形成されていることを知る．
4) 膜タンパク質の特徴について理解する．
5) 細胞膜を隔てた物質輸送には膜輸送と膜動輸送がある．それぞれの輸送様式について理解する．
6) 膜輸送は受動輸送と能動輸送に分けられる．それぞれの分類と特徴，関与する膜輸送タンパク質について理解し，代表例を知る．
7) 膜動輸送はエンドサイトーシスとエキソサイトーシスに分けられる．それぞれの特徴を理解し，代表例を知る．

はじめに

細胞膜（形質膜）plasma membrane は細胞を取り囲み，外部と内部の環境を分離し，細胞外液と内容物との混合を防いでいる．細胞の増殖や変形に応じて細胞膜も形を変え，細胞形態を

維持している（第2章参照）．細胞膜は細胞を保持する障壁ではあるが，ほかにも多くの役割を担っている．細胞膜には外部環境の変化を感知する受容体，受け取られた情報を細胞内シグナル分子に変換する酵素などのタンパク質が存在し，情報伝達に重要である（第7章参照）．免疫系による自己と非自己の認識にも，細胞膜表面に存在する分子が働いている．また，細胞が生存するためには，栄養物が細胞膜を通り細胞内に取り込まれ，老廃物は排出されなければならない．無機イオンの細胞内濃度の調節も重要である．細胞膜は透過障壁であり，これらの物質は自由に細胞膜を通過できない．そこで，細胞膜には様々な膜輸送タンパク質 membrane transport protein と呼ばれる一群のタンパク質が存在し，それぞれが特定の物質を取り込んだり排出したりしている．本章では，前半で生体膜の性質と機能を理解し，後半で代表的な例をみながら細胞膜における物質輸送を学ぶ．

6・1 生体膜の機能と性質

6・1・1 生体膜とその基本構造

細胞膜やミトコンドリアなどの細胞小器官（オルガネラ）を構成する膜を生体膜 biomembrane というが，生体膜の基本構造は同じであり，すべて脂質とタンパク質からなる（図6・1・1，第2章参照）．脂質分子が平面的に配列されたシートが2枚重なった脂質二重層 lipid bilayer が膜の共通構造である．この脂質二重層にタンパク質が組み合わさって，生体膜を形成している．脂質二重層は物質の透過障壁として働く．一方，受容体，酵素，膜輸送タンパク質などの膜に存在するタンパク質は膜タンパク質 membrane protein と呼ばれる．膜の機能において，脂質二重層が示す区画や障壁以外の機能に膜タンパク質は関与している（表6・1・1）．

6・1・2 脂質二重層

生体膜を構成する脂質には，リン脂質 phospholipid，糖脂質 glycolipid（スフィンゴ糖脂質 sphingoglycolipid）やコレステロール cholesterol があり（表6・1・2），いずれも同一分子内に親水性 hydrophilic と疎水性 hydrophobic の両方の性質を兼ね備えている（図6・1・2）．これを両親媒性 amphipathic といい，分子内の極性部が親水性を示し，炭化水素部が疎水性を示す．最も豊富に存在する膜脂質はリン脂質であるが，その中でもホスファチジルコリン phosphatidylcholine の含量が高い．またスフィンゴミエリン sphingomyelin は中枢神経に多く含まれており，ミエリン鞘では膜の主成分である．基本的にリン脂質とコレステロー

第6章　膜透過と物質輸送

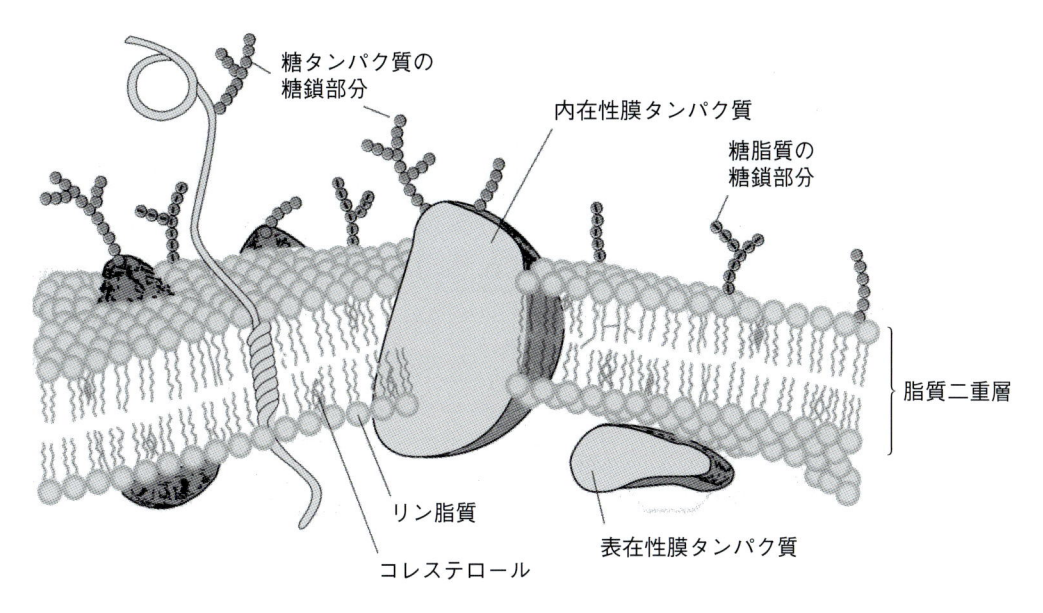

図6・1・1　生体膜の模式図

（富田基郎，豊島　聰編集：NEW 生化学，p.75, 廣川書店を一部改変）

表6・1・1　細胞膜の機能

1. 内部環境の分離（外部との境界として障壁となり，外部と内部を区画）
2. 細胞形態の維持
3. 情報の受信と，細胞内への情報の変換と伝達に関与（外部環境の変化に応答するのに必須）
4. 物質輸送（必要な物質の取り込みや老廃物の排出などの物質交換）
5. 自己と非自己の認識

表6・1・2　生体膜を構成する脂質

1. リン脂質	グリセロリン脂質	ホスファチジルコリン
		ホスファチジルエタノールアミン
		ホスファチジルセリン
		ホスファチジルイノシトール
		など
	スフィンゴリン脂質	スフィンゴミエリン
2. 糖脂質	セレブロシド	
（スフィンゴ糖脂質）	ガングリオシド	
3. コレステロール		

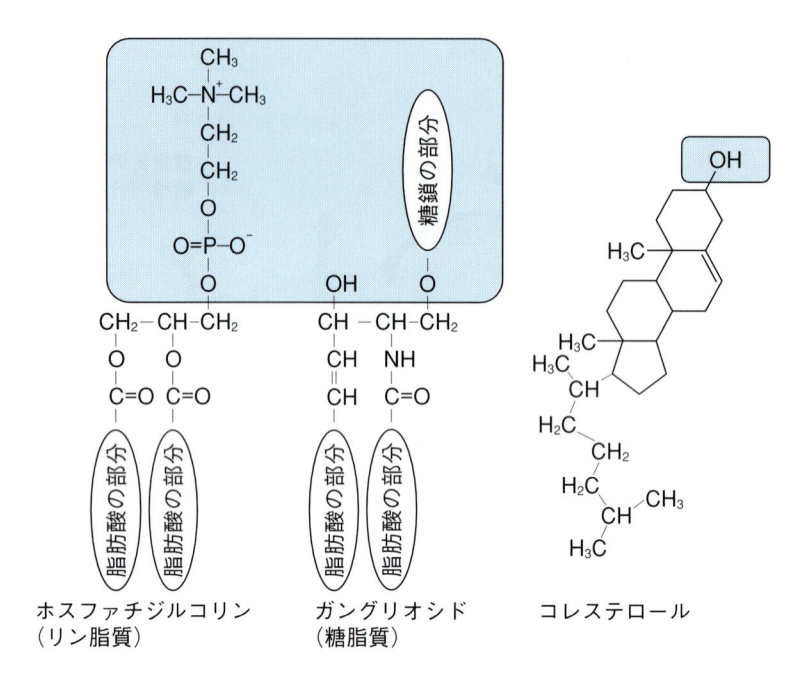

図 6・1・2　両親媒性の膜脂質

影をつけた親水性部と残りの疎水性部を同一分子内にもつ.

ホスファチジルコリン（リン脂質）　　ガングリオシド（糖脂質）　　コレステロール

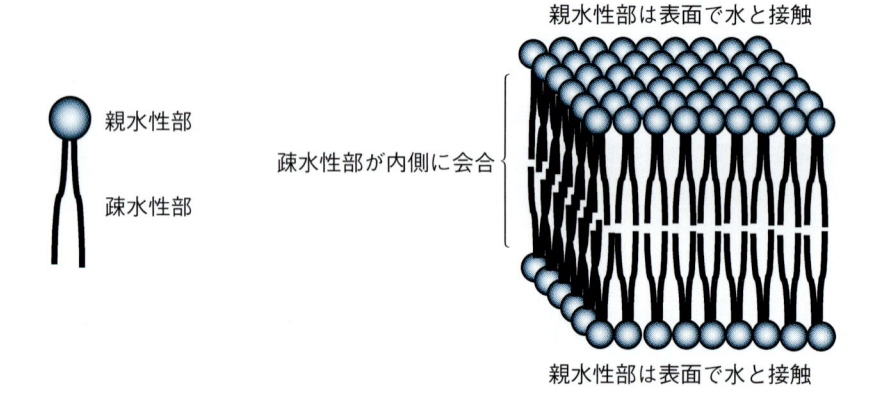

図 6・1・3　脂質二重層

ルは多くの生体膜に多量に存在している.

このような両親媒性の脂質分子を水溶液中に入れると，親水性の部分が水分子と水素結合や静電気的な結合を形成し，外側（表面）に現れ，逆に疎水性の部分は非極性であるため，水分子を避けて内部に会合しようとする．こうしてエネルギー的に安定な状態に落ち着くのが，脂質二重層である．脂質二重層では，各脂質の親水性部は層の表面で水に接し，疎水性部は二重層の内側に会合している（図 6・1・3）.

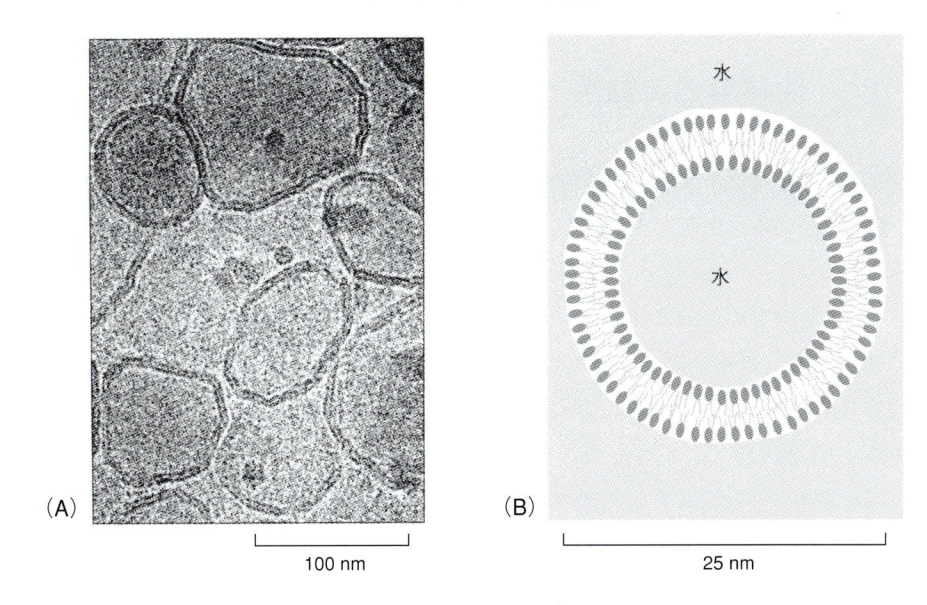

図 6・1・4　リポソーム

(A) リン脂質でつくった小胞（リポソーム）の電子顕微鏡写真．膜の二重層構造がみえる．
(B) 球状の小型リポソームの断面の模式図．(A. 写真提供：Jean Lepault)
（中村桂子，藤山秋佐夫，松原謙一監訳：ESSENTIAL　細胞生物学，p.352，図 11-13，南江堂 より）

　脂質二重層は，平面的なシート状態では末端部が水に接触するため不安定であり，自然に融合して閉じた球状の構造をとる．したがって，内部環境を外部から分離することができる．この脂質二重層の性質が，"環境を区画する" という膜に必須の基本的な機能に結びついている．もし，二重層が破壊されても，破れた末端部は速やかに閉じる．実際にリン脂質を水溶液中で超音波などにより処理すると，リポソーム liposome と呼ばれる小胞を人工的に作製することができる（図 6・1・4）．リポソームは脂質二重層が閉じた球状であり，水溶液が内部に閉じこめられた形になっている．

　脂質二重層はすべての生体膜に共通の基本構造ではあるが，二重層を構成する脂質の種類や含量は，生体膜により異なっている．細胞小器官の膜どうし，あるいは細胞小器官の膜と細胞膜では，それぞれ脂質の種類と含量に差がみられる．同様に，細胞膜ではあるが，細胞の種類が異なると，膜脂質の種類や含量も異なる．つまり，それぞれの生体膜が独自の脂質構成をもつというわけである．

　また，生体膜における脂質の分布も，二重層の外側と内側の層で異なっている．脂質二重層は非対称性である．例えばホスファチジルコリンは細胞膜の外側の層に多く，ホスファチジルエタノールアミンは内側の層に多い．また糖脂質はすべて外側の層に分布している．新しく膜を合成する部位は小胞体 endoplasmic reticulum であるが，脂質分布の非対称性は膜がつくられる時点から始まっている．この非対称性は細胞膜や細胞小器官の膜として組み込まれてからではなく，すでに細胞内の合成過程において形成されているわけである．

6・1・3　生体膜の流動性

　生体膜内の脂質分子は，それぞれの位置が堅固に定められているわけではなく，熱運動により二重層内で移動している．脂質二重層は平面的な流動体であり，これは生体膜の流動性 fluidity に関与する．

　脂質分子が同一膜内を平面的に移動することを，水平拡散あるいは側方拡散といい，二重層の反対側の層に移動することをフリップ・フロップ flip・flop あるいは反転拡散という（図6・1・5）．脂質分子の水平拡散は頻繁に起こっており，速やかに移動する．これは同一膜内のあらゆる方向に自由に移動する．しかしながら，フリップ・フロップは自然にはめったに起こらない．フリップ・フロップを触媒するフリッパーゼという酵素が存在する場合，フリップ・フロップによる移動がある．細胞膜内では，脂質分子はふつう水平拡散で動き回っていると考えられる．

　生体膜の流動性には，いくつかの因子が影響を与える（表6・1・3）．その1つはリン脂質の構成であり，疎水性部の脂肪酸が重要である．脂肪酸の炭化水素鎖の長さと不飽和度が流動性に関係する．炭化水素鎖が短かければ，二重膜内部での疎水性相互作用は弱くなり，流動性が増す．また，リン脂質の不飽和脂肪酸の二重結合はすべてシス型であるが，この部分ではねじれが生じ，二重膜内部に隙間ができやすい．したがって，不飽和脂肪酸を含む脂質が多いほど，流動

水平（側方）拡散

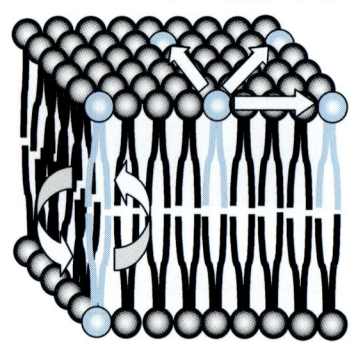

フリップ・フロップ（反転拡散）

図6・1・5　脂質分子の移動
水平拡散は頻繁に起こる移動であるが，フリップ・フロップはめったに起こらない．

表6・1・3　生体膜の流動性に影響する因子

1. リン脂質の脂肪酸の長さ（短いほど流動性が増加する）
2. 不飽和脂肪酸を含むリン脂質の含量（含量が高いほど流動性が増加する）
3. コレステロールの含量（含量が高いほど流動性が低下する）

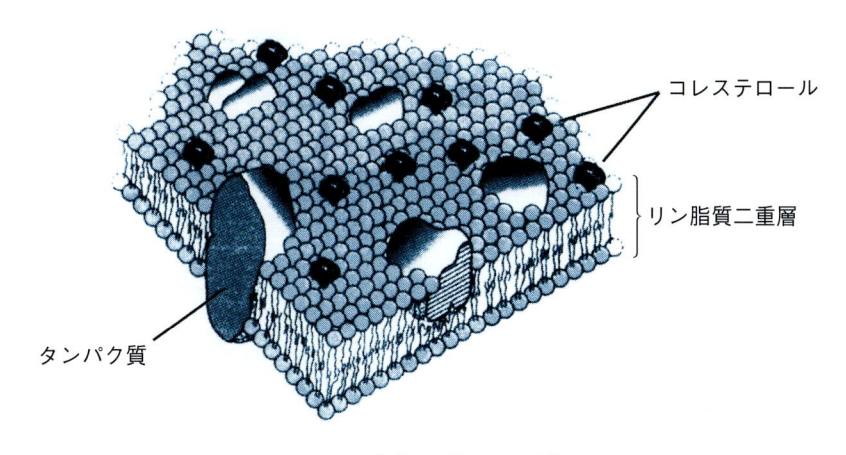

図 6・1・6 流動モザイクモデル

タンパク質は脂質二重層に浮いた状態としてみなされ，水平拡散により流動的に位置を変えることができる．コレステロールは流動性を低下させる働きがある．

(伊東 晃，畑山 巧編集：医薬必修生化学，p.19，図 1.6，廣川書店 より)

性が増す．2つ目は<u>コレステロールの含量</u>であり，流動性に及ぼす効果は脂肪酸よりも大きい．コレステロールは堅い分子であり，リン脂質よりも短い．コレステロールはリン脂質の不飽和脂肪酸がつくる隙間にはまりこみ，その間を埋めることにより流動性を低下させる．適度なコレステロール含量は生体膜の維持に非常に重要である．もし，膜がリン脂質のみで形成されるならば，柔らかすぎるため形態保持が困難になる．

膜の流動性は，細胞にとって多くの点で非常に重要である．この性質により，膜タンパク質も脂質二重層を水平拡散できるわけである．この考え方は，Singer と Nicolson によって提唱された<u>流動モザイクモデル fluid mosaic model</u> に基づいており，実験的にも確認されている．このモデルでは脂質分子とタンパク質分子は混み合ったモザイク状に捉えられている（図 6・1・6）．膜タンパク質は脂質二重層に浮かんだような状態であり，いずれの分子も平面的に移動する．細胞膜におけるシグナル伝達では，受容体，G タンパク質や酵素などが素早く相互作用できる．また，別の膜脂質やタンパク質を脂質二重層に入れれば，拡散により別の場所に簡単に移動でき，膜の成分の再分布も容易である．

流動モザイクモデルの基本的な概念は広く受け入れられているが，膜タンパク質の一部は細胞質側に存在する<u>裏打ちタンパク質</u>や<u>細胞骨格 cytoskeleton</u> と結合しているため，水平拡散が制限されている場合がある（第 2 章参照）．これらのタンパク質は膜タンパク質の動きを調節したり，細胞の形態にも影響を与える．

6・1・4　脂質二重層の物質透過性

脂質二重層には<u>透過障壁</u>としての機能が本来備わっている．脂質二重層の内部は疎水性である

小型で疎水性分子
（酸素，二酸化炭素など）

小型で電荷をもたない極性分子
（水，エタノールなど）

大型の極性分子
（グルコース，アミノ酸，ヌクレオチドなど）

無機イオン
（Na^+，K^+，Ca^{2+}，Cl^- など）

脂質二重層

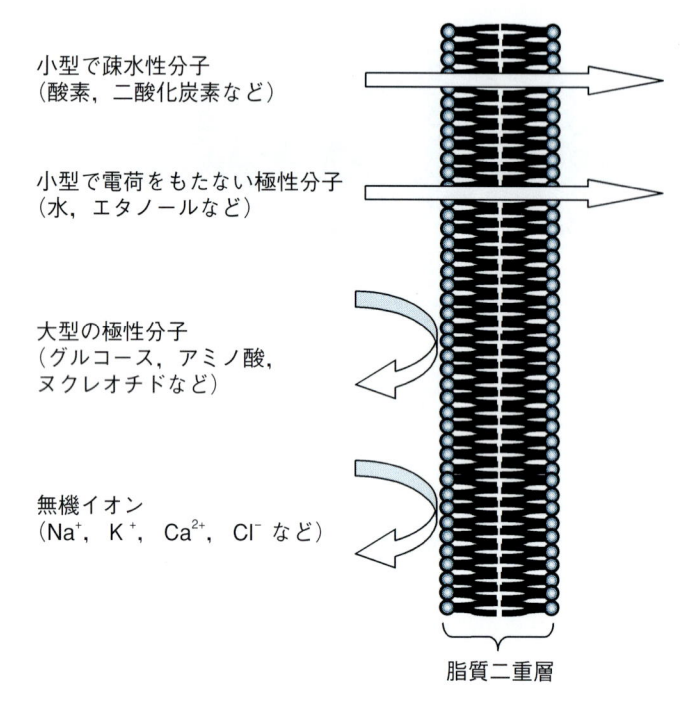

図 6・1・7　脂質二重層の物質透過性

ため，親水性の分子をほとんど通さない．分子の脂質二重層の透過度は，その大きさや疎水性（脂溶性）による．一般的に，小さく疎水性が高い分子ほど容易に二重層を透過する（図 6・1・7）．酸素や二酸化炭素などの小さな非極性の気体分子は脂質二重層に溶けやすく，膜を透過できる．極性をもつ水やエタノールのような小さな分子は透過度が高いが，グルコースではほとんど透過できない．また，イオンのように電荷をもつものは，どれだけ小さくても脂質二重層を通ることはできない．

6・1・5　無機イオンの濃度勾配

細胞の生存にとって無機イオン濃度の調節は非常に重要である．細胞内のイオン組成は細胞外液と全く異なっている（図 6・1・8）．特徴的なことは，細胞内では K^+ 濃度が高く Na^+，Cl^- 濃度が低く，逆に細胞外では Na^+，Cl^- 濃度が高く K^+ 濃度が低くなるように保たれていることである．膜を隔てた Na^+，K^+，Cl^- の濃度勾配 concentration gradient の形成は膜電位 membrane potential を発生させ，神経細胞における刺激伝導や筋細胞の収縮に代表されるように，細胞の様々な活動は膜電位の変化を利用して行われる．通常，細胞内の電位は $-70 \sim -80$ mV であり，負になっている．また，細胞質の Ca^{2+} 濃度も極めて低く保たれており，細胞内の Ca^{2+} は細胞小器官（小胞体やミトコンドリア）内に限局している．Ca^{2+} は細胞内の情報伝達物質として働いており，その細胞質内濃度は厳密に調節されていなければならない．また，総イオ

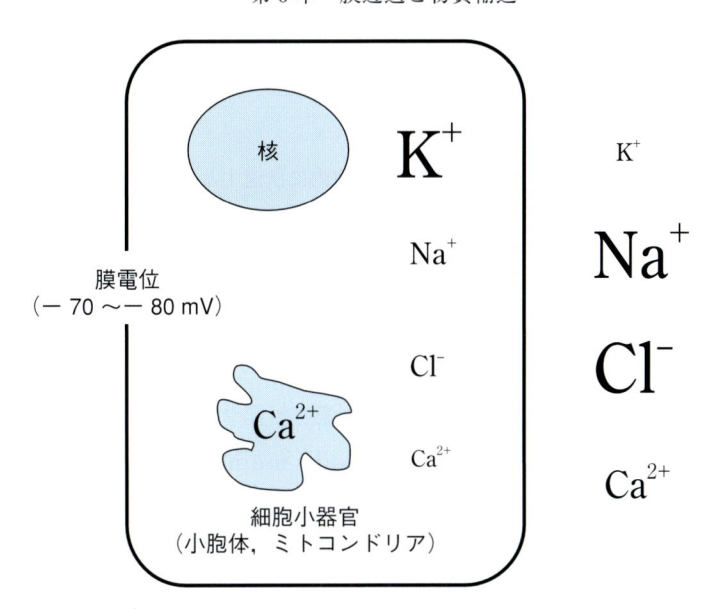

図 6・1・8 細胞内外のイオン分布

細胞内では K^+ 濃度が高く，Na^+，Cl^- 濃度が低い．逆に細胞外では Na^+，Cl^- 濃度が高く，K^+ 濃度が低い．また，細胞質の Ca^{2+} 濃度は極めて低く維持されている．このようなイオンの濃度勾配は膜輸送タンパク質により形成される．イオン濃度の調節により，(1) 膜電位の形成，(2) 浸透圧の調節，(3) 情報伝達（イオンそのものが伝達物質）が行える．

ン濃度は細胞外液のほうが細胞内より高くなっている．細胞内の糖，アミノ酸，タンパク質や核酸などの溶質の濃度は高く，イオン濃度に差がなければ，浸透圧 osmotic pressure による細胞外からの水の流入のため，細胞は破裂してしまう．細胞はイオンを含めた溶質の濃度を細胞の内外で等しくすることによって，浸透圧がかからないようにしている．このような無機イオンの濃度勾配の形成は，生体膜の重要な機能の1つである．イオンの輸送は膜輸送タンパク質が行い，イオン不透過の脂質二重層は膜の内外のイオンが混じり合うのを遮断している．ただし，イオンの分布に差が生じていても，細胞内も細胞外液も電気的には中性であり，それぞれの中で正電荷と負電荷の数はほぼ等しくつり合った状態にある．

6・1・6　膜タンパク質

外部と内部の区画と内部への透過障壁という生体膜の役割では脂質二重層が主要な働きをしているが，そのほかの膜の機能は膜タンパク質が果たしている（表 6・1・1 参照）．細胞膜の重量の 40～50% が脂質であり，残りのほとんどの部分がタンパク質である．

膜タンパク質を機能により分類すると，表 6・1・4 のようになる．物質輸送に関与する膜輸送タンパク質，シグナル分子を結合し細胞内に情報を伝達する受容体，酵素や細胞を細胞外マトリックスタンパク質あるいは他の細胞とをつなぐ接着タンパク質など，膜タンパク質の種類と

表6・1・4 膜タンパク質の機能

	機　能	代表例
膜輸送タンパク質	膜を隔てた物質輸送を行う	ナトリウムチャネル
受容体	細胞外シグナルを受信し，細胞内に伝達する	アセチルコリン受容体
酵　素	化学反応を触媒する	アデニル酸シクラーゼ
接着タンパク質	細胞－細胞，細胞－細胞外マトリックスをつなぐ	インテグリン

機能は様々である．

　また，膜タンパク質を存在様式により分類すると，表在性膜タンパク質 peripheral membrane protein と内在性膜タンパク質 integral（internal）membrane protein とに分けられる（図6・1・1）．表在性膜タンパク質は膜表面と緩やかに相互作用しているタンパク質であり，これらは脂質二重層を破壊しなくても，穏やかな処理により膜から分離，抽出できる．一方，内在性膜タンパク質には，脂質二重層の内部に埋もれたもの，二重層を貫いて存在するものなどがあり，いずれも膜に強固に結合している．内在性膜タンパク質を抽出（可溶化）するには，界面活性剤 detergent を用いて脂質二重層を破壊しなければならない．

　二重層を貫いて膜の両側に突き出した内在性膜タンパク質は，膜貫通タンパク質 transmembrane protein と呼ばれる．膜輸送タンパク質，受容体や接着タンパク質など多くの膜タンパク質が膜貫通型である．膜脂質と同様に，膜貫通タンパク質にも親水性領域と疎水性領域がある．疎水性領域は脂質二重層内部の疎水性環境になじみやすく，膜貫通領域を形成している．一方，親水性領域は膜から突出した部分であり，水性環境に位置する．膜貫通タンパク質の疎水性領域は α ヘリックス α-helix であることが多い（図6・1・9）．この α ヘリックスは疎水性アミノ酸から成り，疎水性側鎖がヘリックスの外側に露出して脂質の疎水性部と会合している．ヘリックスの内側は，ポリペプチド鎖のペプチド結合が水素結合をつくる水性環境になっている．疎水性 α ヘリックスのほかにも，様々な膜貫通構造がある．チャネルなどの膜輸送タンパク質は，イオンや分子を通す複雑な構造をもつ膜貫通タンパク質である．このようなタンパク質では，α ヘリックス1本のみの膜貫通構造では，物質の通路がつくれないので，複数の膜貫通領域が協調して通路をつくっている（6・2・5参照）．

　膜貫通タンパク質のような細胞膜の外側に突き出した膜タンパク質には，この外側の部分に糖鎖が結合している．また，脂質二重層の外側に存在するスフィンゴ糖脂質の糖鎖も，細胞膜の外に突き出ている．これらの糖鎖は情報の受容や自己・非自己の認識に重要である．

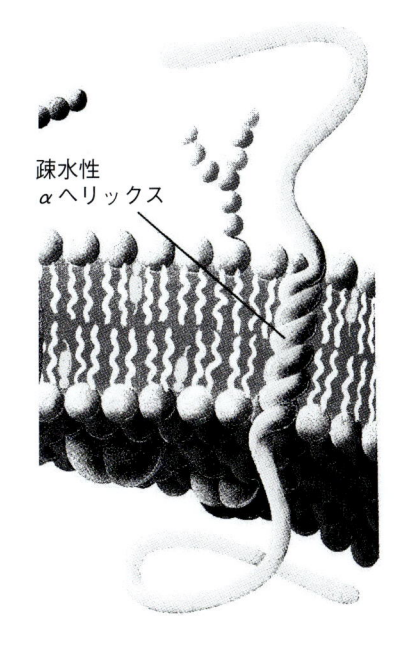

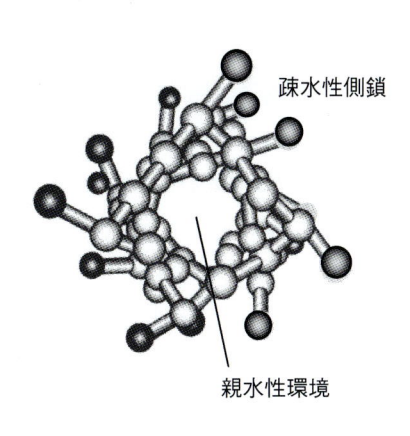

図 6・1・9　膜貫通領域とαヘリックス

ポリペプチド鎖1本が膜貫通領域を形成する場合，膜貫通領域は疎水性αヘリックスである場合が多い（左図）．

疎水性αヘリックスを上からみると，アミノ酸残基の疎水性側鎖がヘリックスの外側に露出し，内側はペプチド結合が水素結合をつくる親水性環境である（右図）．

((左) 川嵜敏祐監訳：キャンベル生化学　第2版, p.242, 図 8.15, 廣川書店を一部改変)
((右) 伊東　晃，畑山　巧編集：医薬必修生化学, p.39, 図 2.10 (b), 廣川書店を一部改変)

6・2 物質輸送

　細胞が生命を維持し成長するためには，様々な必要物を取り込み，不要物を排出しなければならない．細胞膜の脂質二重層そのものは透過障壁として働くので，生体に必要なほとんどの水溶性物質は細胞膜を透過できない．糖，アミノ酸，脂質などの栄養物質は取り込まねばならないし，代謝活動により生成した老廃物は排出しなければならない．また，無機イオンの細胞内濃度の調節も行わねばならない．そのために多くの物質の交換に対応する多種多様な輸送系 transport system が存在する．すべての細胞活動に必須の輸送系はどの細胞にも共通に存在しているが，それに加え，細胞の種類に応じた特徴的な輸送系も存在する．したがって，細胞の種類ごとに，それぞれ独自の輸送系の組合せがある．細胞がどのような物質を取り込んだり，排出できるかは，細胞膜にどのような輸送系を備えているかで決まる．

6・2・1　膜輸送と膜動輸送

膜を介した物質輸送の様式は，膜輸送 membrane transport と膜動輸送 cytosis とに大別される．膜輸送では，比較的低分子の物質が生体膜の一方の側から反対の側へ膜を横切って移動する．この移動は単一の過程であり，物質は自由に膜を通り抜けることによるか，膜輸送タンパク質 membrane transport protein により移動する．それに対して，膜動輸送はタンパク質などの高分子の物質，粒子や液体などを輸送する場合であり，細胞や膜の形態学的変化を伴う．膜動輸送は複数のタンパク質が関与する複雑な過程からなる．

6・2・2　膜輸送――受動輸送と能動輸送

膜輸送を分類する上で基本となる重要なことは，輸送過程が細胞によるエネルギー消費を必要とするかどうかである（表6・2・1）．エネルギー消費を必要としない輸送を受動輸送 passive transport，逆に必要とする輸送を能動輸送 active transport という．

受動輸送は拡散 diffusion に従った物質の移動である．基本的に物質の拡散によるわけであるから，輸送にエネルギーは不要である．拡散において，物質は高濃度側から低濃度側へと移動する．すなわち，受動輸送では物質の移動方向は濃度勾配 concentration gradient と同じ向きである．さらに受動輸送は，移動する物質が自由に膜を通り抜ける場合と，膜輸送タンパク質を通って膜を通り抜ける場合とに分けられる．前者を単純拡散 simple diffusion，後者を促進拡散 facilitated diffusion と呼ぶ．ただし，いくつかの分類では単純拡散は膜輸送タンパク質を利用しないことから別に分けて扱い，受動輸送は促進拡散だけを示すように分類されていることもある．

能動輸送では，物質は低濃度側から高濃度側へと濃度勾配に逆らった方向に移動する．拡散と逆向きに物質を移動させるにはエネルギーが必要になる．能動輸送には必ず膜輸送タンパク質が関与する．

表 6・2・1　膜輸送の様式

	受動輸送		能動輸送
	単純拡散	促進拡散	
エネルギー消費	なし	なし	あり
輸送方向（濃度勾配に対して）	同方向	同方向	逆方向
輸送タンパク質	なし	あり	あり

6・2・3　膜輸送タンパク質

　膜輸送タンパク質は膜貫通型タンパク質であり，物質の膜輸送を行う．促進拡散の受動輸送に関与する輸送タンパク質にはチャネル channel やエネルギーを必要としない輸送担体（運搬体）solute carrier protein があり，能動輸送に関与する輸送タンパク質にはポンプ pump や共役輸送体 coupled transporter, cotransporter と呼ばれる輸送担体（運搬体）がある（表6・2・2）．輸送担体（運搬体）とはチャネル以外の膜輸送タンパク質であり，エネルギー要求性の違いで，受動輸送に関与する群と能動輸送に関与する群とに分けられる．トランスポーター transporter という用語の定義は明確ではなく，チャネル以外の輸送タンパク質として使用されることが多い．この場合，トランスポーターと輸送担体（運搬体）は同意語である．広義にはトランスポーターはチャネルまでを含めた膜輸送タンパク質の総称として用いられる．エネルギーを必要としない輸送担体（運搬体）に対する統一された名称は見あたらない．

表6・2・2　膜輸送タンパク質

	受動輸送		能動輸送	
			一次性	二次性
		輸送担体（トランスポーター）		
	チャネル		ポンプ	共役輸送体
エネルギー消費	なし		あり	
			ATP	ポンプが形成した濃度勾配
輸送方向（濃度勾配に対して）	同方向		逆方向	
代表例	ナトリウムチャネル	グルコーストランスポーター	ナトリウムポンプ（Na^+, K^+-ATPアーゼ）	Na^+グルコース共輸送体

6・2・4　単純拡散による受動輸送

　脂質二重層を容易に透過できる物質は，単純拡散により細胞膜を通過する（6・1・4参照）．タンパク質などの介在因子は不要である．一般的に，小さく疎水性が高い分子ほど脂質二重層を透過しやすい．酸素，二酸化炭素，一酸化窒素のようなガス分子や小さな非極性の物質は，単純拡散に従って自由に細胞膜を透過できる．単純拡散の輸送は「物質は膜両側の濃度勾配に従った方向に移動し，その速度は濃度勾配に比例する」というフィックの法則 Fick's law で表される．濃度勾配が大きいほど，移動速度は大きい．濃度勾配に従った方向に移動するわけであるから，各組織の細胞では酸素は細胞外（体液中）から細胞内へと，細胞の呼吸により生じた二酸化

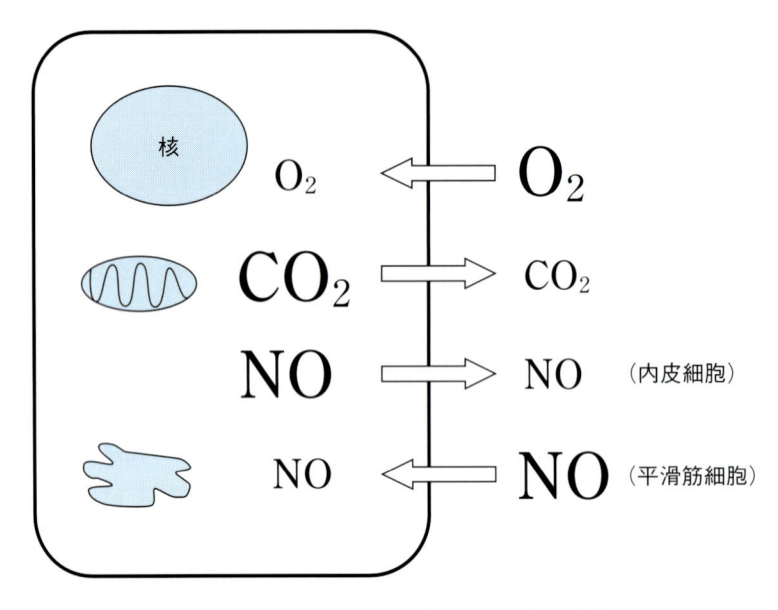

図 6・2・1 単純拡散による受動輸送
ガス分子は濃度勾配に従った単純拡散により自由に細胞膜を透過する．

炭素は細胞内から細胞外へと移動する．血管においては，内皮細胞では細胞内で生成された一酸化窒素は内から外へ遊離し，内皮細胞を取り囲む平滑筋細胞では外から内へと移動する（図6・2・1）．また，多くの薬物も単純拡散により細胞内へと移行する．

6・2・5　チャネルを介した促進拡散による受動輸送

チャネル channel は膜に小孔 pore を形成するタンパク質で，物質はこの通路を通って拡散により移動する．チャネルのほとんどは無機イオンを透過させるので，これらはイオンチャネル ion channel と呼ばれる．チャネルはイオンの通路であるだけで，イオンの駆動力は濃度勾配と電気化学的勾配 electrochemical potential である．イオンの分布は膜の内外で異なるため，濃度勾配ができ膜電位が生じている（6・1・5参照）．そのため膜を隔てて電気化学的勾配も形成されており，陽イオンが外から内向きに流入する際には内部が負電荷のために陽イオンを引きつける力も働く．つまり，濃度勾配と電気化学的勾配が同方向なので，比較的強い駆動力が得られる．一方，内部から外部に陽イオンが流出する際には，濃度勾配による駆動力は電気化学的勾配に逆らった分だけ弱められる（図6・2・2）．

チャネルの特徴を表6・2・3にまとめた．イオン輸送にエネルギー消費は必要としない．イオンは濃度勾配と同方向に移動する．イオンチャネルにはイオン選択性 ion selectivity があり，特定のイオンしか通過させない．ナトリウムチャネルは Na^+ のみを通すが，他のイオンは通さない．あるイオンの細胞膜に対する透過性はイオンチャネルにより決定する．また，イオン

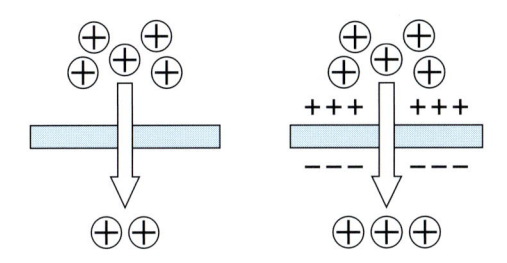

電気的引力が加わり，電気化学的勾配は大きくなる

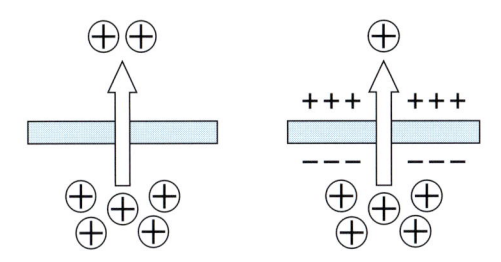

電気的引力が差し引かれ，電気化学的勾配は小さくなる

図 6・2・2　電気化学的勾配
電気化学的勾配は濃度勾配と膜内外の電位差（電気的引力）の総和である．

表 6・2・3　チャネルの特徴

- 透過小孔をもつ膜貫通型タンパク質
- 主にイオンを輸送（イオンチャネル）
- エネルギー消費は不要
- 濃度勾配と同方向に輸送
- イオン選択性
- 非常に早い輸送（飽和性なし）
- 開閉の調節──膜電位，リガンド，機械的刺激

の移動速度は非常に速い．イオン濃度差を増大させると移動速度も増大し，飽和することはない．この物質の移動速度は輸送担体による受動輸送と著しく異なる点であり，瞬時にイオンは膜を通過する．そのため瞬時に膜電位を変化させたり，イオンを細胞内情報伝達物質として利用できるのである．最後の特徴は通過口 gate の開口は調節を受けることである．調節はチャネルの種類により様々であり，脱分極により膜電位がゼロに近づくと瞬時に開閉する電位依存性チャネル voltage-gated channel，細胞内外の物質（リガンド）の結合により開閉するリガンド依存性チャネル ligand-gated channel（特に受容体と一体化したチャネルが代表的であり，細胞外リガンド依存性チャネルはイオンチャネル型受容体と同一である．イオンチャネル型受容体は第

7章に詳細に説明されている），機械的な力を感知して開閉する機械刺激依存性チャネル stress-gated channel などに分けられる．チャネルにはセンサー（感知器）sensor が内蔵されており，そこで電位変化，リガンド，機械的な力を感知する．

代表的な電位依存性チャネルであるナトリウムチャネルを見てみよう（図6・2・3）．電位依存性ナトリウムチャネル voltage-gated sodium channel の大きな α サブユニットは4つの膜貫通領域をもっている．膜貫通領域 IV に電位センサーがあり，4つの膜貫通領域が会合した中央部にイオンの通路が形成されている．この通路は Na^+ のみを選択的に通過させることができる．ナトリウムチャネルは神経伝導に重要な役割をもつ．神経細胞が興奮性の受容体刺激を受けると，膜電位（静止膜電位 resting membrane potential）が上昇し終板電位が発生する．ナトリウムチャネルの電位センサーはこの電位の変化を感知し，ナトリウムチャネルの立体構造（コンホメーション conformation）が変化する．それによりチャネルが開口し，濃度勾配が高い細胞外から細胞内に瞬時に Na^+ が流入する（図6・2・4）．その結果，膜を隔てた分極状態が消失し（脱分極 depolarization），活動電位 action potential が発生する．これが細胞膜上で順次繰り返され，刺激が下流に伝導される．

代表的なイオンチャネルを表6・2・4に示す．電位依存性カルシウムチャネル voltage-gated calcium channel は細胞膜の脱分極をセンサー部が感知し開口するもので，細胞外から細胞内へと Ca^{2+} が流入する．筋細胞（血管平滑筋，心筋など）において，細胞の収縮に関与している．これらの電位依存性チャネルは薬物の作用点として重要であり，リドカインなどの局所麻酔薬は電位依存性ナトリウムチャネルに対し，ニフェジピン，ベラパミル，ジルチアゼムなどのカルシウム拮抗薬は電位依存性カルシウムチャネルに対して作用し，開口を阻害する．またフグ毒のテトロドトキシンも電位依存性ナトリウムチャネルの開口を強力に阻害し，神経伝達を

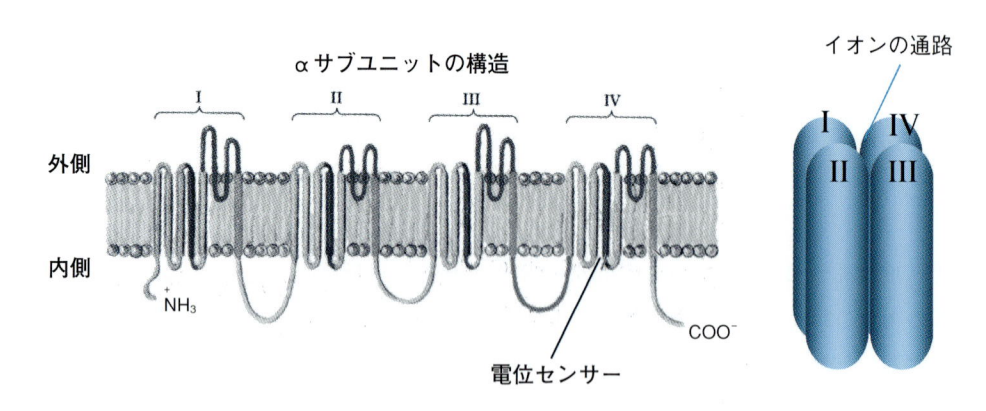

図6・2・3 電位依存性ナトリウムチャネルの α サブユニット

α サブユニットの4つの膜貫通領域（I 〜 IV）が会合した中央部にイオンの通路が形成される．

((左) 山科郁男監修：レーニンジャーの新生化学(上)第3版, p.542, 図 12-40, 廣川書店を一部改変)

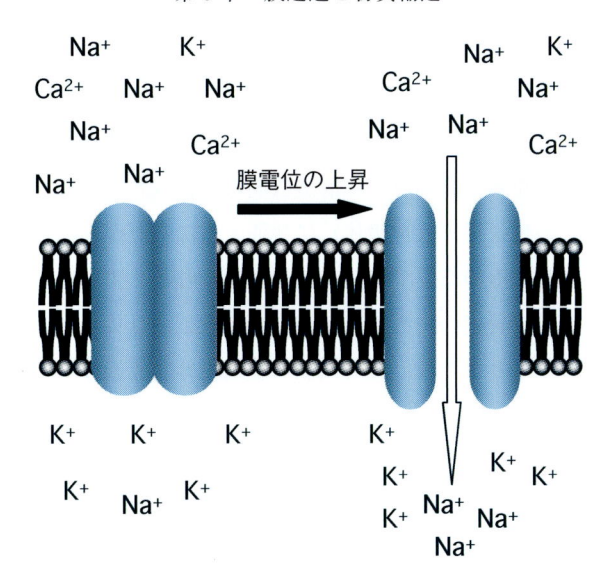

図 6・2・4　電位依存性ナトリウムチャネルの調節
膜電位の上昇を電位センサーが感知して，コンホメーション変化により開口する．Na^+ のみを細胞内に流入させる．

表 6・2・4　代表的なイオンチャネル

	種　類	機　能	薬物または毒物
ナトリウムチャネル	電位依存性	膜電位の上昇により開口し，細胞外から Na^+ を流入する	リドカイン（局所麻酔薬）テトロドトキシン
カルシウムチャネル	電位依存性	脱分極により開口し，細胞外から Ca^{2+} を流入する	ニフェジピン ベラパミル ジルチアゼム（カルシウム拮抗薬）
ニコチン性アセチルコリン受容体	リガンド依存性	アセチルコリンの結合により開口し，細胞外から Na^+ を流入する	カルバコール d-ツボクラリン

遮断する．テトロドトキシンの致死性は，この神経毒性による．ニコチン性アセチルコリン受容体はリガンド依存性ナトリウムチャネルであり，アセチルコリンの結合により開口する（第7章参照）．神経節の節後線維，運動神経・骨格筋接合部に存在し，情報伝達に重要な働きをしている．

6・2・6　輸送担体（運搬体）を介した促進拡散による受動輸送

もう1つの促進拡散は輸送担体（運搬体）を利用する方法である．受動輸送の輸送担体（運搬

体)はエネルギーを必要としない.その特徴を表6・2・5にまとめた.チャネルと対比しながら見てみよう.エネルギー消費を必要としない点,物質は濃度勾配と同方向に移動する点は受動輸送なので,チャネルと差異はない.輸送担体(運搬体)も膜貫通型タンパク質ではあるが,構造がチャネルとは全く異なる.詳細な立体構造は明らかにされていないが,小孔をもたないと考えられている.すべての輸送担体(運搬体)に共通することだが,輸送担体(運搬体)には輸送物質の結合部位が存在し,その部位で物質の認識が行われる.すなわち,酵素と基質との関係のように,結合部位において特定の物質のみが結合でき選択されるわけである.そのため輸送される物質は基質と呼ばれることが多い.促進拡散の輸送担体(運搬体)の代表例であるグルコーストランスポーター glucose transporter を見てみよう(図6・2・5).グルコーストランスポーターは4種類のサブタイプが存在するが,いずれも細胞膜でのグルコース輸送を行っている.細胞へのグルコース取込みにおいて,グルコーストランスポーターのグルコース結合部位は細胞外に開いた状態で存在する.この部位は基質としてグルコースのみを認識でき結合できるが,他の単糖は結合しない.グルコースが結合すると(ステップ1),グルコーストランスポーターのコンホメーションが変化し細胞内に開いた構造になる(ステップ2).グルコースを細胞内に放出すると(ステップ3),元の状態に戻る.こうしてグルコースを濃度勾配に従った方向

表6・2・5 受動輸送に関与する輸送担体(運搬体)の特徴

- 輸送物質(基質)結合部をもつ膜貫通型タンパク質
- エネルギー消費は不要
- 濃度勾配と同方向に輸送
- 基質選択性
- チャネルに比べて遅い輸送(飽和性あり)

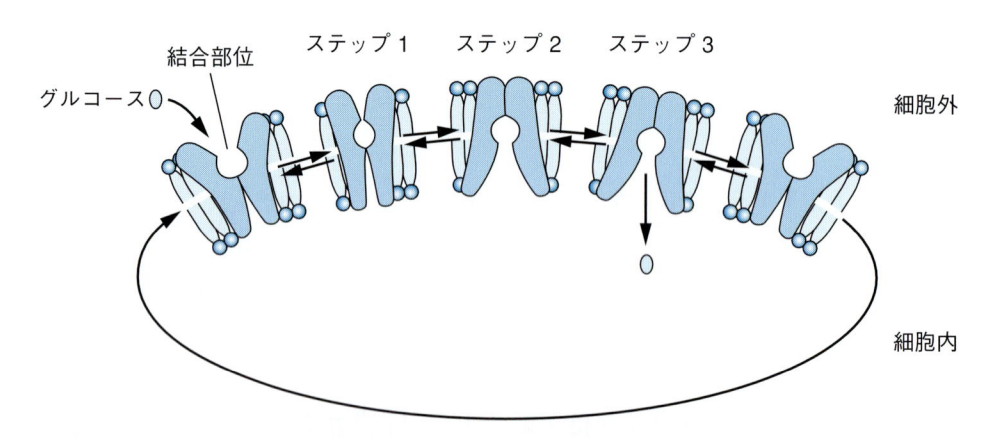

図6・2・5 グルコーストランスポーター

(山科郁男監修:レーニンジャーの新生化学(上)第3版,p.520,図12-27,廣川書店を一部改変)

に輸送する．基質を認識，結合し大きなコンホメーション変化が必要であるから，輸送速度はチャネルのイオン通過に比べると遅い．しかも基質がある一定濃度を超えると輸送速度は最大に達し，飽和する．この速度と飽和性がチャネルのイオン輸送と大きく異なる．グルコーストランスポーターはちょうど回転式ドアであり，一定量をゆっくりと反対側に運ぶ．それに対して，イオンチャネルは横開き式ドアであり，大量を流れるように素早く反対側に移動させることが可能である．

6・2・7 ポンプを介した能動輸送

能動輸送系は 2 種類に分けられるが（表 6・2・2），ポンプ pump と呼ばれる輸送担体（運搬体）を介するものは，一次能動輸送 primary active transport という．一次能動輸送では，ATP の加水分解に伴って放出されるエネルギーが物質移動の駆動力になる．すなわち，ポンプは ATP 加水分解活性をもつ酵素（ATP アーゼ ATPase）である．ナトリウムポンプ sodium pump は Na^+ と K^+ をそれぞれの濃度勾配に逆らって輸送する輸送担体であるが，Na^+, K^+-ATP アーゼ Na^+, K^+-ATPase である．このようにポンプは ATP を結合する部位（ATP binding cassette）をもつので，ABC トランスポーター ABC transporter とも呼ばれる．表 6・2・6 はポンプの特徴であるが，ATP 加水分解のエネルギーを利用し濃度勾配の逆向きに物質輸送を行うこと以外は，基本的にグルコーストランスポーターと類似している．ナトリウムポンプは 3 個の Na^+ を細胞外に，2 個の K^+ を細胞内に輸送するが，その輸送機構は図 6・2・6 のように考えられている．細胞の内側から Na^+ がポンプに結合する（ステップ 1）．ATP の加水分解によりポンプがリン酸化され，それによってポンプのコンホメーションが変化する（ステップ 2）．ポンプは細胞外側向きに開き Na^+ を放出し，K^+ が結合する（ステップ 3）．脱リン酸化によりコンホメーションが元に戻り，内側向きに開き，K^+ を放出する（ステップ 4）．このナトリウムポンプは絶えず働いているので，細胞内では K^+ 濃度が高く，Na^+ 濃度は低い．逆に細胞外では Na^+ 濃度が高く K^+ 濃度が低くなるように保つことができる（6・1・5 参照）．すなわち，ナトリウムポンプは静止膜電位の形成という重要な役割を果たしているわけである．

重要なポンプを表 6・2・7 に示す．プロトンポンプ proton pump（H^+, K^+-ATP アーゼ）

表 6・2・6 ポンプ（ABC トランスポーター）の特徴

・輸送物質（基質）結合部をもつ膜貫通型タンパク質
・ATP の加水分解により放出されるエネルギーが駆動力
・濃度勾配と逆方向にイオン輸送
・基質選択性
・チャネルに比べて遅い輸送（飽和性あり）

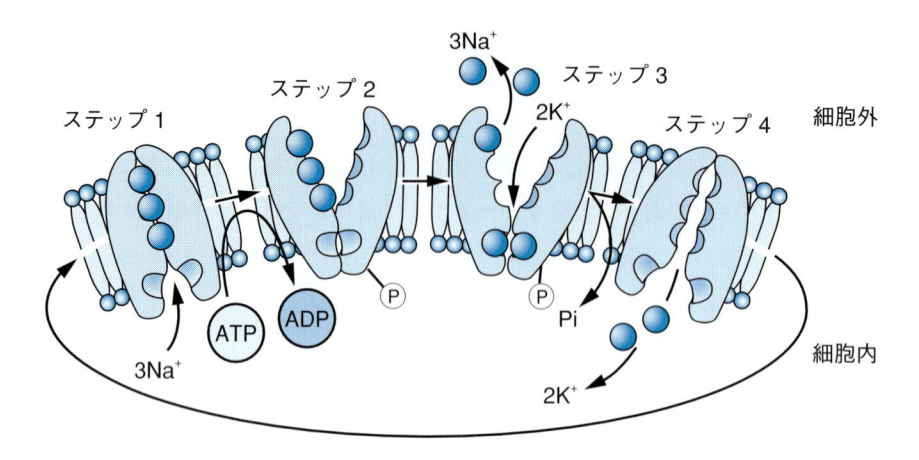

図 6・2・6　ナトリウムポンプ

（山科郁男監修：レーニンジャーの新生化学（上）第3版，p.529，図 12-34，廣川書店を一部改変）

表 6・2・7　代表的なポンプ

	機　能	役　割	薬　物
ナトリウムポンプ （Na^+, K^+-ATP アーゼ）	Na^+ を細胞外へ，K^+ を細胞内へ輸送する	静止膜電位の形成	ウワバイン
プロトンポンプ （H^+, K^+-ATP アーゼ）	H^+ を細胞外へ，K^+ を細胞内へ輸送する	胃酸分泌	オメプラゾール
多剤排出輸送体 （P 糖タンパク質）	不要な代謝物や薬物を細胞外へ排泄する	血液脳関門 代謝物の排泄 薬剤耐性	

は胃粘膜の壁細胞に存在し，細胞への刺激に応じて活性化され，H^+ を細胞外に放出する．この H^+ が胃酸となるので，オメプラゾールなどのプロトンポンプ阻害剤は胃酸分泌抑制作用をもつ．
多剤排出輸送体 multidrug transporter（P 糖タンパク質 P-glycoprotein） もポンプである．細胞が不要と認識する代謝物や取り込まれた物質をエネルギーを使い積極的に細胞外に排除するとき，多剤排出輸送体が機能する．多剤排出輸送体は血液脳関門やがん細胞の抗がん剤耐性に関与している．

6・2・8　共役輸送体を介した能動輸送

ポンプの一次能動輸送系により，細胞膜を隔ててイオンの濃度勾配が形成される．この濃度勾配に従ったイオンの移動に伴い供給されるエネルギーを利用して，別の物質をその濃度勾配の逆

向きに移動させる輸送を二次能動輸送 secondary active transport という．二次能動輸送を行う輸送担体（運搬体）が共役輸送体 coupled transporter, cotransporter であり，膜を介して2つの物質を同時に運ぶ輸送系である．2つの物質が同方向に移動するものをシンポート symport，逆方向に移動するものをアンチポート antiport という（図6・2・7）．チャネルなどのように，1つの物質を一方向にのみ移動する場合は，ユニポート uniport という．一次能動輸送でつくられる Na^+ 濃度勾配は急であり，それを利用する様々な共役輸送体がある．シンポートの共役輸送体の代表例は Na^+ グルコース共輸送体 Na^+ glucose cotransporter である．Na^+ グルコース共輸送体は，ナトリウムポンプが形成した Na^+ の濃度勾配を利用する．Na^+ が濃度勾配に従って細胞内に流れ込むのを利用して，細胞外のグルコースを同時に細胞内に取り込む（図6・2・8）．例えば腸上皮細胞で腸管の食物のグルコースを体内に取り込むときに働いている．アンチポートの代表例は，多くの細胞の細胞膜に存在する Na^+-H^+ 交換体 Na^+-H^+

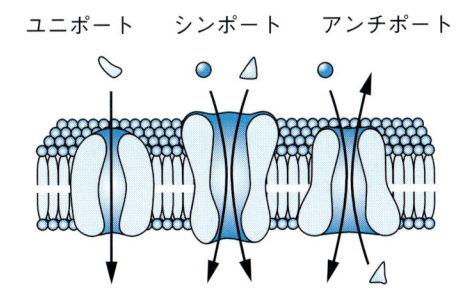

図6・2・7　輸送機構の3分類

（山科郁男監修：レーニンジャーの新生化学（上）第3版, p.522, 図12-29, 廣川書店を一部改変）

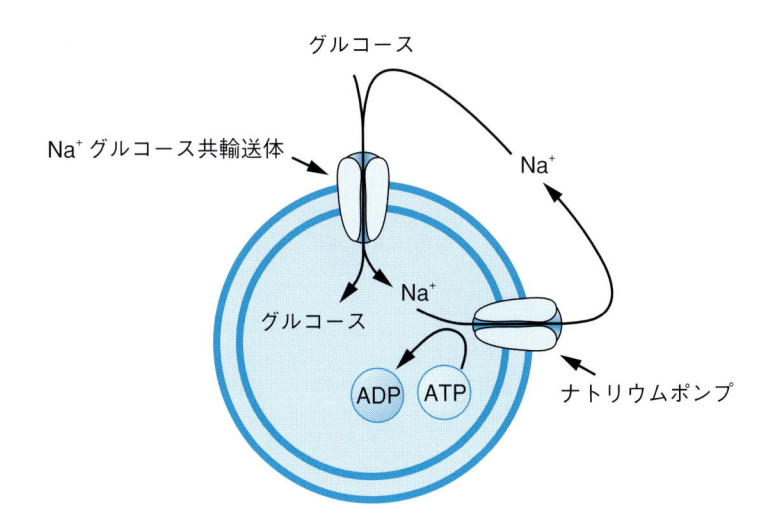

図6・2・8　Na^+ グルコース共輸送体

（山科郁男監修：レーニンジャーの新生化学（上）第3版, p.523, 図12-30, 廣川書店を一部改変）

exchanger である．これは Na^+ が濃度勾配に従って細胞内に流入するのを利用して，H^+ を細胞外に汲み出している．このアンチポート系は細胞内の pH 調節に関与している．そのほかに薬学で注目すべき共役輸送体に**ペプチドトランスポーター 1 型 peptide transporter 1** がある．これは細胞外の濃度が高い H^+ 勾配を利用して，H^+ とともにジペプチド（あるいはトリペプチドまで）を細胞内に取り込むシンポート型の輸送体である．**セファロスポリン系抗菌薬**はペプチドトランスポーター 1 型の基質になり，腸上皮細胞におけるセファロスポリン系抗菌薬の体内吸収にペプチドトランスポーター 1 型が関与する．

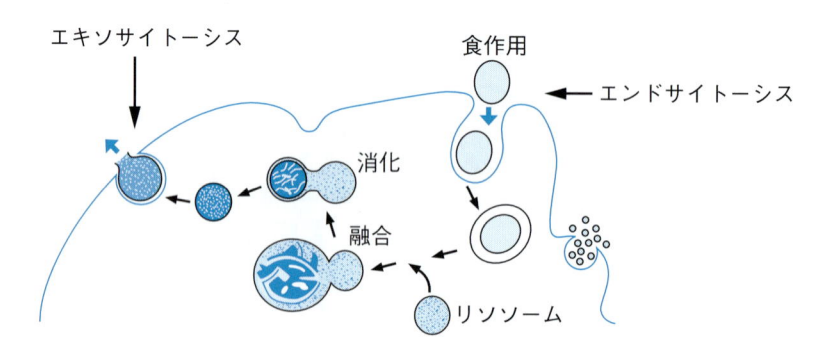

6・2・9　膜動輸送——エンドサイトーシスとエキソサイトーシス

膜動輸送は，物質を細胞内に取り込む**エンドサイトーシス endocytosis** と細胞外に分泌する**エキソサイトーシス exocytosis** とに分けられる（表 6・2・8）．エンドサイトーシスでは，細胞膜の一部が外部の物質を包み込んだ形で陥没し，そのまま形成された小胞が細胞膜から離れて細胞内に移動する（図 6・2・9）．細胞内に入った小胞はリソソームと融合し，リソソームの消化酵素により分解される．マクロファージの**食作用 phagocytosis** や**飲作用 pinocytosis** などがこれに当たる．また，コレステロールの取込みなどのような，特異的受容体を介するエンドサイトーシスもある．逆に細胞内で合成された**タンパク質を分泌**する場合やシナプス前膜から

表 6・2・8　膜動輸送の様式

	輸送方向	例
エンドサイトーシス	細胞外から細胞内へ	食作用 飲作用
エキソサイトーシス	細胞内から細胞外へ	タンパク質の分泌 神経伝達物質の分泌

図 6・2・9　エンドサイトーシスとエキソサイトーシス
（伊東　晃，畑山　巧編集：医薬必修生化学，p.21，図 1.9，廣川書店を一部改変）

神経伝達物質が分泌される場合には，エキソサイトーシスにより行われる．エキソサイトーシスでは，細胞内小胞（タンパク質の分泌小胞や神経伝達物質のシナプス小胞など）が細胞膜まで移動し，小胞の膜と細胞膜が融合することによって内容物が放出される（図6・2・9）．

第 7 章

細胞の情報伝達

第 7 章の学習目標

1) 個々の細胞は個体全体としての恒常性を保つよう細胞外から情報（シグナル）を受容してそれに応答するが，細胞外シグナルはその化学構造に基づいて 2 種に大別され，細胞に対する作用様式が異なることを理解する．

2) 水溶性の細胞外シグナルは細胞膜上に存在するそれらに特異的なタンパク質（受容体という）によって認識されるが，細胞膜受容体はいくつかのタイプに分類され，それらが固有の経路を介して細胞内にシグナルを伝達することを理解する．

3) 細胞膜受容体の刺激によって細胞内では新しいシグナル（セカンドメッセンジャーという）が生成するが，セカンドメッセンジャーとして機能する代表的な分子とその作用機構の概要を理解する．

4) 水溶性の細胞外シグナルの中には，転写・翻訳によるタンパク質の産生（遺伝子発現という）を介して細胞の増殖や分化を調節するものがあるが，それらの受容機構と細胞内から核へのシグナル伝達経路の概要を理解する．

5) 脂溶性の細胞外シグナルは核内に存在する受容体によって認識されるが，核内受容体から遺伝子発現に向かうシグナル伝達経路を理解する．

はじめに

　生体を構成する個々の細胞は，分化した固有の生理応答を発揮する仕組み（作業装置）を自らの細胞の中に備えている．しかしながら，個体全体としての恒常性を保つようにこの作業装置を適切に働かせることは，細胞単独の判断では不可能である．このため各々の細胞には，他の細胞からどのように働かせるべきかの情報（シグナル）を受容し，自らの作業装置に伝達する機構が備えられている．次章（第8章）で述べるホルモン，神経伝達物質やサイトカインなどは，個々の細胞が適切に応答できるように用意されたものである．これらの細胞外シグナル分子は，細胞膜上あるいは細胞の核内に存在するそれらに特異的なタンパク質（受容体）によって認識され，細胞の生理応答に必要な機能の付加やタンパク質の新規の合成（遺伝子発現）を引き起こす．こうした一連のシグナルの流れを"情報伝達系 signal transduction system"という．本章では，細胞の情報伝達系の仕組みについて，いくつかの代表的な例を学び，そのなかで共通するストラテジーを理解する．

7・1　化学構造に基づく細胞外シグナルの分類と作用様式

　神経伝達物質，ホルモン，あるいはサイトカインなどの細胞外シグナルは，細胞の形質膜上あるいは核内に存在する特異的なタンパク質と結合し，その情報を細胞に伝える．このシグナル分子を受容するタンパク質を受容体 receptor と呼ぶ．血液やリンパ液などの細胞外液には多種のシグナル分子が存在するが，それらは化学構造に基づく物理化学的な性状から，図7・1・1と表7・1・1に示すような2種のグループに大別できる．

　タンパク質・ペプチド性のホルモンやアミン類の神経伝達物質は，その水溶性から細胞膜のリン脂質2重層を直接通過することができず，細胞膜上に存在する受容体に結合する．水溶性のシグナル分子が細胞膜受容体 membrane receptor に結合すると，その情報は後に述べるいくつかの経路で細胞内へと伝達される．情報伝達の様々な局面においては，受容体を含むタンパク質の高次構造変化，すなわち，不活性型から活性型へのコンホメーションの転換 conformational change が引き起こされる．細胞内のタンパク質に可逆的な機能変化をもたらす修飾（翻訳後修飾ともいう）反応の中で，最も広く行われているのはリン酸化 phosphorylation であり，この反応によって ATP の γ 位リン酸基がタンパク質のアミノ酸残基（多くの場合セリン，スレオニンやチロシン）の水酸基に転移される．タンパク質のリン酸化

第7章 細胞の情報伝達

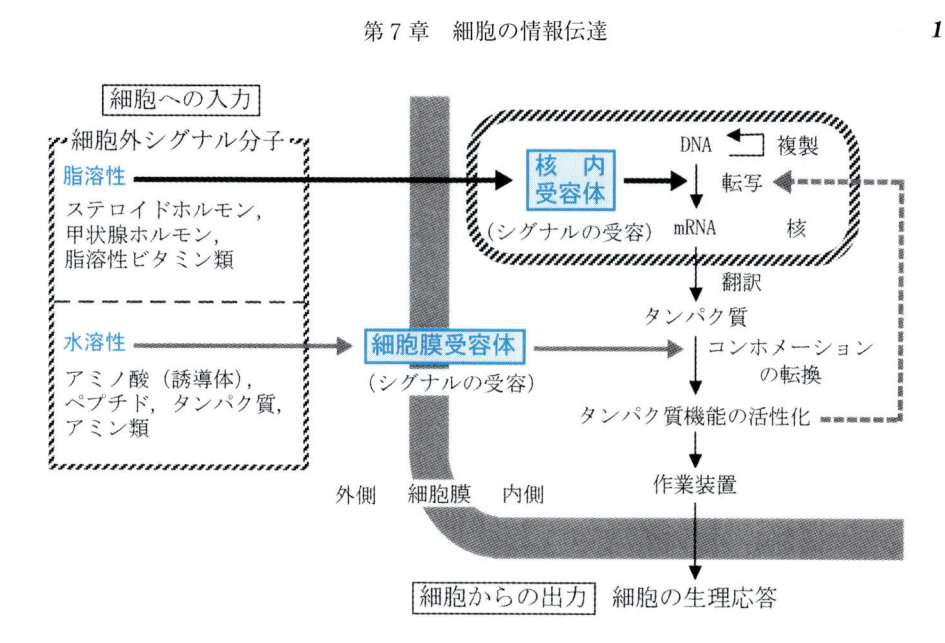

図 7・1・1 化学構造に基づく細胞外シグナル分子の分類とそれらの作用様式

細胞外シグナル分子はその物理化学的な性状から，脂溶性と水溶性の 2 種に分類できる．脂溶性シグナル分子は細胞膜を通過して核内に存在する受容体に結合し，遺伝子発現を介して，一方の水溶性シグナル分子は細胞膜受容体に結合し，タンパク質のコンホメーション変化を介して，それぞれ細胞に生理作用を発揮させる．

表 7・1・1 水溶性と脂溶性の細胞外シグナル分子の動態と作用様式の比較

シグナル分子の物理化学的性状	血液中		分泌調節の機構	受容体	作用発現の様式
	濃度	結合タンパク質			
水溶性	比較的低い	なし	作用の結果によるフィードバック調節（＋自律神経系）	細胞膜	比較的速い（コンホメーション転換）
脂溶性	比較的高い	あり	分泌刺激ホルモンの介在によるフィードバック調節	核内	比較的遅い（遺伝子発現）

反応を触媒する酵素を**プロテインキナーゼ protein kinase** というが，受容体刺激のシグナルは，結果的には細胞内の機能タンパク質をリン酸化して細胞に生理応答を発揮させる場合が多い（こうしたシグナル伝達の経路を 7・2 と 7・3 で解説する）．タンパク質のコンホメーション転換を介した細胞の生理応答は一般に迅速であり，通常は受容体を刺激したのち数分以内に現れる．この速い作用の結果は，腺細胞からのホルモン分泌をフィードバック的に抑制する．例えば，高血糖に応答して膵臓ランゲルハンス島（B細胞）から分泌されるインスリンは，血液中のグルコースを細胞内に取り込ませて血糖値を低下させるが，この作用（血糖値の低下）の結果は分泌細胞によって感知され，B細胞からのインスリン分泌を抑制する．なお，ホルモン分泌は自律神経系によっても制御されている．

一方，副腎皮質・性ステロイドや甲状腺ホルモンなどは，水溶性のシグナル分子にはみられない独特の性質を示し，血液中では特異的な結合タンパク質（あるいは多量に存在するアルブミン）と結合している．このため血液中の濃度は，水溶性ホルモンが 10^{-9}M 以下であるのに対して，10^{-7}M を超える場合も珍しくはない．これらの脂溶性シグナル分子は，細胞膜を通過して直接細胞内へと移行することが可能で，核内に存在する受容体に結合する．脂溶性分子の結合した核内受容体 nuclear receptor は，DNA 二重鎖の特定の部位に結合し，その部位が支配するDNA 鎖の転写を活性化（または抑制）する．したがってこのタイプの細胞外シグナル分子は，転写・翻訳によるタンパク質の新生を介して細胞に生理応答を発揮させる（この経路を 7・5 で解説する）．これを遺伝子発現 gene expression というが，細胞応答の発現に要する時間は比較的長い．このような作用の遅いホルモンの場合には，その効果に基づいて適正なホルモンの分泌量を決定することは生体にとって難しい．この分泌調節のために，通常は脳下垂体前葉とその上流の視床下部に特異的な分泌刺激ホルモン tropic hormone が用意されている．すなわち，ステロイドホルモンや甲状腺ホルモンの血中濃度が低下すると刺激ホルモン（前葉ホルモンと視床下部ホルモン）が分泌され，上昇すると刺激ホルモンの分泌が抑えられるというホルモンレベルでのフィードバック調節がある（詳しくは第 8 章を参照）．

なお，水溶性シグナル分子による細胞膜受容体の刺激が，細胞内の情報伝達系を介して結果的に核内にまで伝達され，遺伝子発現へと向かう経路も存在する（この経路は 7・4 で解説する）．

7・2 細胞外シグナルを受容する細胞膜受容体

水溶性のホルモンや神経伝達物質と結合する細胞膜受容体は，以下の 2 つの機能をもつと考えられる（図 7・2・1）．その 1 つは，多種存在する細胞外シグナルから特定の分子を識別し，それと選択的に結合することにある．異なるシグナル分子であっても同種の受容体に結合した場合には，同じ応答が細胞に伝達される．例えば，カテコールアミンのノルエピネフリンとエピネフリンは同一のアドレナリン受容体と結合して（親和性に差はあるが），同じ生理応答を発揮させる．逆に同一のシグナル分子が 2 種類以上の受容体と結合するときがあるが，この場合には異なる応答が伝達され，受容体にサブタイプが存在することを意味する．アドレナリン受容体には大きく分けて α と β の 2 種類が存在し，互いに異なる応答を示すのがそのよい例である．

受容体のもう 1 つの機能は，細胞の内側に向けて新しい情報を送り込むことにある．細胞膜受容体と結合するシグナル分子は，すべてその受容体に固有の細胞内情報伝達系を作動させることができるので，受容体アゴニスト receptor agonist（または単にアゴニスト agonist）とも呼ばれる．一方，アゴニストと構造が類似するために受容体とは結合できるが，細胞内に情報を送り込むことができない分子もある．このような分子はアゴニストと競合してアゴニストの受容

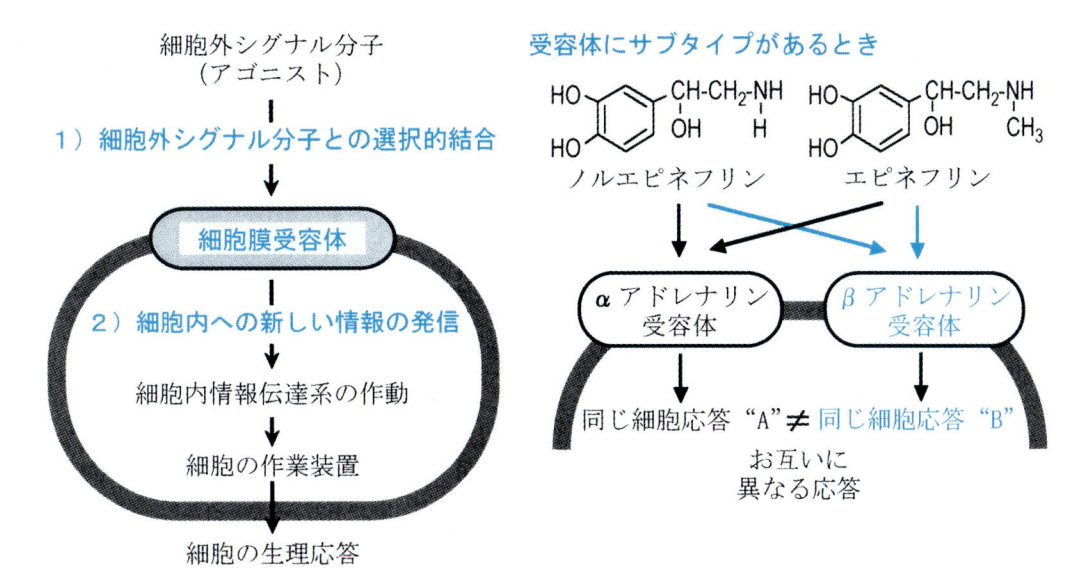

図 7・2・1 細胞膜受容体がもつ 2 つの機能
左：細胞膜受容体は，1) 細胞外のシグナル分子を識別してそれと選択的に結合し，2) 細胞内に向けて新しい情報を発信する．アゴニストは 1) と 2) の両方の機能をもつが，アンタゴニストは 1) の機能だけをもつと考えられる．右：受容体にサブタイプがある場合には，同じアゴニストでも細胞に異なる応答を示すことがある．

体への結合を阻害し，その結果として情報の伝達を抑制するので，**アンタゴニスト antagonist**（あるいは遮断薬 blocker）と呼ばれる．アゴニストは受容体のもつ 2 つの機能の両方を作動させるのに対して，アンタゴニストは第 1 の機能のみをもつと考えられる．アンタゴニストはすべての細胞膜受容体に対して見出されてはいないが，神経伝達物質に対する受容体の場合には強力な（受容体への結合親和性の高い）アンタゴニストが合成されており，薬物として臨床的に有用である．

7・2・1　細胞膜受容体の分類

水溶性の細胞外シグナルが結合する細胞膜受容体は，その構造と細胞内への情報伝達様式の違いから，少なくとも図 7・2・2 に示すような 3 種のグループに大別できる．いずれの場合も疎水性のアミノ酸が 20 数残基からなる細胞膜貫通部位（α ヘリックス構造）をもち，その多くは N 末端を細胞の外側に向けて細胞膜のリン脂質二重層に埋込まれている．第 1 の**イオンチャネル（内蔵）型受容体 ionotropic receptor** は数種のサブユニットからなる多量体で，その分子内にイオンを透過させるチャネル部位がある．このタイプはアゴニストの結合によってイオンの開口が制御される**イオンチャネル ion channel** として機能している（7・2・2 参照）．第 2 の **G タンパク質共役型受容体 G protein-coupled receptor（GPCR）**は，そのポリペプチ

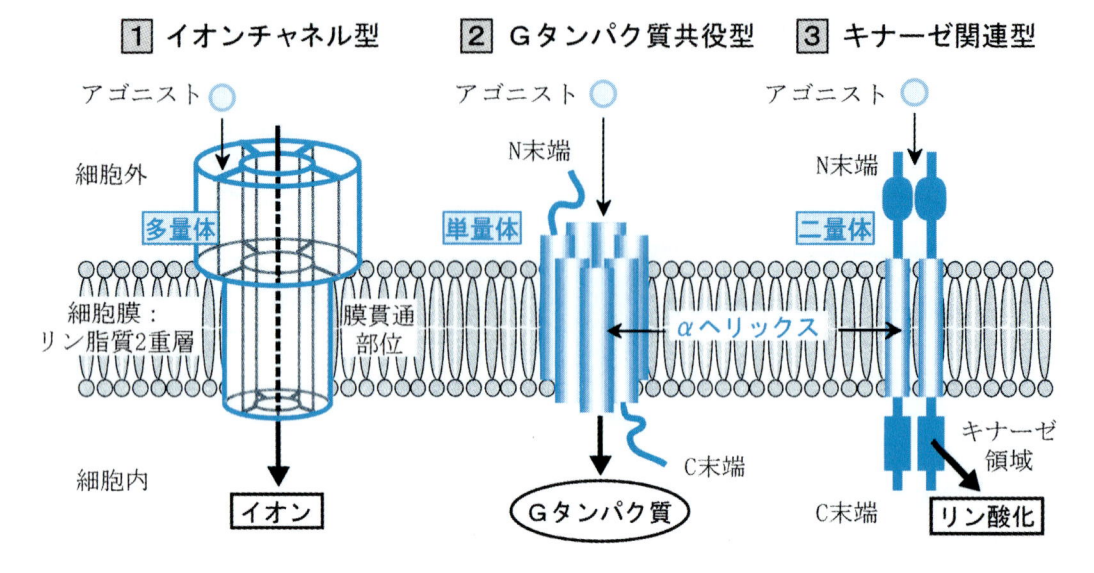

図 7・2・2　構造と情報伝達様式に基づく細胞膜受容体の分類
　水溶性のアゴニストを結合する細胞膜受容体は，その構造と細胞内への情報伝達様式の違いから，1) イオンチャネル型，2) Gタンパク質共役型，3) キナーゼ関連型の3種のグループに大別できる．

ド単鎖が細胞膜を7回横切って貫通する構造をもつ (7・2・3 参照)．このファミリーの名称は，受容体が三量体構造のGタンパク質とカップル（共役）してそのシグナルを伝達することによる (7・2・4 参照)．さらに第3のグループとして，受容体自身の細胞質内あるいは受容体と会合する別の分子内に，タンパク質をリン酸化する酵素の活性部位をもつ**キナーゼ関連型受容体 kinase-related receptor (receptor kinase)** がある．このファミリーに属する受容体の多くは二量体として機能し，タンパク質のリン酸化に始まる経路を介してそのシグナルを細胞内に伝達している (7・4 参照)．

7・2・2　イオンチャネル型受容体

　イオンチャネル型受容体は，アゴニスト（配位子リガンド ligand ともいう）の結合によってコンホメーションの転換が起こり，そのチャネル部分が開口してイオンを透過させる．したがって，イオンチャネルのカテゴリーにも属し，リガンド開口性イオンチャネル ligand-gated ion channel とも呼ばれる．イオンチャネル型として最初に一次構造が明らかにされたものは，シビレエイや電気ウナギなどの発電器官に存在する**ニコチン性アセチルコリン受容体 nicotinic acetylcholine receptor** である．電気魚に存在するこの受容体は，哺乳動物骨格筋の神経終末（端板）に存在するアセチルコリン受容体と発生学的に類縁である．アセチルコリンが五量体（ギリシア文字で $\alpha_2\beta\gamma\delta$ と略記される）からなる受容体の2つの α サブユニットに結合すると，

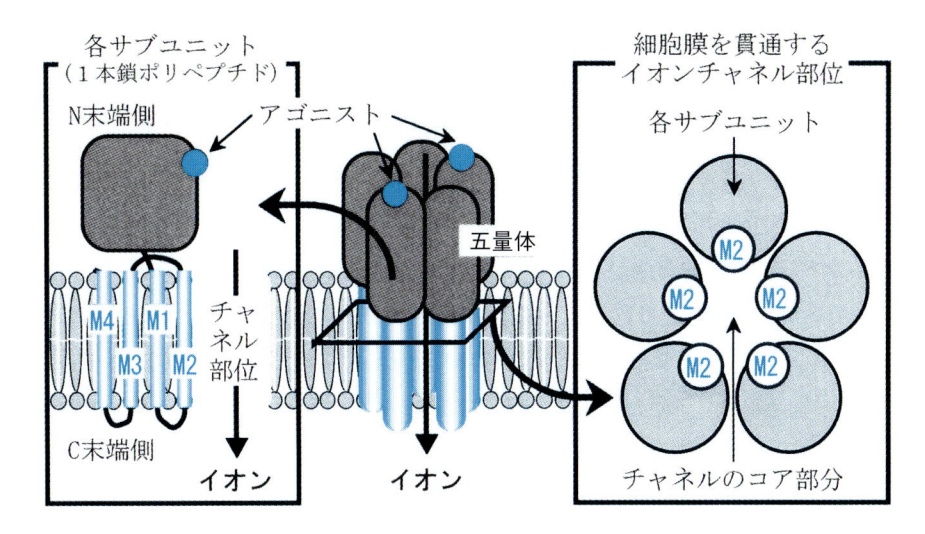

図7・2・3 イオンチャネル型受容体の構造

イオンチャネル型受容体の多くは，アミノ酸配列が互いに相同な5つのサブユニットからなる多量体である．各々のサブユニットのC末端側には細胞膜を貫通する部位が4か所あり，その2番目の膜貫通部位（M2）がイオンチャネルの内壁を形成している．アゴニストが結合すると五量体からなる受容体にコンホメーション変化が起こり，チャネル部位が開口する．

チャネルゲートが開口して細胞外からNa^+が流入し，細胞膜を脱分極させる．

類似のイオンチャネル型受容体に，グルタミン酸やセロトニン（5HT$_3$）を結合する受容体があり，陽イオンチャネル（Na^+，K^+，一部にCa^{2+}を透過する）を形成して細胞の興奮性機能に関わっている．一方，陰イオン（Cl^-）チャネルを形成するものとしては，γアミノ酪酸（γ-aminobutyric acid；GABA）タイプAやグリシンを結合する受容体などがあり，抑制性機能に関わっている．これらの受容体刺激はCl^-の透過性を高めて膜を過分極させ，活動電位の発生を抑制する．

イオンチャネル型受容体の多くは，アミノ酸配列が互いに相同な40〜60 kDaのサブユニットが5つからなる多量体タンパク質である（図7・2・3）．各々のサブユニットにはC末端側に集中して細胞膜を貫通する部位が4か所あり，5個のサブユニットのN末端側から2番目の膜貫通部位（図7・2・3で示したM2）がイオンチャネルの内壁を形成している．一方の長いN末端側はアゴニストの結合する細胞外領域を形成し，アゴニストが結合すると五量体からなる受容体にコンホメーション変化が起こり，チャネル部位が開口する．C末端側の細胞内領域にはプロテインキナーゼによってリン酸化される部位をもつ受容体もあり，リン酸化によってチャネル機能が調節されている．

7・2・3　Gタンパク質共役型受容体

神経伝達物質として機能するアミン類や多くのペプチド性ホルモンが結合する **Gタンパク質共役型受容体**（GPCRと略称される）は，図7・2・4のように細胞膜を貫通する部位が7か所存在するので，**7回膜貫通型受容体 seven-transmembrane receptor** とも呼ばれる．GPCRは大きなファミリーを形成しており，ヒト遺伝子約32,000のうち1,000種類近く（約3％）を占める．約400種は嗅覚神経細胞に特異的に発現している匂い分子に対する嗅覚受容体であり，残りの約400種が血流などを介して運ばれる細胞外シグナル分子を認識するものと考えられる．GPCRは創薬の標的として極めて重要な位置を占めており，流通している既存の医薬品の半数近くが何らかのCGPRに対するアゴニストまたはアンタゴニストである．アゴニストが不明なオーファン受容体も数多く残されており，これらオーファン受容体に対する生理的なアゴニスト（リガンド）の同定は，新しい医薬品の開発に繋がる可能性が高い．

このGPCRファミリーに属する受容体は1本鎖のポリペプチド（40～60 kDa）からなり，その遺伝子はイントロンを含まない場合が多く，7回膜貫通部位を含む領域はただ1つのエキソンからコードされている．N末端側の細胞外領域に存在するいくつかのアスパラギン残基には糖鎖が付加しており，一方の細胞内システイン残基にはパルミチン酸が結合している場合が多い．GPCRはその細胞内ループ（主に第2または第3番目）とC末端側領域を介してGタンパク質と結合する．

GPCRの細胞内ループとC末端側領域には，プロテインキナーゼA，C（7・3参照）あるい

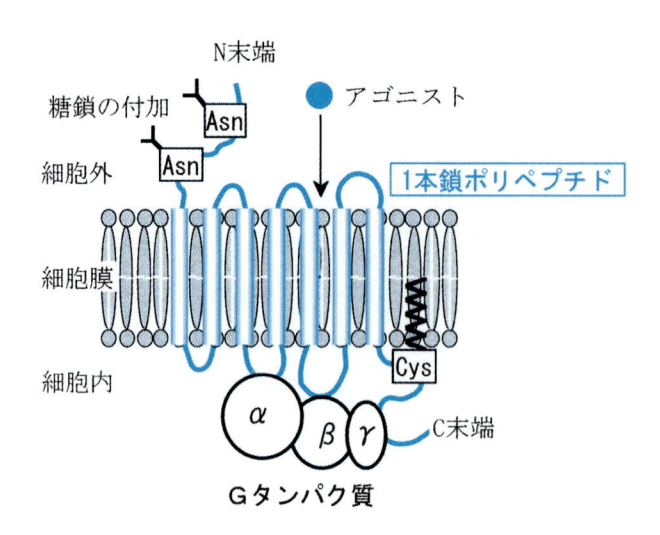

図7・2・4　Gタンパク質共役型受容体の構造
　Gタンパク質共役型受容体には細胞膜を貫通する部位が7か所あり，アゴニストが受容体に結合すると，三量体からなるGタンパク質が活性化されて細胞内に情報が伝達される．

はGタンパク質共役型受容体キナーゼ（G protein-coupled receptor kinase；GRK）などによってリン酸化される部位（セリンとスレオニン残基）が存在する．GRKはアゴニストが結合したGPCRを選択的に認識してリン酸化するユニークなプロテインキナーゼである．こうした受容体のリン酸化は，脱感作 desensitization に関与しており，受容体とGタンパク質との共役を阻害し，さらに受容体の細胞内への陥入（エンドサイトーシス endocytosis）を促進する．脱感作は，細胞が過剰なアゴニストで持続的な刺激を受けた場合によく観察される現象であり，過度の細胞応答を防止する上で役立っている．

7・2・4 受容体刺激のシグナルを細胞内に伝達するGタンパク質

1）Gタンパク質の種類とそれらの細胞内標的分子

受容体刺激のシグナルを細胞内に伝達するGタンパク質 G protein は，分子量の大きい順に，ギリシア文字でα，β，γと略記されるサブユニットからなる三量体である．Gタンパク質はαサブユニット（約 40 kDa）が標的とする下流の分子（効果器という）の違いから，G_s，G_i/G_o，G_q，G_tなどと略称されるタイプに分類される（表7・2・1）．これらのGタンパク質によって直接その活性が制御される代表的な効果器に，G_s（αサブユニット）によって活性化され，G_iによって逆に抑制されるサイクリックAMP合成酵素のアデニル酸シクラーゼ adenylyl cyclase がある．

この他にGタンパク質の標的となる効果器としては，G_q（のαサブユニット，またその一部はG_iの$\beta\gamma$サブユニット）によって活性化され，ジアシルグリセロール（DG）とイノシトール 1,4,5-トリスリン酸（IP_3）を生成するホスホリパーゼC phospholipase C（βタイプ），光受容

表7・2・1 Gタンパク質の種類とそれらが標的とする効果器および細胞内情報伝達経路

三量体Gタンパク質	⇒ 効果器	⇒ セカンドメッセンジャー	⇒ プロテインキナーゼまたはイオンチャネル
$G_s(\alpha)$	アデニル酸シクラーゼ（↑）	cGMP	プロテインキナーゼA
G_i/G_o (α)	アデニル酸シクラーゼ（↓）		
($\beta\gamma$)	K^+チャネル（↑） Ca^{2+}チャネル（↓）	イオン	（→プロテインキナーゼ）
$G_q(\alpha)$	ホスホリパーゼ C-β（↑）	DG IP_3	プロテインキナーゼC IP_3感受性Ca^{2+}チャネル
$G_t(\alpha)$	cGMPホスホジエステラーゼ（↑）	cGMP（↓）	cGMP感受性イオンチャネル（↓）

Gタンパク質のαおよび$\beta\gamma$サブユニットによって調節される効果器の向きを，促進（↑）と抑制（↓）で示した．なお，効果器の作用によって細胞内で生成したセカンドメッセンジャーの役割とそれらの標的分子については，次節（7・3）で解説する．

体のロドプシンと共役するトランスジューシン $G_t\alpha$ サブユニットにより活性化される **cGMP ホスホジエステラーゼ cGMP phosphodiesterase** などがある．なお，これらの酵素の作用によって細胞内で生成した分子（セカンドメッセンジャー）の役割については，次節（7・3）で解説する．一方，細胞含量の比較的高い G タンパク質 G_i/G_o から解離した $\beta\gamma$ サブユニット複合体（それぞれ約 36 kDa と約 7 kDa）は，K^+ や Ca^{2+} チャネルのいくつかのタイプと結合して，イオンチャネルの開閉を制御している．

2）G タンパク質の活性化・不活性化サイクル

GPCR へのアゴニストの結合が G タンパク質を介して細胞の内側へと伝達される仕組みを，図 7・2・5 に示した．G タンパク質の α サブユニットには GTP または GDP を結合する部位が存在する．GDP が結合した G タンパク質は，標的とする効果器の機能を調節できない不活性型である．G タンパク質と共役して高い親和性をもつ GPCR にアゴニストが結合すると，α サブユニットから GDP が解離し，空になった α サブユニットのヌクレオチド結合部位に細胞内の GTP が結合する．この **GDP-GTP 交換 GDP-GTP exchange** 反応によってコンホメーションが変化し，三量体 G タンパク質は GTP 結合型 α サブユニットと $\beta\gamma$ サブユニット複合体とに

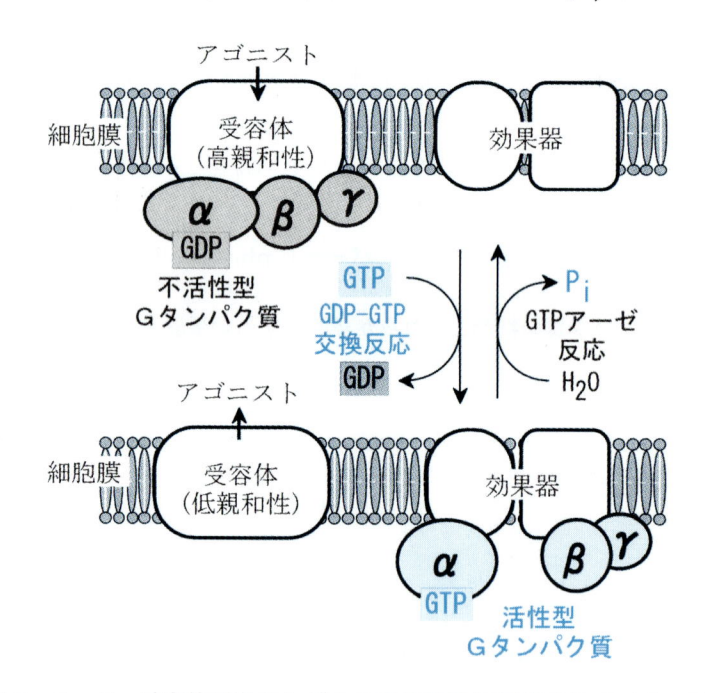

図 7・2・5　受容体刺激のシグナルを効果器に伝達する G タンパク質

GDP が結合した α サブユニットは $\beta\gamma$ サブユニット複合体と会合した三量体で，不活性型である．アゴニストが受容体に結合すると，α から GDP が解離して GTP が結合し，GTP 結合型 α と G $\beta\gamma$ とに解離する．この GTP 結合型 α または $\beta\gamma$ が効果器と直接結合し，それらの機能を調節する活性化型である．α に結合した GTP は GTP アーゼの作用により GDP となり，$\beta\gamma$ と再会合して三量体 G タンパク質に戻る．

解離する．この両者が効果器の機能を調節できる活性型である．一方，Gタンパク質を活性化して，それから解離した受容体はアゴニストに対する結合親和性を低下させるが，別のGタンパク質と再び共役して同じサイクルを繰り返し，次々とGタンパク質を活性化する．

　αサブユニットには，分子内に結合したGTPをGDPに加水分解する**GTPアーゼ GTPase**の活性があり，このGTPアーゼ反応によってαサブユニットはGDP結合型となり，βγサブユニット複合体と再び会合して不活性型のαβγ三量体Gタンパク質に復帰する．このようにGタンパク質は"分子スイッチ"として働き，その分子内に活性型から不活性型に戻る機構をもっている．

　以上のようなGタンパク質の活性化機構は，リン酸化によるタンパク質の機能調節の様式と対比して考えることができる（図7・2・6）．**プロテインキナーゼ**はATPのγ位リン酸基をタンパク質に付加するが，リン酸化される分子が酵素の場合には，不活性型から活性型の転換（または逆の場合もある）がよく観察される．一方，リン酸化状態からの復帰には**プロテインホスファターゼ protein phosphatase**が関与しており，共有結合したリン酸基を除去してもとの不活性型状態に戻す．活性化状態への移行を点灯反応（turn on）と考えると，この反応を触媒するキナーゼの役割を果たすものが，Gタンパク質の場合には**グアニンヌクレオチド交換因子 guanine nucleotide-exchange factor（GEF）**として働く受容体である．一方の不活性型状態への復帰，すなわち消灯反応（turn off）を仲介するホスファターゼの役割を果たすものが，

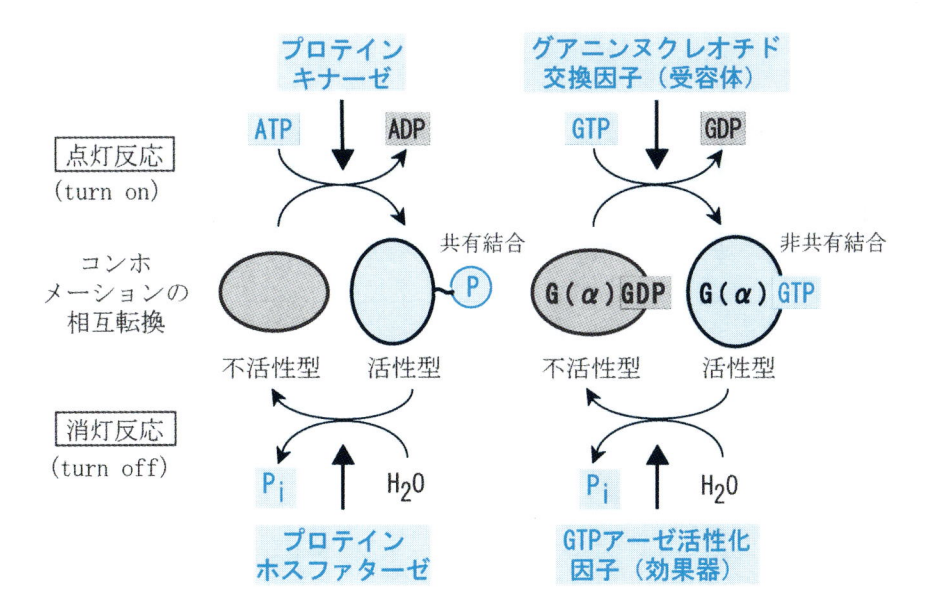

図7・2・6　リン酸化によるタンパク質の機能調節とGタンパク質の活性化機構
　Gタンパク質の受容体刺激による活性化とGTPアーゼによる不活性化の機構は，プロテインキナーゼによるリン酸化とプロテインホスファターゼによる脱リン酸化を介したタンパク質の機能調節と対比して考えることができる．

Gタンパク質の場合ではそのαサブユニットのもつGTPアーゼと，それを活性化する**GTPアーゼ活性化因子 GTPase activating factor（GAP）**である．Gタンパク質の標的となるいくつかの効果器は，GAPの作用をもつことが知られている．このように，タンパク質のリン酸化とGタンパク質のGDP-GTP交換反応においては，共有結合と非共有結合との違いはあるが，高エネルギー性のリン酸基供与体（ATPとGTP）がともにタンパク質のコンホメーションの相互転換に利用されている．

7・3 細胞内情報因子：セカンドメッセンジャー

膵臓のランゲルハンス島A細胞から分泌されるグルカゴンや副腎髄質から分泌されるエピネフリンは，肝グリコーゲン分解の促進や末梢組織でのグルコースの取り込みを抑制して血糖値を上昇させる．これらのホルモン作用を細胞内で仲介する因子として，E.W. Sutherland は1960年代の初めに**サイクリック（環状）AMP cyclic AMP（cAMP）**を発見した．彼はホルモンによる細胞膜受容体の刺激を第1段階，それ以降を第2段階と考えて，細胞内で新たに生成されるシグナル分子（cAMP）を**セカンド（二次）メッセンジャー second messenger**，これに対して

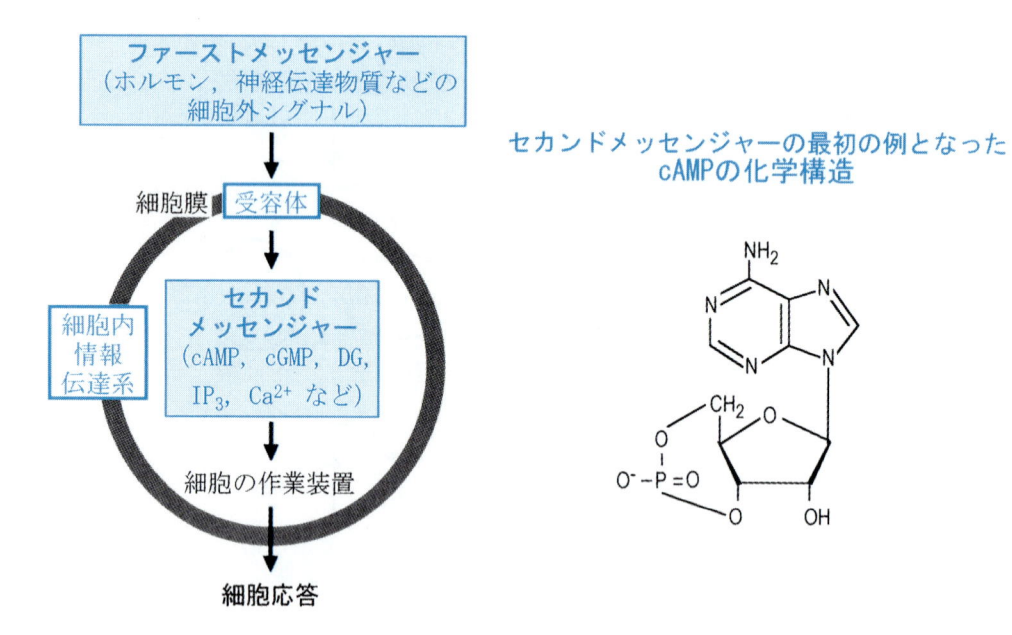

図 7・3・1 Sutherland らが提唱したセカンドメッセンジャー学説
左：細胞外で作用するホルモンなどをファーストメッセンジャー，これに対して細胞内で作用するcAMPなどをセカンドメッセンジャーとする考え（セカンドメッセンジャー学説）．右：cAMPの構造．

細胞外で作用するホルモン（グルカゴンやエピネフリン）を**ファースト（一次）メッセンジャー first messenger** と呼ぶ，セカンドメッセンジャー学説を提唱した（図7・3・1）．

その後の研究から，cAMP に加えて，グアニル酸シクラーゼによって GTP から生成される**サイクリック GMP cyclic GMP（cGMP）**，また，細胞膜を構成するイノシトールリン脂質からホスホリパーゼ C の作用によって生成する**ジアシルグリセロール diacylglycerol（DG）**と**イノシトール 1,4,5-トリスリン酸 inositol-1,4,5-trisphosphate（IP$_3$）**，さらに**カルシウムイオン calcium ion（Ca^{2+}）**などが，セカンドメッセンジャーのカテゴリーに含まれる分子として知られるようになった（表7・2・1を参照）．Ca^{2+}は受容体刺激に伴って細胞内小器官から遊離し，また時には，細胞外からも流入してその細胞内濃度を上昇させる（7・3・3）．一方，アルギニンから生成される気体の**一酸化窒素 nitric oxide（NO）**は，細胞間を移動して細胞質内のグアニル酸シクラーゼを活性化し，cGMP の生成を介してその生理作用の一部を発揮している（7・3・4）．NO の作用機構は，細胞内で新たに生成されて同じ細胞で作用する環状ヌクレオチドなどの場合とはやや異なるが，このシグナル分子もセカンドメッセンジャーとして扱われることが多い．シグナル伝達経路の解明が進み，他にも脂質メディエーターなどの重要な細胞内低分子物質が見出されてきている現状では，シグナル伝達系における"セカンドメッセンジャー"という用語は，その歴史的使命を終えつつあるとも考えられよう．

7・3・1　サイクリック AMP

セカンドメッセンジャーの最初の例として登場した cAMP は，細胞膜に結合している酵素のアデニル酸シクラーゼによって ATP から生成される（7・2・4の1）を参照）．グルカゴンやエピネフリンなどのホルモンが肝臓や筋肉のそれらに特異的な細胞膜受容体に結合すると，そのシグナルは細胞膜の内側に存在する G タンパク質 G$_s$ を介してアデニル酸シクラーゼに伝達され，細胞内の cAMP 濃度が上昇する（図7・3・2）．これが引き金となってグリコーゲンの分解と合成系に関わる酵素（グリコーゲンホスホリラーゼキナーゼやシンターゼ）の活性が変動し，細胞外にグルコースが遊離される．その後，他の多くのホルモンも cAMP が仲介する経路を介して細胞に生理応答を発揮させることが知られるようになった．

細胞内で増加した cAMP は，**プロテインキナーゼ A protein kinase A**（A キナーゼ A kinase とも略称される）に結合してその触媒活性を上昇させ，標的タンパク質のセリンまたはスレオニン残基をリン酸化する．A キナーゼは触媒（catalytic；C）サブユニットと調節（regulatory；R）サブユニットと呼ばれる 2 種のサブユニットからなる四量体（R$_2$C$_2$）で，R サブユニット上に 2 分子の cAMP が結合する．R サブユニット上の cAMP 結合部位は協同性を示し，最初の cAMP が結合すると第 2 部位の cAMP 結合親和性が上昇する．こうして，わずかな濃度変化を感知して 2 分子の cAMP が R サブユニット上に結合すると，R サブユニット（cAMP$_4$-R$_2$）から C サブユニットが単量体として解離し，触媒活性が上昇する．

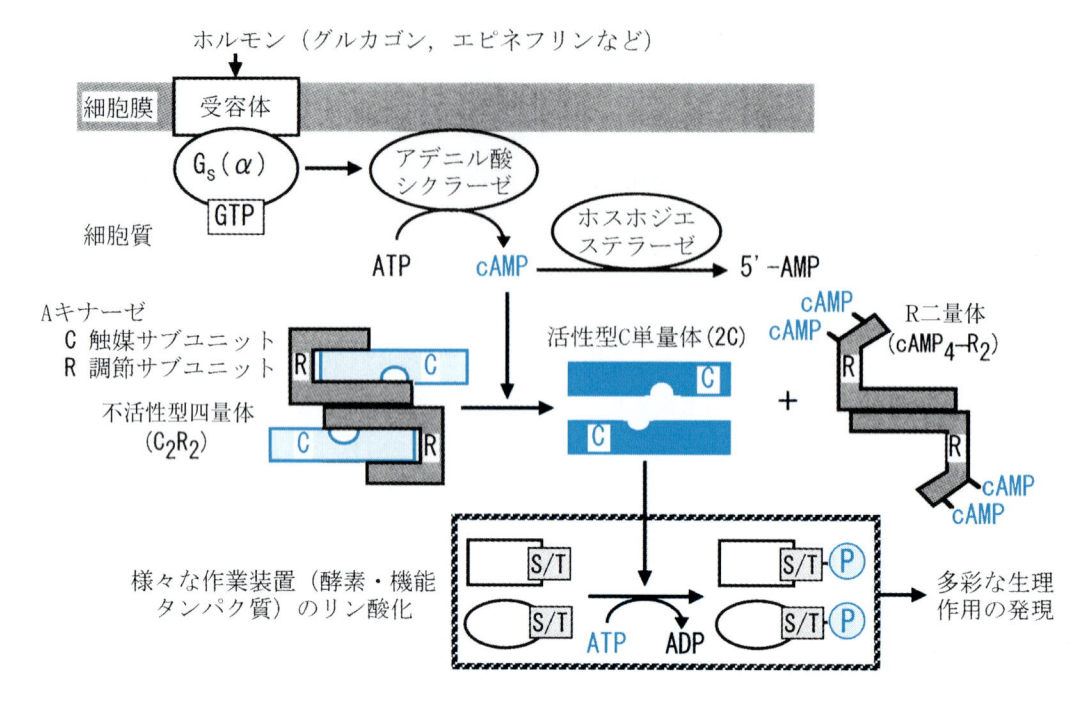

図 7・3・2　cAMP による A キナーゼの活性化を介した多彩な生理作用の発現
受容体の刺激に応答し，アデニル酸シクラーゼの活性化によって細胞内で増加した cAMP は，A キナーゼの調節サブユニットに結合して触媒サブユニットを解離する．こうして活性化された A キナーゼの触媒サブユニットは，細胞内の様々な酵素や機能タンパク質の Ser/Thr 残基をリン酸化し，多彩な生理作用を細胞に発揮させる．

cAMP は種々の細胞において極めて多様な生理作用を示すが，これは A キナーゼの標的となる基質タンパク質が細胞の種類によって異なるためである．肝細胞ではグリコーゲンの分解や合成に関わる酵素（ホスホリラーゼキナーゼやシンターゼ）が A キナーゼの基質となり，肝グリコーゲンの分解が促進される．一方，脂肪細胞においては脂質代謝に関わる酵素（ホルモン感受性リパーゼ）が A キナーゼの基質となり，遊離脂肪酸やグリセロールが動員される．cAMP は，細胞質に存在する **cAMP ホスホジエステラーゼ cAMP phosphodiesterase** によって 5′-AMP にまで分解され，不活性化される．したがって，cAMP ホスホジエステラーゼの阻害薬（カフェインやテオフィリン）は，中枢興奮，利尿，気管支拡張，強心，血管拡張などの多彩な薬理作用を有する．

7・3・2　ジアシルグリセロールとイノシトール 1,4,5-トリスリン酸

別種のセカンドメッセンジャーである **DG** と **IP$_3$** は，**ホスホリパーゼ C phospholipase C** の作用により，イノシトールリン脂質の一種であるホスファチジルイノシトール 4,5-ビスリン酸（PIP$_2$）が代謝されて生成する（図 7・3・3）．ホスホリパーゼ C は細胞膜の受容体刺激によ

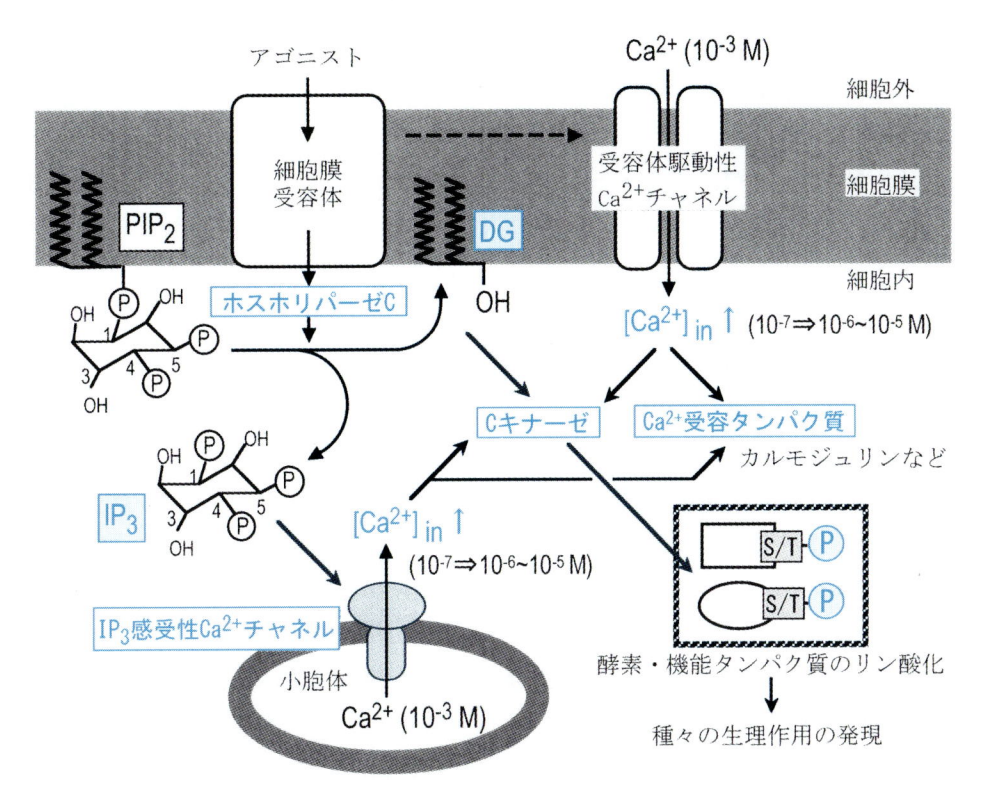

図 7・3・3　PI レスポンスと Ca^{2+} を介する細胞内情報伝達系

受容体の刺激に応答してホスホリパーゼ C が活性化され，細胞内で PIP_2 から DG と IP_3 が産生される．DG は C キナーゼを活性化して細胞内の様々な酵素や機能タンパク質の Ser/Thr 残基をリン酸化する．一方の IP_3 は小胞体の Ca^{2+} チャネル（IP_3 受容体）に結合して，細胞内の Ca^{2+} 濃度を上昇させる．なお，Ca^{2+} は細胞外からも流入する．細胞内で上昇した Ca^{2+} はカルモジュリンなどの Ca^{2+} 受容タンパク質と結合して，種々の生理作用を発現する．

って活性化されるが，このイノシトールリン脂質の代謝（加水分解反応）を，**PI レスポンス PI response** と呼んでいる．ホスホリパーゼ C にはいくつかのアイソザイムが存在し，その β タイプは G タンパク質 G_q の α サブユニット（またその一部は G_i の βγ サブユニット）によって活性化される（7・2・4 の 1) 参照）．一方 γ タイプは，キナーゼ関連受容体の刺激によって酵素分子内のチロシン残基が直接リン酸化され，活性化される（7・4 参照）．PI レスポンスによって生成した DG は，Ca^{2+} とリン脂質を要求する**プロテインキナーゼ C protein kinase C**（C キナーゼとも略称される）を活性化して種々の生理応答を発揮させる．一方の IP_3 は小胞体に存在する特異的な **IP_3 感受性 Ca^{2+} チャネル IP_3-sensitive Ca^{2+} channel**（**IP_3 受容体 IP_3 receptor**）に結合して，Ca^{2+} の放出を促進する．受容体刺激の中には細胞膜上の Ca^{2+} チャネル（受容体駆動性 Ca^{2+} チャネル，ROC などと呼ばれる）を活性化するものも多く，細胞外からも Ca^{2+} が流入する．したがって，この種の受容体を刺激すると，DG ⇒ C キナーゼ系と IP_3 ⇒ Ca^{2+} チャネル系という 2 つの細胞内情報伝達経路を介して生理応答が発揮される．

DGとの結合によって活性化されたCキナーゼ（PKC）は，標的タンパク質のセリンまたはスレオニン残基をリン酸化するが，このリン酸化酵素はAキナーゼとは異なり，サブユニット構造をもたない1本鎖のポリペプチド（約80 kDa）である．ホルボールエステルの12-O-テトラデカノイルホルボール-13-アセテート（TPA）は強力な発がんプロモーターであるが，TPAの部分構造はDGに類似しているため，その作用の一部はCキナーゼの活性化を介して発現すると考えられている．

7・3・3　カルシウムイオン（Ca^{2+}）

静止期にある細胞の細胞質内Ca^{2+}濃度は，一般に$10^{-7} \sim 10^{-6}$Mであり，細胞外の濃度（10^{-3}M）と比べて著しく低い．一方，細胞内小器官である小胞体やミトコンドリアの内側のCa^{2+}濃度は10^{-3}Mのオーダーであり，細胞外と同じ程度に高い．こうした$10^3 \sim 10^4$もの濃度勾配にかかわらず，細胞内のCa^{2+}濃度はCa^{2+}排出システム（ATPアーゼと共役したCa^{2+}ポンプやNa-K交換系；第6章を参照）の働きによって低い状態に保たれている．細胞内外につくられたこの急な濃度勾配は，細胞内のCa^{2+}濃度を増加させる上で極めて有利な環境を与えており，このイオンを細胞内のシグナル伝達に利用することが可能である．細胞膜受容体刺激の中には，先の7・3・2で述べたように，PIレスポンスを含むいくつかの様式で細胞膜あるいは細胞内小器官に存在するCa^{2+}チャネルを活性化するものがあり，細胞質内のCa^{2+}濃度は10^{-5}M程度に

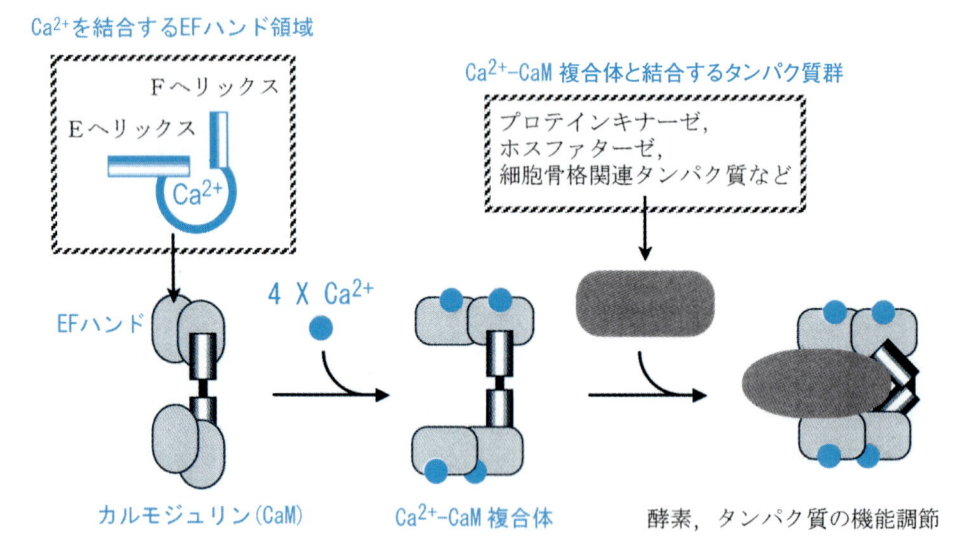

図7・3・4　細胞内Ca^{2+}の上昇を感知するCa^{2+}受容タンパク質：カルモジュリン
カルモジュリンには4つのEFハンドと呼ばれるCa^{2+}結合部位がある．Ca^{2+}が結合したカルモジュリンはその構造を変化させ，他のタンパク質や酵素とさらに結合してそれらの機能を調節する．

まで急速に上昇する．

　細胞内で上昇したCa^{2+}は，種々の**Ca^{2+}受容タンパク質 Ca^{2+}-binding protein**と結合するが，多くの結合タンパク質には**EFハンド EF hand**と呼ばれるCa^{2+}結合部位が存在する．筋肉細胞の**トロポニン C troponin C**はCa^{2+}を受容するタンパク質の代表的な例であり，骨格筋の収縮運動に関与している．一方，非筋肉細胞ではトロポニンの代わりに，これとよく似た約 16 kDa の**カルモジュリン calmodulin（CaM）**と呼ばれるCa^{2+}受容タンパク質が存在する．カルモジュリンの分子内には協同性を示す 4 つのCa^{2+}結合部位（EFハンド）があり，細胞内のわずかなCa^{2+}濃度の上昇でそのコンホメーションを転換させることが可能である（図7・3・4）．Ca^{2+}濃度の上昇によって生成したCa^{2+}-カルモジュリン複合体は，さらに別のタンパク質と相互作用してその機能を調節する．先に述べたAキナーゼの基質となるグリコーゲンホスホリラーゼキナーゼは，4 種のサブユニットから成る十六量体であるが，カルモジュリンをサブユニットとして分子内に含む構造となっている．Ca^{2+}がカルモジュリンに結合するとキナーゼとしての活性が上昇し，ホスホリラーゼをリン酸化してグリコーゲン分解を促進する．Ca^{2+}-カルモジュリン複合体は，平滑筋の運動に関与するミオシン軽鎖のリン酸化酵素（ミオシン軽鎖キナーゼ），神経組織に存在するキナーゼⅡ，さらにcAMPホスホジエステラーゼやNO合成酵素などとも結合し，それらの酵素活性を調節して細胞応答を発揮している．また，Ca^{2+}-カルモジュリン複合体は酵素の活性化だけでなく，細胞骨格関連タンパク質とも結合して微小管の重合などを調節している．

7・3・4　cGMPと一酸化窒素（NO）

　cGMPは**グアニル酸シクラーゼ guanylyl cyclase**によってGTPから生成されるが，このcGMP生成酵素として，ホルモン受容体の一種である細胞膜 1 回貫通型と細胞質に存在する可溶性型の 2 種が知られている（図7・3・5）．膜 1 回貫通型の受容体は 1 本鎖のポリペプチド（120～140 kDa）からなり，細胞外領域に心房性ナトリウム利尿ペプチド atrial natriuretic peptide（ANP）が結合すると，同じ受容体の細胞質側にあるグアニル酸シクラーゼ触媒領域が活性化されてcGMPを生成する．他方，細胞質に存在する可溶性のグアニル酸シクラーゼは，**一酸化窒素 NO**によって活性化される．この可溶性酵素はαとβサブユニットからなるヘテロ二量体（それぞれ 70～80 kDa）で，両サブユニットの間にヘム分子を結合している．ヘムにNOが結合すると酵素のコンホメーションが変化して，触媒領域が活性化される．cGMPは，**プロテインキナーゼ G protein kinase G**（Gキナーゼとも略称される）と結合して，その触媒活性を上昇させる．細胞内で増加したcGMPは，ホスホジエステラーゼによって 5′-GMP に分解されて不活性化されるが，勃起不全治療薬のシルデナフィル（バイアグラ®）はcGMPに特異的なホスホジエステラーゼの阻害薬である．

　アルギニンと酸素から産生される気体の**一酸化窒素 nitric oxide（NO）**は，その寿命が数

細胞膜貫通型グアニル酸シクラーゼ
（ANP受容体）

可溶性型グアニル酸シクラーゼ
（NO受容タンパク質）

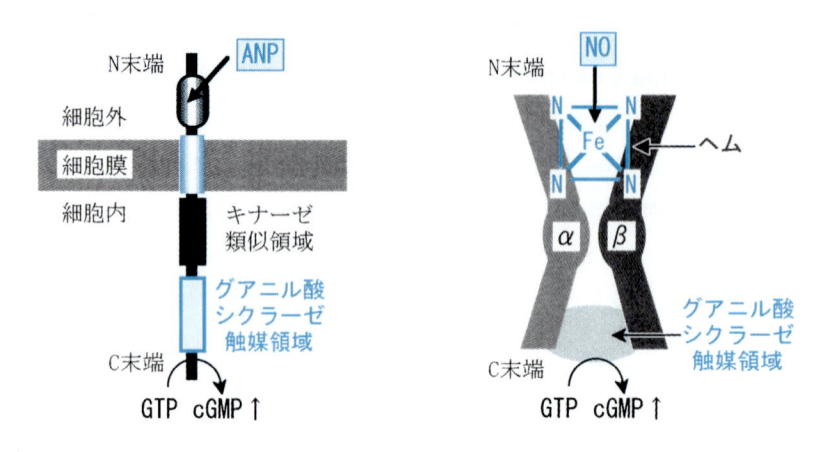

図 7・3・5　cGMP を生成する細胞膜型と可溶性型のグアニル酸シクラーゼ
GTP から cGMP を生成するグアニル酸シクラーゼには，ANP 受容体として機能する細胞膜1回貫通型と細胞質にあって NO で活性化される可溶性型の 2 種が知られている．

十秒以内と短いものの，多くの局所的な細胞間作用において重要な役割を果たしている．そのよい例は血管平滑筋の収縮調節にある．収縮血管を覆う内皮細胞にアセチルコリンが結合すると，Ca^{2+}-カルモジュリン経路を介して NO 合成酵素が活性化され，NO が生成する．生じた NO は内皮細胞から近くの平滑筋細胞の内側にまで拡散し，可溶性グアニル酸シクラーゼを活性化する．その結果，平滑筋が弛緩して血管を拡張させる．狭心症治療薬に用いられるニトログリセリンの血管拡張作用は，NO の生成を介した上記の機序による．

7・4 細胞膜受容体から遺伝子発現へのシグナル伝達

　細胞外シグナルを認識する細胞膜受容体は，その構造と細胞内への情報伝達機構の違いから，少なくとも 3 種のファミリーに分類できることを先に述べた（図 7・2・2 参照）．イオンチャネル型と G タンパク質共役型の受容体に加えて，第 3 のグループに，受容体刺激がプロテインキナーゼの活性化を指令してその情報を細胞内に伝達する**キナーゼ関連型受容体**がある．このファミリーに属する受容体タンパク質の多くは，疎水性のアミノ酸が 20 数残基からなる細胞膜貫通部位（α ヘリックス）を 1 か所もち，細胞外シグナル分子を結合する N 末端側を細胞の外側に向けて細胞膜に埋め込まれている．この受容体ファミリーは，さらに以下に述べるいくつかのタイプに分類できるが，いずれの場合も，受容体それ自身の分子内またはそれに会合している他の分子（サブユニットなど）に，タンパク質のチロシン残基またはセリン/スレオニン残基をリ

ン酸化するプロテインキナーゼの活性部位が存在する．アゴニストによる受容体刺激のシグナルは，このプロテインキナーゼの活性化を介して，主に遺伝子発現に向かう経路に伝達される．

7・4・1 チロシンキナーゼ受容体

細胞の増殖因子 growth factor や分化因子 differentiation factor を結合する受容体の中には，チロシンキナーゼ受容体 tyrosine kinase receptor と呼ばれるタイプがある．このタイプの受容体はその C 末端側細胞内に，タンパク質のチロシン残基を特異的にリン酸化する酵素チロシンキナーゼ tyrosine kinase の活性部位をもつ（図 7・4・1）．アゴニストが受容体に結合すると，コンホメーションが変化して同種の受容体分子が二量体化し，受容体に内在するチロシンキナーゼが相手側のポリペプチド鎖内にあるチロシン残基を交差リン酸化 trans-phosphorylation する．受容体内でチロシンリン酸化された部位は，さらに別種の細胞内タンパク質によって認識されてそれと会合する．この結合タンパク質を一般にアダプタータンパク質 adaptor protein と呼ぶ．アダプタータンパク質はチロシンリン酸化された近傍の配列を認識する特異的な領域をもつが，その代表的なものに，約 100 アミノ酸残基からなる Src homology 2（SH2）領域と PTB（phospho-tyrosine binding）領域がある．多くのアダプタータンパク質には，リン酸化された受容体との結合に関わる SH2 領域に加えて，プロリンに富む配列を認識する Src homology 3（SH3）領域やイノシトールリン脂質，G タンパク質 βγ サブユニット

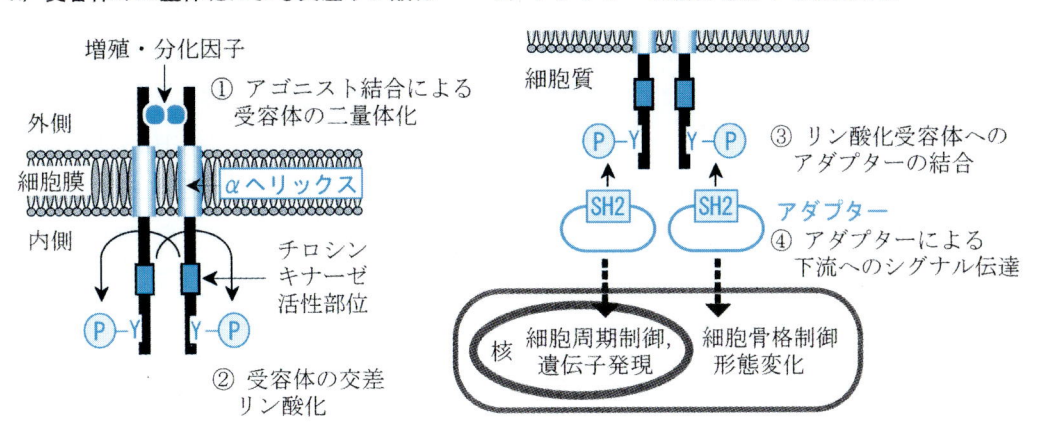

図 7・4・1　チロシンキナーゼ活性を内在する細胞膜受容体の機能

チロシンキナーゼ受容体は，① アゴニストの結合によって二量体化し，② その C 末端側細胞質内に存在するチロシンキナーゼが相手の受容体を交差リン酸化する．その結果，③ 受容体のチロシンリン酸化された部位に，別種のタンパク質（アダプター）がその SH2 領域を介して結合し，④ 結合したアダプターが下流にシグナルを伝達する．このタイプの受容体刺激は，核への遺伝子発現と細胞骨格の制御を介して，細胞に増殖や分化をもたらす場合が多い．

複合体を認識するPH（pleckstrin homology）領域と呼ばれる別の結合部位があり，これらを介してさらに他のタンパク質と会合して下流にシグナルを伝達する．このチロシンキナーゼ受容体に属するメンバーとして，上皮増殖因子（epidermal growth factor，EGF），血小板由来増殖因子（platelet-derived growth factor，PDGF）やインスリンなどの受容体が知られている．

　これらの受容体刺激に特徴的な細胞応答は2つに分けられる．第1はこれらの因子の名前が示すように，細胞の増殖（DNA複製を伴う細胞周期の進行）や分化（特定の遺伝子の発現）である．第2の特徴的な細胞応答は，細胞骨格系の制御を介した形態変化である．細胞の増殖と分化は細胞数の増加と新しい機能をもった細胞の誕生であり，こうした環境の変化に対応するために細胞の形態変化や移動が必要となる．したがって，このタイプの受容体が2つの細胞応答を発揮させることは極めて合理的であり，それは受容体に結合したアダプタータンパク質のシグナルが両方の経路に向けられていることによる．増殖・分化の応答は転写因子の活性化を含む核内の装置によって，一方の形態変化は低分子量Gタンパク質（Rho）などが介在する細胞骨格系の制御によって仲介される．

7・4・2　細胞質のチロシンキナーゼと会合する細胞膜1回貫通受容体

　チロシンキナーゼ受容体と構造的に類似した受容体に，分子内に直接チロシンキナーゼの活性部位をもたない細胞膜1回貫通型がある．このタイプの受容体もアゴニストの結合によって同じように二量体化し，細胞質に存在するチロシンキナーゼ（**非受容体型チロシンキナーゼ non-receptor tyrosine kinase** という）をリクルートする．図7・4・2にその代表的な例として成長ホルモンの受容体を示した．受容体の二量体化によって会合した非受容体型チロシンキナーゼの **Janus kinase（JAK）** は，交差リン酸化されて活性型となり，受容体あるいは別の細胞質タンパク質をリン酸化する．JAKがリン酸化するタンパク質の1つにSH2領域をもつ **signal transducer and activator of transcription（STAT）** と呼ばれる転写因子があり，チロシンリン酸化されたSTATは別のSTATにあるSH2によって認識され，安定なSTATホモ二量体を形成する．二量体化したSTATにはDNA結合能があり，核内に移行して遺伝子発現を引き起こす．STATには異なる遺伝子を標的とする様々な種類があり，それぞれはこのファミリーに属する固有の受容体によって活性化される．JAK以外の細胞質型チロシンキナーゼとして，SH2とSH3領域をもつ **Src（sarcoma）キナーゼ** などが知られている．

　細胞質型のチロシンキナーゼを介してシグナルを伝達する他の細胞膜受容体に，インターロイキン interleukin（IL）やインターフェロンなどの受容体がある．IL受容体の多くはホモ二量体ではなく異種のサブユニットからなる多量体であり，いくつかのファミリーに分類される．それぞれのファミリー内には共通のサブユニット（gp130や共通β鎖などと呼ばれる）が存在し，そのサブユニットを足場にチロシン残基がJAKなどによってリン酸化される．また，コラーゲンやフィブロネクチンなどの細胞外マトリックスと結合する細胞接着因子の受容体（インテグリン

A) 受容体の二量体化による細胞質型チロシンキナーゼの結合

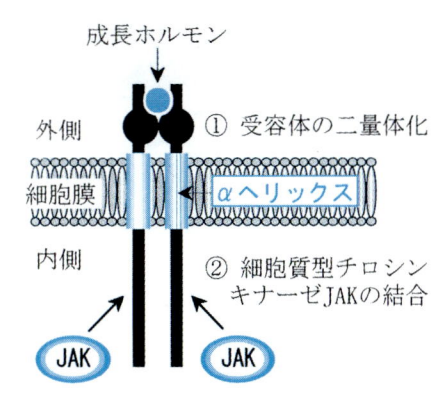

B) JAKによる転写因子STATのリン酸化と二量体化

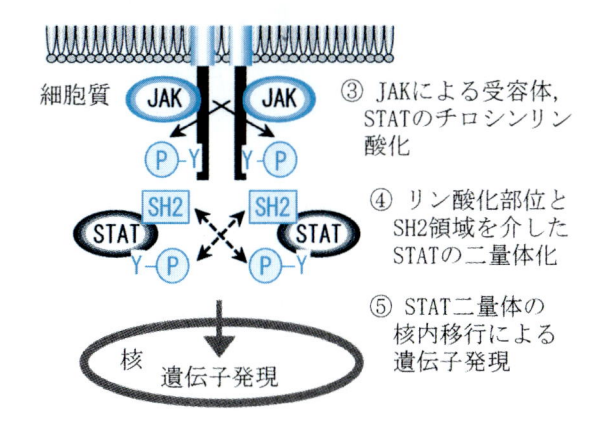

図 7・4・2　細胞質チロシンキナーゼと結合する細胞膜受容体の機能

このタイプの受容体は，① アゴニストの結合によって二量体化し，② その C 末端側細胞内部位に，細胞質型チロシンキナーゼ（JAK など）をリクルートする．③ 受容体に結合したチロシンキナーゼ JAK が受容体を交差リン酸化すると，転写因子 STAT がその SH2 領域を介して結合し，STAT をリン酸化する．④ チロシンリン酸化された STAT は他の STAT 分子の SH2 領域と結合し，安定な STAT 二量体を形成する．⑤ STAT 二量体は核内に移行して転写因子として機能し，遺伝子発現を制御する．

ファミリーなど）も，このタイプに属している（第 8 章を参照）．

一方，細胞膜受容体の中には，チロシンキナーゼの代わりにセリン/スレオニンキナーゼの活性部位をもつタイプも存在する．その代表的な例が **transforming growth factor（TGF）β 受容体**である．TGF β がこの受容体に結合すると Smad と呼ばれる転写因子群がリン酸化され，二量体化した Smad が核に移行して遺伝子発現を引き起こす．TGF β はアクチビン，インヒビンやミュラー管抑制因子などと共にファミリーを形成しており，胚発生の初期過程で重要な役割を果たしている．これらのメンバーは TGF β と類似の機構で特定の遺伝子発現を制御するが，二量体を構成する個々の Smad 分子の組み合わせはそれぞれの受容体システムで異なっており，変化に富んだ多彩な発生のプログラムを演出できる．

7・4・3　チロシンリン酸化によって発動する細胞内シグナル伝達系

細胞膜受容体または細胞質のチロシンキナーゼによってリン酸化された基質タンパク質は，次の細胞内情報伝達系を指令する．転写因子が直接リン酸化される場合には，先に述べたようにチロシンリン酸化された分子が二量体を形成して核内へと移行し，転写因子として遺伝子発現を制御する．一方，受容体分子自身あるいはアダプタータンパク質がチロシンリン酸化された場合には，図 7・4・3 に示すように，そこを足場に SH2 や PTB 領域をもつ別種のシグナル分子が

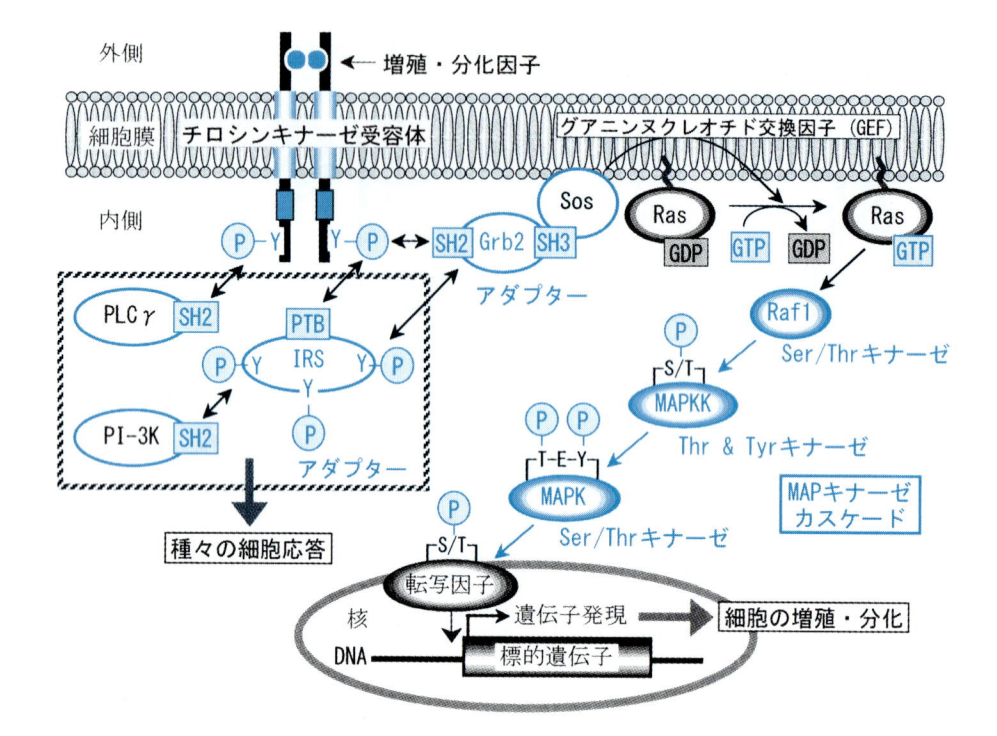

図7・4・3 チロシンリン酸化が指令する細胞内の情報伝達経路

受容体それ自身やアダプター分子がチロシンリン酸化されると，そこを足場にSH2やPTB領域をもつ他のタンパク質や酵素がリクルートされ，細胞内に様々な情報が伝達される．この中で，Ras-MAPキナーゼ系は遺伝子発現に向かう代表的な経路である（図の右側）．アダプターGrb2/Sosの作用で生じた活性型のRas（GTP結合型）は，MAPキナーゼカスケードを介して最終的にはいくつかの転写因子のSer/Thr残基をリン酸化し，細胞の増殖や分化を制御している．

特異的にリクルートされて会合する．この様式で遺伝子発現に向かう代表的な経路に，Ras-MAPキナーゼ系がある．この経路では，Grb2やIRS（insulin receptor substrate）と呼ばれる分子がアダプターとして利用され，低分子量GタンパクⅡ質の一員である**Rasタンパク質 Ras protein**を活性化して，後述するMAPキナーゼカスケードにそのシグナルを伝達する．

EGFやPDGFの受容体がチロシンリン酸化されると，アダプターGrb2がそのSH2領域を介して結合し，さらにGrb2のSH3領域を介して結合したSos（son of sevenless）を活性化する．SosはRasに対してグアニンヌクレオチド交換因子（8・2・4参照）として作用し，GDP結合型RasをGTPの結合した活性化型に転換させる．インスリン受容体の場合には，アダプターとしてIRSがそのPTB領域を介してチロシンリン酸化された受容体の部位にまず結合し，次いでチロシンリン酸化されたIRSにGrb2が結合する．

チロシンキナーゼ受容体やIRSなどのアダプター分子には，Grb2が結合する部位以外にもチロシンリン酸化される部位が複数存在する．それらのリン酸化部位はSH2領域をもつ酵素をリ

クルートして活性化し，受容体刺激に固有のシグナルを伝達している．EGF や PDGF の受容体に結合するホスホリパーゼ C（PLC）の γ タイプやイノシトールリン脂質（PI）の 3 位水酸基をリン酸化する脂質 3-キナーゼの PI-3 kinase（PI-3K）がその代表的な例である．PLC の活性化は PI レスポンスを介して，DG ⇒ C キナーゼ系と IP_3 ⇒ Ca^{2+} チャネル系という 2 つの情報伝達系を動員する（7・3・2 参照）．一方の PI-3K はホスファチジルイノシトール 3,4,5-トリスリン酸（PIP_3）を生成して，セリン/スレオニンキナーゼのプロテインキナーゼ B protein kinase B（Akt，B キナーゼともいう）を活性化する．B キナーゼはグリコーゲン合成に関わる酵素を含む多くの分子の機能を調節するが，インスリンが示す多彩な生理作用は，アダプター IRS や B キナーゼの下流が多様に分岐しているためである．

7・4・4　細胞の増殖・分化を制御する MAP キナーゼカスケード

種々の分裂促進因子 mitogen の刺激によって共通に活性化されるセリン/スレオニンキナーゼに，MAP キナーゼ mitogen-activated protein kinase（MAPK）がある（図 7・4・3 参照）．約 40 kDa の MAP キナーゼ分子内には種を超えてよく保存されたアミノ酸配列（Thr-Glu-Tyr；TEY）が存在し，そのスレオニン残基とチロシン残基の両方がリン酸化されて初めて活性型に転換する．この両アミノ酸残基はその上流に位置する約 45 kDa の MAP キナーゼキナーゼ（MAPKK）によってリン酸化される．MAPKK はスレオニン残基とチロシン残基をともにリン酸化できるユニークなキナーゼ（dual-specificity kinase という）で，MAP キナーゼを唯一の基質としている．MAPKK はその分子内にある 2 つのセリン残基のリン酸化によって活性化されるが，このリン酸化はさらに上流のセリン/スレオニンキナーゼによって仲介される．MAPKK をリン酸化するセリン/スレオニンキナーゼを MAPKKK と総称しているが，G タンパク質 Ras によって活性化されるキナーゼ Raf1 はこの MAPKKK ファミリーの一員である．MAP キナーゼは細胞増殖以外にも細胞の分化や細胞周期の制御などの様々な細胞応答を伝達するが，これは，MAPKK が Raf1 以外に細胞周期の制御に関わる様々な MAPKKK によって活性化されるためである．MAP キナーゼは静止期にある細胞では不活性型として細胞質内に存在するが，リン酸化による活性化にともなって核内に移行する．核内に移行した MAP キナーゼは，転写因子（Myc，Fos や ATF2 など）をリン酸化し，特定の遺伝子の発現を制御している．このように，MAP キナーゼは上流のキナーゼ連鎖（カスケード）kinase cascade を介して活性化され，核内の転写装置にそのシグナルを伝達している．

7・5 遺伝子発現へのシグナルを伝達する核内受容体

　細胞外のシグナル分子はその化学構造から水溶性と脂溶性の2種類に大別され（7・1参照），タンパク質・ペプチド性のホルモンなどの水溶性シグナル分子は，それらに特異的な細胞膜上の受容体に結合してその情報を細胞内に伝達することを先に述べた．一方の副腎皮質・性ステロイドホルモンや甲状腺ホルモンあるいはビタミンD_3，レチノイン酸は，その脂溶性から細胞膜を通過して直接細胞質内に入り込み，核内（とその一部は細胞質内）に存在する受容体と結合してその情報を伝達する．図7・5・1に示すように，これらの脂溶性分子と結合する**核内受容体 nuclear receptor** は，同種（ホモ）または異種（ヘテロ）の分子からなる二量体である．脂溶性分子と結合した核内受容体は，DNA二重鎖の特定の部位（ホルモン応答配列という）と結合し，その結合部位が支配するDNA鎖の転写を活性化（または抑制）する．したがって，核内受容体は一種の**転写因子 transcription factor** と考えられる（第5章を参照）．これと結合する

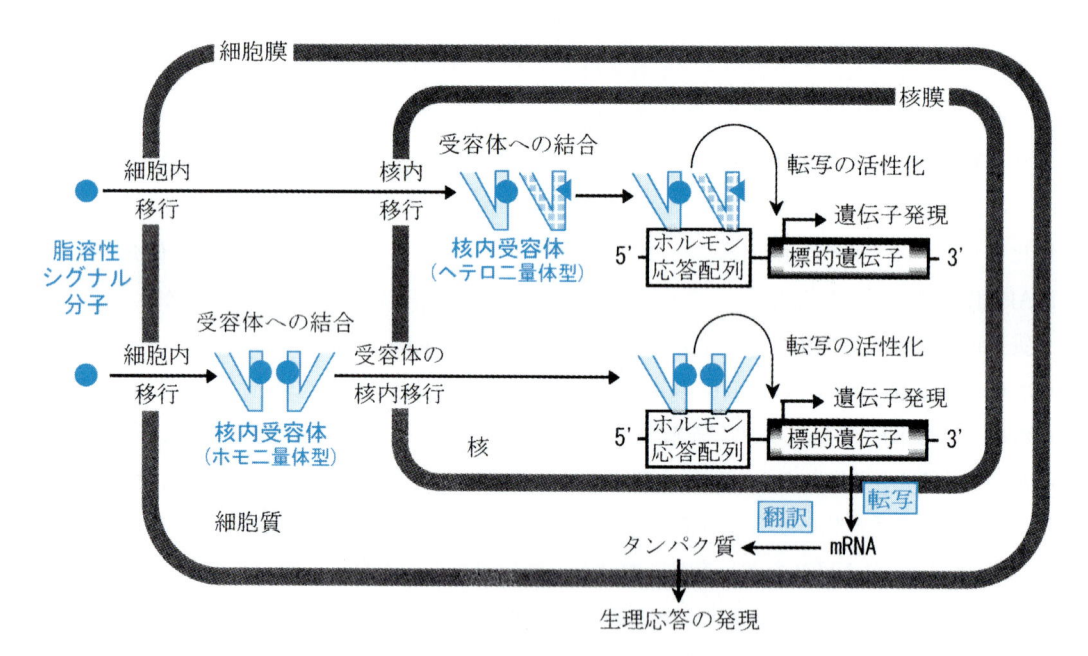

図7・5・1　転写調節因子として機能する核内受容体
　脂溶性のシグナル分子は細胞膜を通過して細胞内に入り込み，核内（とその一部は細胞質内）に存在する受容体と結合する．核内受容体は同種（ホモ）または異種（ヘテロ）の分子からなる二量体で，DNA二重鎖の特定の部位（ホルモン応答配列）に結合し，その結合部位が支配するDNA鎖の転写を活性化（または抑制）する．ホルモンの結合した核内受容体は一種の転写因子として機能し，遺伝子発現を介して細胞の機能を調節している．

脂溶性のシグナル分子は，転写・翻訳によるタンパク質の新生，すなわち，遺伝子発現を介して細胞の機能を調節している．

7・5・1　核内受容体の構造と転写の活性化機構

　核内受容体は大きなファミリーを形成しており，図7・5・2に示すように，N末端側から転写の制御機能をもつ可変領域（A/B），DNA結合領域（C），ヒンジ部（D），およびホルモン結合領域（E/F）に分けられる．C領域にはファミリー間で高度に保存された2つのジンクフィンガー zinc finger 領域（C_1，C_2）があり，このモチーフを介してDNAに結合する．D領域には，核内への移行に関わる核局在化シグナル nuclear localization signal（NLS）配列がある．ホルモンがE/F領域に結合すると，そのコンホメーションが変化して転写を活性化するが，A/B領域にもホルモンの結合に依存しない転写の活性化能が存在する．E/F領域の相同性は核内受容体間で比較的高いが，A/B領域の相同性は低く，個々の受容体に固有である．A/BおよびE/F領域には種々の転写共役因子群が結合する．

　ホルモンが核内受容体に結合するとその受容体のもつ転写能が活性化されるが，その様式は図7・5・1で示したホモ二量体型とヘテロ二量体型の核内受容体でやや異なる．ホモ二量体型は細胞質と核内の両方に存在し，ホルモンが結合していない時は，熱ショックタンパク質（Hsp90）を含む抑制性タンパク質と複合体を形成して，細胞質内に繋ぎ止められている．ホルモンが結合すると抑制性タンパク質が解離し，受容体は核内に移行してC領域を介したDNA応答配列への結合が可能となる．一方，ヘテロ二量体型の受容体は核内にのみ存在する．いずれの場合に

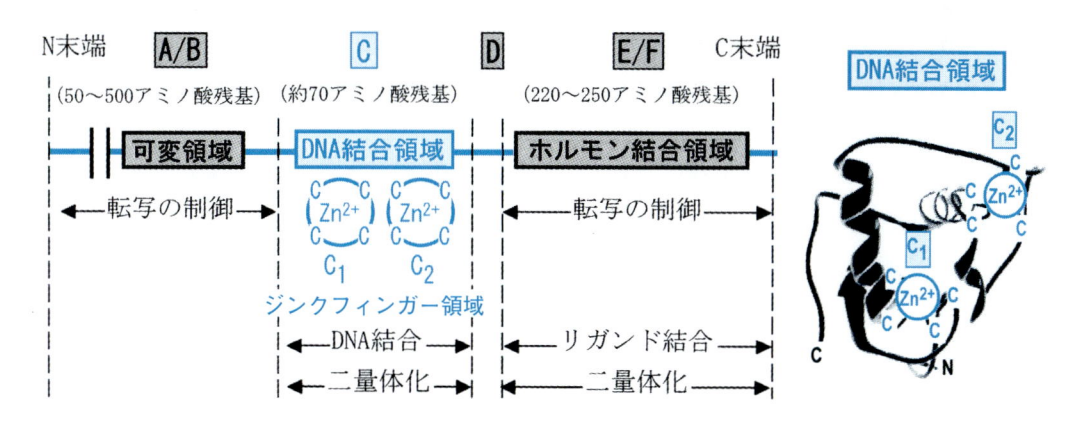

図7・5・2　核内受容体の構造と機能領域

　左：核内受容体はN末端側から，転写の制御機能をもつ可変領域（A/B），ファミリー間で高度に保存された2つのジンクフィンガーをもつDNA結合領域（C），ヒンジ部（D），および脂溶性のシグナル分子（リガンド）が結合するホルモン結合領域（E/F）に分けられる．右：グルココルチコイド受容体のDNA結合領域（C）の三次元構造．

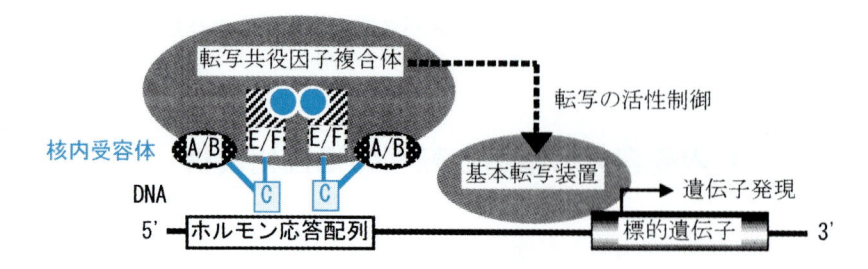

図 7・5・3 核内受容体による転写の活性化機構
核内受容体の A/B および E/F 領域には転写共役因子複合体が結合しており，ホルモンが結合するとそのコンホメーションを変化させて基本転写装置と相互作用し，標的遺伝子の転写を活性化（または抑制）する．

も，ホルモンの結合によるコンホメーション変化を介して A/B および E/F 領域に結合した転写共役因子複合体が，基本転写装置と相互作用して標的遺伝子の転写を活性化（または抑制）する（図 7・5・3 及び図 5・2・5 を参照）．なお，ダイオキシン類などの内分泌撹乱化学物質は，類似の核内受容体と結合して転写制御機構に影響を与えることが知られている．

7・5・2　核内受容体が結合する DNA 応答配列

二量体化した核内受容体は，C 領域に存在するジンクフィンガー領域を介して DNA に結合するが，図 7・5・4 に示すように，DNA 側の結合部位にはホルモン応答配列 hormone-response element と呼ばれるヌクレオチド塩基の特徴的な配列が存在する．例えば，グルココルチコイドとエストロゲンの受容体がそれぞれに共通して結合する DNA 上の応答配列は，任意の 3 塩基対で隔てられた 6 塩基対からなる逆方向反復 palindrome repeat 型であり，逆向きにホモ二量体化した受容体の C 領域が左右対称で結合する．一方，ビタミン D_3，レチノイン酸，甲状腺ホルモンなどの受容体は，エストロゲン受容体で認識される同じ配列が 3〜5 塩基対で隔てられた縦列反復 tandem（or direct）repeat 型の応答配列に結合する．このような縦列反復型配列に結合する受容体は RXR と呼ばれる共通核内受容体と結合したヘテロ二量体である．ヘテロ二量体にある 2 つの C 領域は，ホモ二量体化した場合の逆向きとは異なり，同じ方向の配置で DNA 上の応答配列を認識している．

1) 逆方向反復型のホルモン応答配列

グルココルチコイド受容体（GR）

5' AGAACA(N)₃TGTTCT 3'
3' TCTTGT(N)₃ACAAGA 5'

エストロゲン受容体（ER）

5' AGGTCA(N)₃TGACCT 3'
3' TCCAGT(N)₃ACTGGA 5'

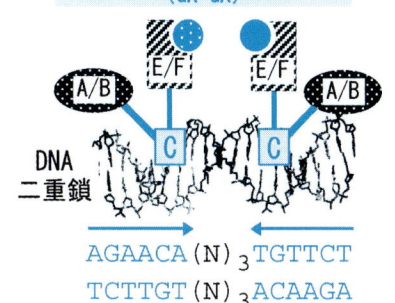

2) 縦列反復型のホルモン応答配列

ビタミンD₃／レチノイン酸受容体（VDR/RAR）

5' AGGTCA(N)₃₋₅AGGTCA 3'
3' TCCAGT(N)₃₋₅TCCAGT 5'

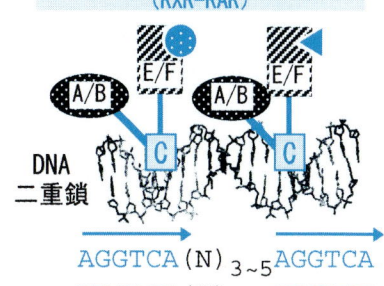

ホモ二量体化した核内受容体（GR-GR）

AGAACA(N)₃TGTTCT
TCTTGT(N)₃ACAAGA

ヘテロ二量体化した核内受容体（RXR-RAR）

AGGTCA(N)₃₋₅AGGTCA
TCCAGT(N)₃₋₅TCCAGT

図 7・5・4　核内受容体が結合する DNA 上のホルモン応答配列

1) ホモ二量体型核内受容体が結合する逆方向反復型のホルモン応答配列（左）．逆向きに二量体化した受容体の C 領域が左右対称構造の DNA 分子上に結合する．2) ヘテロ二量体型核内受容体が結合する縦列反復型のホルモン応答配列（右）．同じ向きに二量体化した受容体の C 領域が縦列反復構造の DNA 分子上に結合する．

第8章

細胞間コミュニケーション

第8章の学習目標

1) 多細胞真核生物であるヒトを構成する細胞はそれぞれが専門化した機能をもっており，細胞間コミュニケーションにより互いの働きを調節することで，個体の恒常性が維持されていることを理解する．
2) コミュニケーションに利用されるシグナル分子には伝達される範囲と速度の異なる種類が存在し，生体は目的に応じてこれらを使い分けていることを理解する．また，シグナル分子の組み合わせや，細胞内でのシグナルの変換と統合により，細胞のふるまいが決定されることを理解する．
3) 細胞が作る結合には，物質の閉塞・細胞の固定・物質の連絡の働きがあり，これらにより組織構造の保持と細胞間コミュニケーションとが行われることを理解する．
4) 神経系は，細胞のもつ長い突起と液性の神経伝達物質とを使って，2つの限られた細胞間に非常に速く瞬間的な細胞応答を行う経路であることを理解する．
5) 内分泌系は，血液により全身に運ばれるホルモンを使って，全身の細胞に比較的遅く継続的な細胞応答を行う経路であることを理解する．
6) 免疫系は，自然免疫と獲得免疫とから構成され，液性および接着依存のシグナル分子を使って，非自己を排除する細胞応答を行う経路であることを理解する．

はじめに

　細菌や酵母のような単細胞生物も，私達ヒトのような多細胞生物も，生命の基本単位である細胞から構成されている点では同じだが，両者には決定的な違いがある．ヒトの体では，個々の細胞は単純に寄り集まっているわけではなく，形態も機能も異なる専門化された細胞がチームプレーにより組織化されている．細胞の集まりはまず組織を形成し，複数の組織が連携して器官となる．そして組織や器官は，おのおのが専門化した役目を果たすとともに，他組織の細胞と連絡を取り合い，体全体として働きの整合性が取れるように個々の細胞のふるまいを調節している．すなわち，ヒトが健康に生きていくためには，細胞間での物質と情報のやりとりが不可欠である．細胞がもつ物質輸送装置や情報伝達装置の分類と共通機構については，すでにこれまでの章で学んできた．本章では，生体内の細胞が，直接または間接に情報を受け取って処理し，細胞応答を導いて個体に還元するまでの大要を学び，さらにその意義を具体例により理解する．私達ヒトの体が，生まれてから死ぬまでの一生を通じて，細胞間コミュニケーションにより恒常性を維持するしくみを説明できるようになることが本章の目標である．

8・1　細胞間コミュニケーションの必要性とその概要

8・1・1　多細胞生物に必要な細胞間コミュニケーション

　多細胞真核生物であるヒトの体は，60兆個もの細胞が集まって形作られている．単細胞原核生物である細菌では，基本的には個々の細胞の恒常性が保たれることが個体の恒常性と同義となるが，ヒトの体では個々の細胞は独立して生きていればよいわけではない〔近年，細菌など単細胞生物も，ホルモン様（8・6節ホルモンの項参照）の働きをする物質とその受容体を有すること，あるいはバイオフィルム構成成分に代表される微生物代謝物が細胞外マトリックス（後述）に類似した働きをすることが報告されており，単細胞生物も細胞間コミュニケーションを行い集団の秩序をもつという考えが提唱されている〕．ヒトの体を構成する細胞は，受精卵から細胞分裂を繰り返して発生する過程で分化し，それぞれの器官および組織に特異的な遺伝子発現を行うことで，固有の形態と機能を獲得する．原核細胞では，細胞内のさまざまな生体反応が場所や時間を同じくして起こるのに対し，真核細胞内では，水を主成分とする空間を膜で区画化した細胞

第8章　細胞間コミュニケーション

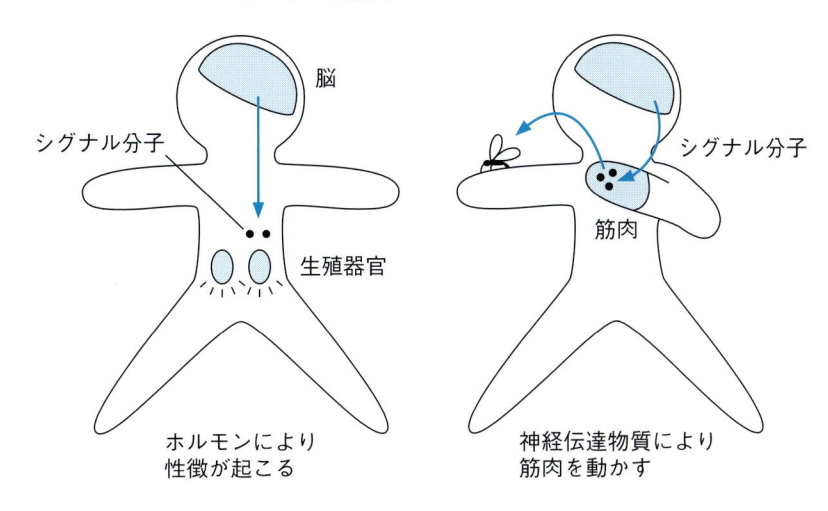

図8・1・1　細胞間コミュニケーション
多細胞生物は，異なる形態と機能をもった細胞どうしのコミュニケーションにより，働きの整合性を保っている．

小器官 organelle が代謝，分解，物質輸送などの役割を分担し，細胞小器官相互の物質と情報のやりとりにより細胞の恒常性が維持される．そして多細胞真核生物は，細胞内だけでなく細胞間での分業体制を採用することにより，神経伝達や免疫応答などの単細胞生物にはない精密で複雑な生体反応を行うことができる（図8・1・1）．つまり，高等生物の多彩な恒常性維持機能は，個々の細胞の性能だけでなく，その組織化の厳密な制御によって保証されているため，私達の体の成り立ちを学ぶ上では，細胞間コミュニケーションを理解することが不可欠である．

8・1・2　多細胞生物の組織化

多細胞生物の組織化には2つの特徴がある．その1つ目は，細胞機能の専門化である．さまざまな生命過程を効率よく進めるためには，専門化した細胞が必要とされる．特定の働きをもつ細胞群は組織と呼ばれ，複数の組織が連携して器官を形成する．ヒトの体を眺めると，各器官は体全体の代謝，動き，情報制御などの専門化した役目を果たしており，器官内では各組織が，組織内では各細胞が，そして細胞内では各細胞小器官がもう少し狭い範囲での役割分担をしている（図8・1・2）．また，各組織を構成する細胞はすべて同じ種類というわけではなく，さまざまな形態と機能をもつ細胞が協同して組織固有の機能を担っている．2つ目の特徴は，細胞間の情報交換である．多細胞生物には多種多様な組織や細胞が存在するため，ヒトの体の恒常性が維持されるためには，それぞれの働きを調和させる必要がある．そのために細胞は，さまざまなシグナル分子（情報信号分子）signaling molecule を使い，遠く離れた組織の細胞とも互いに連絡をしあっている．多くの場合，シグナル分子は細胞内に入っただけでは細胞応答を起こすことはできず，最低1回は情報の変換が必要である（図8・1・3）．細胞には情報を受け取って読

個体 ▷ 器官 ▷ 組織 ▷ 細胞 ▷ 細胞小器官

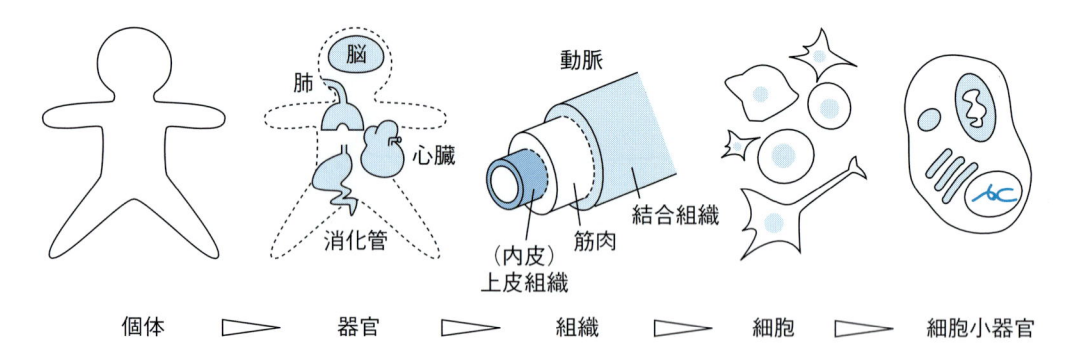

図 8・1・2 多細胞生物における細胞の組織化
ヒトの体は，器官，組織，細胞という階層をもつことで，複雑で精密な制御を行うことができる．

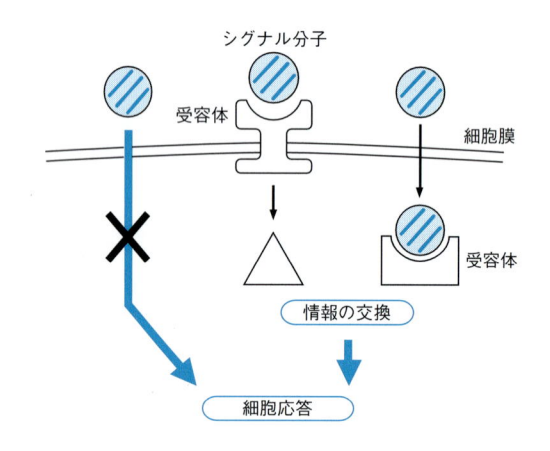

図 8・1・3 シグナル変換の必要性
ほとんどの場合，シグナル分子は生体内に入っただけでは細胞応答を誘導することはできず，別の分子に置き換わる必要がある．

解するための受容体 receptor が存在する．受容体はシグナル分子の構造を見分けてこれに結合し，別の分子の構造変化を起こすことにより一連の細胞内の化学反応を誘導する．1つの受容体が受け取った情報により，細胞内分子に一連の化学反応が起きて情報の変換と増幅が行われ，これが最終の細胞応答を導く（図 8・1・4）．また，それぞれのシグナル分子は細胞内の化学反応のさまざまな段階に影響を与えることから，その総和としてどのような細胞応答が起こるかが決定される（図 8・1・5）．

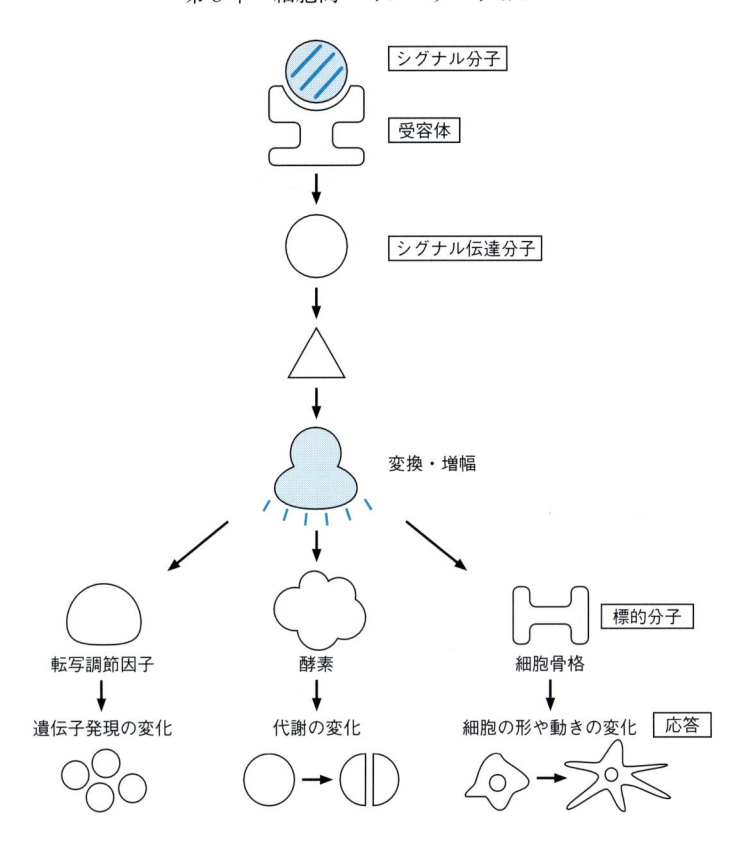

図 8・1・4 シグナル分子を使った細胞間コミュニケーション
シグナル分子と結合した受容体は，シグナル伝達分子を介してシグナルの変換と増幅を行い，標的分子に作用する．標的分子の変化が細胞応答の実体である．

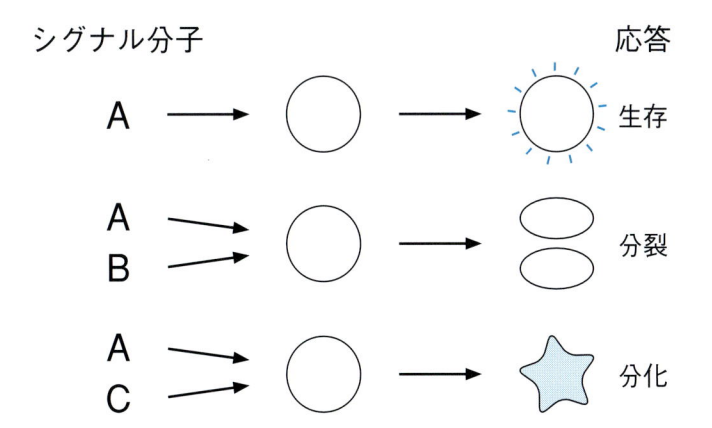

図 8・1・5 シグナル分子の組み合わせによる細胞応答の多様化
異なる種類のシグナル分子が作用することにより，細胞の応答に多様性が生じる．

8・2 細胞間コミュニケーションの一般則

8・2・1 シグナル分子の種類とその発信

　生体に伝わる外来または生体内からのさまざまな刺激は，まずそれを直接受け取った細胞内の遺伝子発現変化または標的分子の構造変化を介して，シグナル分子に変換される．細胞は少なくとも1種類，たいていは数種類の化学物質を細胞外に出しており，これらがシグナル分子として細胞間コミュニケーションに使われる．そのようなシグナル分子には，タンパク質，脂質，糖質，そして気体も含まれる．情報を受け取る細胞側から見れば，シグナル分子は，遠くにいる細胞，隣接する細胞，または情報を受け取る細胞自身のいずれかにより作られ，これらの細胞表面に存在するか細胞外に放出されている．生体内で個々の細胞が接するのは，液性成分（体液），別の細胞，あるいは隣接する組織構造体であるため，シグナル分子の受け取りはこれらのいずれかから行われることになる（図8・2・1）．

8・2・2 細胞接着非依存性のシグナル分子の概要

　液性成分を介して細胞に届けられるシグナル分子は，離れた組織で作られたものが循環系を利用して標的細胞に向けて移動する場合と，比較的近い距離から細胞方向性をもたない浸潤と拡散により標的細胞に行き着く場合とに大別される（図8・2・1）．前者の代表に**ホルモン hormone**がある．ホルモンは，内分泌器官と呼ばれる組織で産生される射程距離の長いシグナル分子である．外分泌器官が専用の導管をもつのに対し，内分泌器官は導管をもたない代わりに血管組織が発達しており，ホルモンは血流により運ばれて離れた組織に細胞応答を起こす．ホルモンが標的細胞に届くまでに必要な時間は，体液の移動時間で規定され，最低数秒を必要とする．これより，ホルモンを初め循環系を利用して移動するシグナル分子は，筋肉収縮のような瞬時の細胞応答ではなく，もう少し作用時間の長い生命現象を調節する（8.6節ホルモンの項を参照）．一方，シグナル分子が拡散や浸潤で標的細胞に運ばれる場合には，シグナル分子を産生するのは，標的細胞の近くにいる細胞か，標的細胞自身のどちらかである．細胞が産生する短射程でタンパク質性の生理活性物質は**サイトカイン cytokine**と呼ばれ，産生細胞自身や近い範囲の細胞に働くシグナル分子である（8.7節サイトカインの項を参照）．また，**神経伝達物質 neurotransmitter**による**シナプス synapse**を介した情報伝達は特殊な例であり，遠くの細胞との情報のやりとりが行われるが，発信細胞が標的細胞の近傍まで長い突起を伸ばし，情報の発信と受け取りはごく

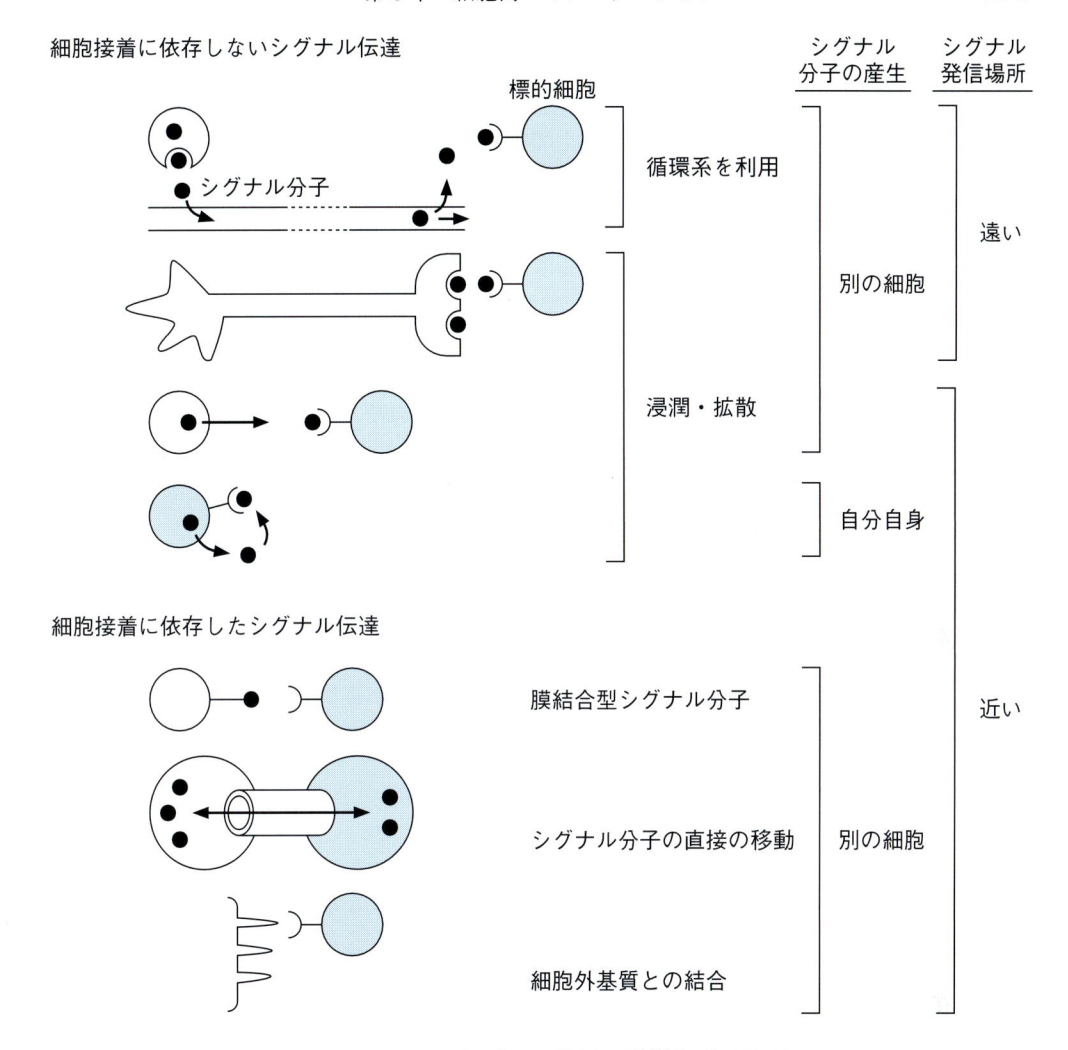

図 8・2・1　シグナル分子の発信と受け取り
液性のシグナル分子は体液中に放出され，循環系または浸潤により標的細胞に伝えられる．

近い距離で行われるために，非常に短い時間で連絡を取り合うことが可能である（8.5節神経情報伝達の項を参照）．

8・2・3　細胞接着依存性のシグナル分子

　細胞が何らかの構造体に直接接触することで細胞応答を行う場合があり，この作用を仲介する分子は細胞接着分子 cell adhesion molecule と呼ばれる．組織細胞は，別の細胞と接触しているか，または細胞外マトリックス extracellular matrix（ECM）と呼ばれるタンパク質と糖鎖とを主とする網目状構造体の中に埋まるように存在している．このうち，細胞間の接触にあずかる細胞接着分子は，隣合う細胞の両者に存在して双方向に物質と情報のやりとりを行う．その

中には，物質が細胞間を行き来するトンネル様の構造体もある．細胞外マトリックスと結合する細胞接着分子からは，細胞の生存や増殖および組織を特徴付けるための情報が細胞内に伝えられている．このことは，細胞が周囲の環境に応じて細胞応答を行うことを意味している．

8・2・4　シグナル分子の受け取りにより細胞内に生じる変化

シグナル分子が受容体に結合すると，細胞内ではシグナル伝達分子の構造変化のリレーが起こり，その変化は最終的に標的分子へと伝えられる．標的となるのは，転写調節因子，代謝酵素，細胞骨格などである．このうち，転写調節因子は遺伝子発現効率を変え，細胞がもつタンパク質

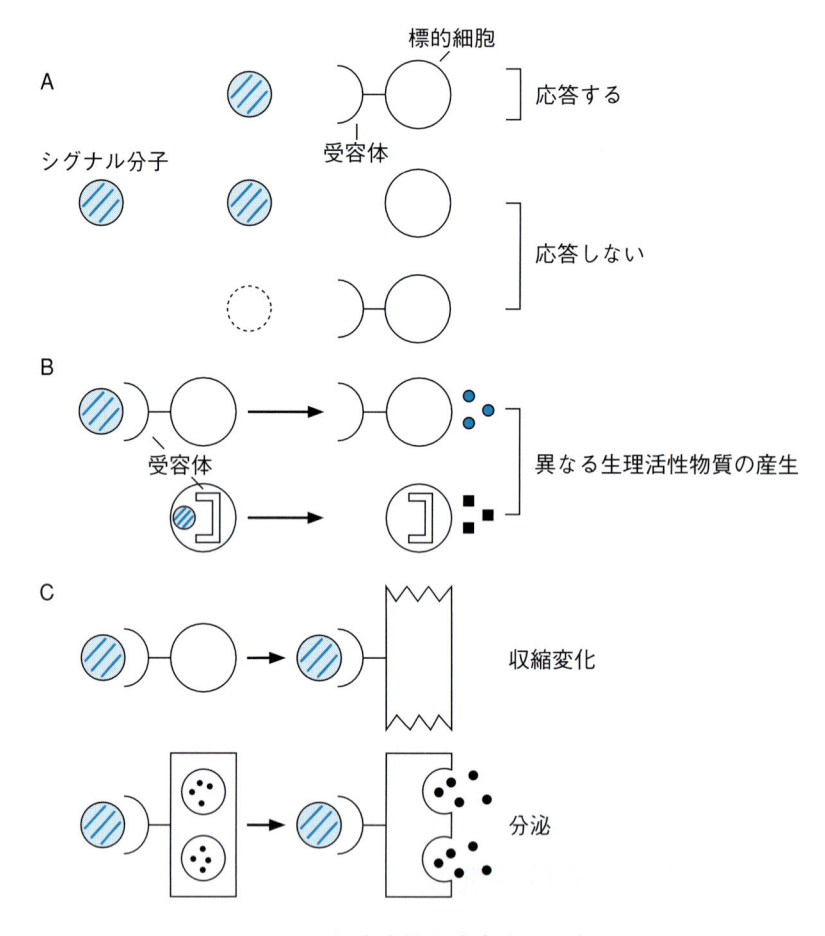

図8・2・2　細胞応答を決定する要素

A. シグナル分子があっても受容体がなければ応答しない．B. 受容体が異なると，ひとつのシグナル分子が異なる細胞応答を導く．例えば，ステロイドを認識する受容体には膜受容体と細胞内受容体がある．C. シグナル分子と受容体のどちらも同じでも，細胞内のシグナル伝達分子が異なると，導かれる細胞応答が異なる．例えば，アセチルコリンは，細胞種によって異なる細胞の変化を起こす．

第8章　細胞間コミュニケーション

の種類と濃度の変化を起こす．酵素タンパク質や細胞骨格タンパク質が標的の場合には，新たな遺伝子発現を伴わずに前者は細胞の代謝反応の変化を，後者は細胞の形や動きの変化をそれぞれ行う．したがって，細胞がもつタンパク質の種類と濃度の変化，あるいは構造や存在場所の変化が，細胞応答の直接の要因といえる（図8・1・4）．

　細胞応答性の違いを決定する要素は以下にまとめられる（図8・2・2）．まず，細胞応答の有無は，シグナル分子存在の有無または標的細胞が特異受容体をもつかどうかにより決まる．1種類のシグナル分子が異なる細胞応答を導く場合もある．1つはあるシグナル分子の受容体が複数種類存在する場合である．もう1つの可能性は，シグナル分子と受容体が同一でも，細胞ごとにシグナル伝達分子が異なる場合である．細胞内に存在するシグナル伝達分子は多彩であり，1種類の伝達分子が複数の受容体からの化学反応を仲介する．細胞内には，複数のシグナル伝達分子と結合してシグナル伝達に必要な分子を受容体の近くに集める足場タンパク質や，自分自身は化学変化をしないが2つの分子間ののりしろとなるアダプタータンパク質が存在している．これらのシグナル調節分子の働きにより受容体からのシグナルは，混線せずに標的分子へと伝わる．したがって，細胞がどのような変化を起こすのかには，シグナルの入り口である受容体だけでなく，シグナル調節分子による規定が重要な役割を果たしている（図8・2・3）．

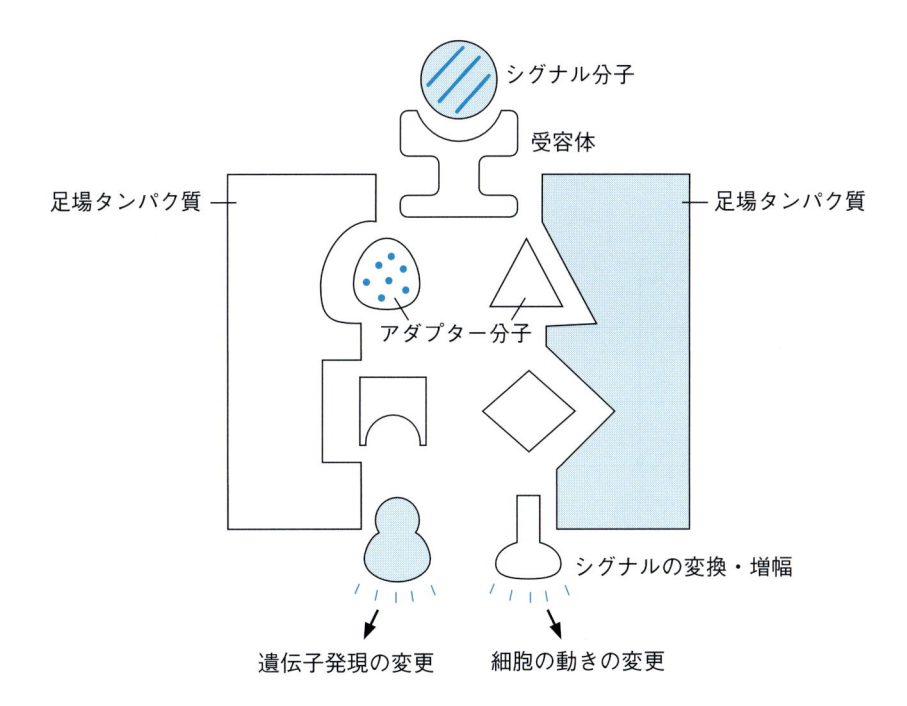

図8・2・3　シグナル調節分子による細胞応答の決定

　細胞内には，受容体からのシグナルを標的分子に伝えるための化学反応のリレーを調節する分子が存在する．シグナル調節分子は，自分自身は変化しない．例えば，アダプター分子は複数のシグナル伝達分子を物理的に近づけ，足場タンパク質は受容体付近にシグナル伝達に必要な分子を集積させる．

8・3 細胞のシグナル受け取り装置

8・3・1 細胞内でのシグナル分子の受け取り方

　細胞外のシグナル分子が細胞内に入るためには，脂質二重層で構成された疎水性の空間を通過する必要がある．このため，ステロイドに代表される小型の脂溶性物質は比較的容易に侵入できるが，親水性物質や巨大物質の場合には取り込みのための特別なしくみが必要となる．物質が生体膜を通過する方法は，膜の隙間を通る場合と，膜ごと取り込まれる場合とに大別される（図8・3・1）．いずれの機構でも取り込みを媒介するタンパク質が細胞膜に存在しており，物質だけを細胞内部に移動させる場合と，媒介タンパク質ごと取り込まれる場合とがある．

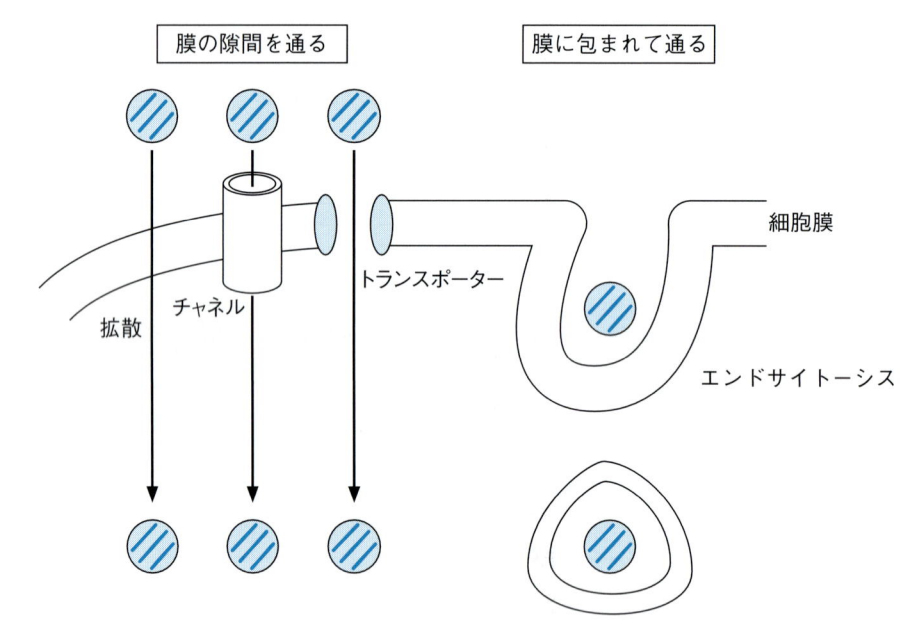

図 8・3・1 物質が細胞膜を通過する方法
物質は膜の隙間を通るか，あるいは膜に包まれて細胞膜を通過して細胞内に取り込まれる．

8・3・2 物質が細胞膜の隙間を通過する方法

　電荷をもたない小型分子や小型の脂溶性物質は，媒介するタンパク質がなくても，脂質二重層

を構成する脂質分子の隙間を拡散により通過できる（図8・3・1）．物質が膜の隙間を通る場合の媒介タンパク質には，第6章で学んだように，膜に水溶性の孔を形成して物質を通過させるチャネル channel とトランスポーター transporter とがある．ある種のイオンや生理活性物質は，これらのタンパク質を介して細胞内に移動するシグナル分子として働く．イオンチャネル ion channel は，細胞膜に存在して，特定のイオンの出入りを制御する．イオンチャネルが電気化学的勾配に従う受動輸送 passive transport のみを行うのに対し，エネルギーを使ってこれに逆らう能動輸送 active transport を媒介するものはポンプ pump と呼ばれる．

8・3・3　細胞膜を通過するシグナル分子

　細胞膜を通過するシグナル分子の代表にステロイド steroid がある．副腎皮質や生殖腺から分泌されるホルモンの多くは脂溶性のステロイドであり，細胞内部に侵入してさまざまな変化を誘導する．細胞内には各ステロイドに結合するタンパク質が存在し，それらはステロイド受容体と呼ばれる．ステロイド受容体の多くはDNA結合性の転写調節因子であり，対応するステロイドと結合した状態でのみ機能を発揮する（第7章を参照）．すなわち，ステロイドは一回の情報変換だけで標的物質に作用するシグナル分子である．ステロイドがなければ，受容体は細胞質に留まるかあるいは核内にあってもDNAに結合できずにいる．ステロイドが細胞内に入りステロイドと受容体との複合体が形成されると，核に移動したりDNAに結合する能力を獲得する．この複合体は特定遺伝子の転写調節領域に結合して転写反応の効率を変化させる（第7章を参照）．したがって，ステロイドが作用した細胞では，遺伝子転写反応を介して細胞内タンパク質の種類と濃度が変化することにより，さまざまなふるまいが発揮される．ステロイドは特別な装置がなくても細胞膜を通過できるため，細胞が応答するか否かは，おのおのの細胞が受容体を有するかどうかで決まる．また，細胞表層に存在するステロイド受容体も知られており，これらは転写因子として働く細胞内受容体とは異なる細胞応答を導くと考えられる．

　一酸化窒素（NO）は，小型で細胞膜を通過する気体のシグナル分子であるが，ステロイドとは異なり，情報の変換を必要とせずに直接細胞内の標的分子に働く（第7章を参照）．NOは細胞内に存在するアミノ酸のアルギニンを材料としてNO合成酵素により作られる．細胞外に放出されたNOは細胞膜を通過して標的細胞内に入り，標的分子であるアデニル酸シクラーゼの酵素活性を変化させることで細胞応答を導く．生体内で産生されたNOは短時間で分解されるため，この分子は産生細胞自身か近傍の細胞に作用する射程距離の短いシグナル分子である．NOが調節する生理作用には，血管平滑筋弛緩による血圧の調節，ペニスの勃起，好中球の活性化，および血小板の凝集などがある．

　チャネルを介して細胞内に流入するシグナル分子にはカルシウムイオン（Ca^{2+}）がある（第6および7章を参照）．カルシウムイオンは，その細胞内濃度が細胞外に比べて非常に低く保たれており，チャネルを介して細胞内に流入してカルシウムイオン依存性酵素のプロテインキナー

ゼ C やカルモジュリンなどのカルシウムイオン結合性タンパク質と結合し，さまざまな生理作用を発揮する．

8・3・4　膜に包まれて細胞膜を通過する方法

　比較的大きめの分子や，細胞丸ごとをも含む大きな構造体は，受容体として働く媒介タンパク質に結合した後，膜小胞となり細胞内に取り込まれる．この取り込みは，細胞骨格の再編成を伴わないエンドサイトーシス endocytosis と，再編成を伴って大型構造体や細胞などが細胞膜に包まれるように取り込まれる貪食 phagocytosis とに分かれる．いずれの場合でも，取り込まれた物質は，膜小胞（貪食胞 phagosome と呼ばれる）から細胞質に出るもしくは膜小胞がエンドソームやリソソームと融合して，生体反応の基質や情報として利用される．

8・3・5　膜ごと細胞内に入るシグナル分子

　生体内に侵入した病原微生物や，微生物感染細胞，そしてがん細胞や死んだ細胞などは生体から除去されるべき細胞である．これらの細胞がもつタンパク質の一部分，核酸，糖質，脂質などが，免疫細胞に対するシグナル分子として働く例が知られている（図 8・3・2）．たとえば樹状細胞と呼ばれる免疫細胞内に取り込まれた微生物は分解され，一部の分解物が樹状細胞表面に移動して別の免疫細胞を活性化するためのシグナル分子として働く．また，ある種の微生物は，マクロファージという別の免疫細胞に取り込まれて，マクロファージ内の膜小胞に存在する受容体へのシグナル分子となり，シグナル伝達を介して抗微生物物質が産生される（8.8 節を参照）．

8・3・6　細胞膜を通過しないシグナル分子とその受け取り方

　タンパク質性の情報物質の多くは細胞膜を通過することができず，これらの作用点は細胞表層に存在する受容体となる．また，糖質や脂質をシグナル分子として認識する受容体も多数細胞膜に存在している．受容体はシグナル分子の結合により構造変化を起こし，細胞内に存在する別の分子にその変化を伝える（第 7 章を参照）．多くのサイトカイン，タンパク質性のホルモン，神経伝達物質は細胞膜受容体を介してシグナル伝達が行われる．プロスタグランジン prostaglandin は膜受容体によりシグナルが伝わる脂質性シグナル分子の代表である．一般的に，膜受容体を介するシグナルの経路は，細胞内受容体を介する場合に比べて複雑で多段階に渡る．また，1 つの細胞に複数のサイトカインやホルモンが働く場合も多く，細胞は複数の膜受容体からの情報をさまざまに使い分けて多彩な細胞応答を行っている．

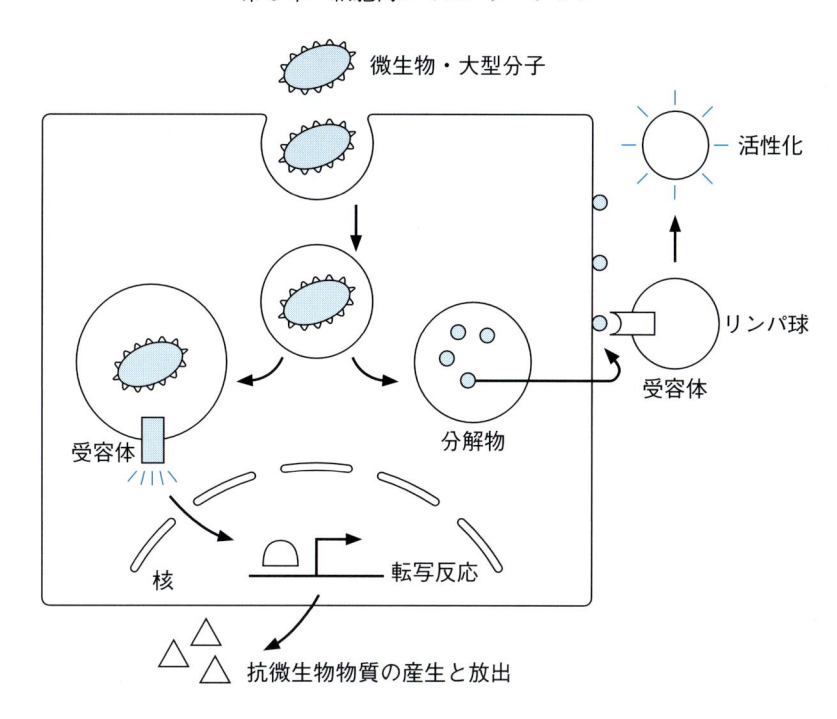

図 8・3・2　膜に包まれて細胞膜を通過するシグナル分子
微生物や大型分子は貪食胞に取り込まれ，細胞内の受容体を介したシグナル伝達により，抗微生物物質の産生を促す場合がある．また，細胞内で分解された微生物の一部は，細胞表面に移動してリンパ球を活性化するシグナル分子として働くことが知られている．

8・4　細胞の接着と結合

8・4・1　細胞の作る結合

　私達の体を形作る組織は，神経，筋肉，血液，リンパ組織，上皮組織，結合組織に大別される．血液を除くほとんどの組織では，細胞は液体中に浮遊するのではなく，細胞や周囲の構造物に固定されており，むやみに移動することはない．つまり，細胞は別の細胞または細胞間基質である細胞外マトリックスと接着し，特有の結合を形成している．これにより，組織の物理的構造が保たれるばかりでなく，シグナル分子の細胞間移動や受容体を介した情報伝達により組織の機能や生存が維持されている．

　細胞の作る結合をその機能から分類すると，閉塞結合 occluding junction，固定結合 anchoring junction，連絡結合 communicating junction の3種類に分けられる（表8・

表 8・4・1 細胞の作る結合の分類と働き

機能的分類	結合の名称	膜貫通接着分子	働き
閉塞結合	密着結合	クローディン オクルーディン	・隣接細胞を封印して細胞のすき間から分子がもれないようにする
固定結合 　細胞－細胞 　細胞－細胞外マトリックス	接着結合 デスモソーム 接着斑 ヘミデスモソーム	カドヘリン インテグリン	・隣接細胞間で細胞骨格を連結する ・細胞骨格をマトリックスに固定する ・マトリックスの情報を細胞内に伝える
連絡結合	ギャップ結合	コネキシン	・チャネルを介して小型分子をやりとりする

4・1).上皮系の細胞には,皮膚の表皮細胞,消化管の粘膜上皮細胞,血管内皮細胞,肺胞上皮細胞などさまざまな種類が存在するが,上皮細胞はいずれも同種細胞間で密着した閉塞結合を作り,細胞の隙間から分子が漏れ出さないようにバリアーを形成している.これにより,膜タンパク質を特定領域の膜に区画化したり,分子の漏れ出しによる組織の不都合が防がれている.固定結合は,細胞同士をあるいは細胞と細胞外マトリックスを繋ぎとめる役目をもつ.この結合は,細胞内のアンカータンパク質と膜貫通型の接着タンパク質とから形成され,組織と細胞の物理的強度を保っている.また,接着タンパク質を介して細胞内にシグナルが伝えられ,組織の機能や細胞の生存が維持されている.連絡結合では,親水性のチャネルタンパク質が隣合う細胞どうしを直接連結する.小型の分子やイオンはこのチャネルを通って移動できるため,細胞間でのシグナル分子の共有による同調した応答が可能となる.

8・4・2　細胞間の閉塞結合

閉塞結合は上皮細胞間に存在し,それぞれの細胞の膜貫通タンパク質クローディンおよびオクルーディン同士が,密着結合 tight junction と呼ばれる密度の高い結合を作って細胞膜および細胞膜で隔てられた空間を区画化している.小腸柔突起の上皮細胞間の結合は,密着結合による閉塞により組織機能を保持する代表例である(図 8・4・1).細胞膜は食べ物の消化物に接する腸管側である頂端表面 apical surface と血管が存在する体の内側である側底部表面 basolateral surface とに密着結合をはさんで区画化され,それぞれの膜には異なる種類のグルコース輸送体が存在している.これにより,消化された食物中のグルコースは,細胞の隙間から漏れ出すことなく,2種類の輸送体を順に通過することにより,上皮細胞内を横断して血液中に取り込まれる.また,脳では血管内皮細胞同士の,精巣ではセルトリ細胞同士の密着結合により,血液

第8章　細胞間コミュニケーション

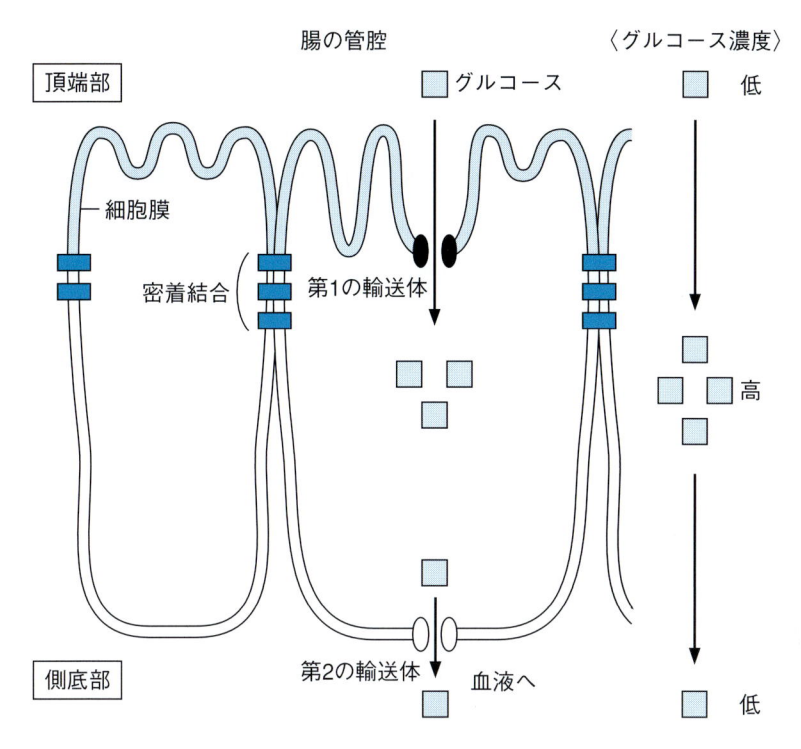

図8・4・1　細胞間の閉塞結合
小腸上皮細胞の密着結合は，細胞膜を区画化し，輸送タンパク質の存在を細胞膜の頂端部と側底部とに限定させている．腸管内のグルコースは，頂端部の輸送体によりグルコース濃度の低い管内から細胞内へと能動輸送される．細胞内に集められたグルコースは，側底部の輸送体により濃度の高い細胞内から細胞外へと受動輸送され，血中に取り込まれる．

脳関門 blood-brain barrier や血液精巣関門 blood-testis barrier と呼ばれるバリアーをそれぞれ形成し，各器官への有害物質の侵入を阻止するとともに，免疫細胞の侵入を防いで免疫特権組織としての機能を維持している．

8・4・3　細胞間の固定結合

細胞は細胞接着分子を介して細胞同士または細胞–細胞外マトリックスを固定する結合を作る．いずれの場合にも，膜貫通型接着分子と細胞内アンカー分子が固定結合を作っており，細胞同士や細胞と細胞外マトリックスとの接着は膜貫通型接着分子で担われ，細胞内アンカー分子は細胞内の細胞骨格タンパク質と結合して，細胞を組織に固定する点が共通している（図8・4・2）．細胞間の固定結合には，接着分子としてカドヘリン cadherin が利用されるが，結びつく細胞骨格の種類により接着結合 adherence junction（カドヘリンがアンカー分子を介してアクチンフィラメント actin filament と結合）と，デスモソーム desmosome（カドヘリンがアンカー分子を介して中間径フィラメント intermediate filament と結合）とに分類され

る．接着結合細胞間で固定結合を作るためには，まず細胞同士が集まって接着する必要があり，このような細胞接着分子は，カルシウムイオン依存性と非依存性に大別される．私達人間の組織におけるカルシウムイオン依存性細胞接着分子の代表例はカドヘリンである．この分子は，上皮細胞由来のE-カドヘリン，神経や筋肉がもつN-カドヘリン，そして胎盤や表皮に存在するP-カドヘリンの3種類がある（それぞれ epitherial，neuronal，placenta の頭文字に由来）が，それぞれをもつ細胞を混ぜておくと同種をもつ細胞同士が集まることから，同じ型の分子同士が優先的に結合することが実験的に示されている（図8・4・3）．また，上皮細胞同士が密着結合を作る際には，あらかじめ接着結合が必要であることも知られている．

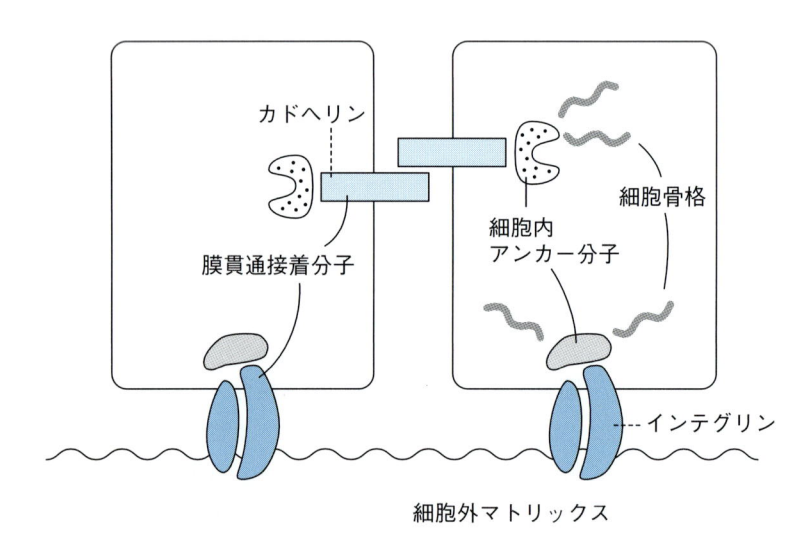

図8・4・2 細胞間，細胞-細胞外マトリックスの固定結合
組織細胞の多くは，他の細胞あるいは細胞外マトリックスと接着結合を形成し，これにより細胞や組織の構造と物理的強度が保たれる．

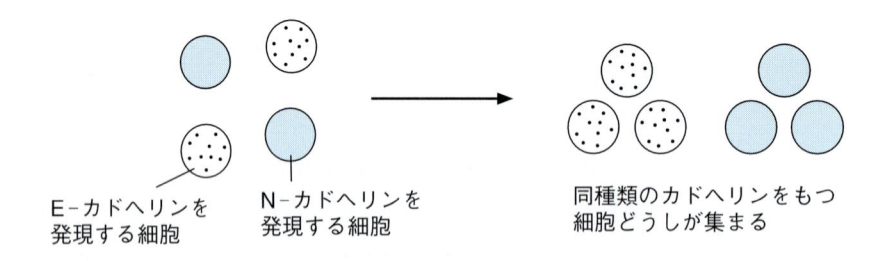

図8・4・3 カドヘリンに依存した細胞の選別
細胞間接着結合を行うカドヘリンには複数の種類が存在し，同種類のカドヘリンどうしが優先的に結合することにより，組織が形作られる．

8・4・4　細胞と細胞外マトリックスとの固定結合

　組織は細胞だけでなく多くの細胞外空間を含んでおり，その大部分が細胞外マトリックスで占められている．細胞外マトリックスは，繊維状タンパク質と多糖類からなる巨大分子が網目状に集まったものであり，主に結合組織の繊維芽細胞が分泌する．細胞と細胞外マトリックスとの結合に用いられる膜貫通接着分子はインテグリン integrin と呼ばれるヘテロ二量体のタンパク質であり，接着斑（インテグリンがアンカー分子を介してアクチンフィラメントと付着する）とヘミデスモソーム hemidesmosome（インテグリンがアンカータンパク質を介して中間径フィラメントと付着する）とに分けられる．細胞壁をもたない動物細胞にあっては，中間径フィラメントを使って細胞を隣接する細胞やマトリックスに固定するデスモソームとヘミデスモソームが細胞や組織の物理的強度を支えるしくみの中心である．

　細胞外マトリックスでは，多糖類はタンパク質と共有結合したプロテオグリカン proteoglycan の形で存在しており，プロテオグリカンが大量の水を保持して作るゲルに繊維状タンパク質が埋め込まれた構造をしている．細胞外マトリックスは単なる細胞の足場にとどまらず，細胞の代謝産物，栄養物，そして生理活性物質をマトリックス内に迅速に拡散させ保持することにより，必要な物質を組織全体に供給する拠点の役目も果たしている．細胞外マトリックスの主要な繊維状タンパク質はコラーゲン collagen であり，またフィブロネクチン fibronectin やビトロネクチン vitronectin は細胞接着時にシグナル分子として働くことでも重要である．

　組織細胞の多くは，成長，増殖，そして生存のために細胞外マトリックスに付着していなくてはならない．このような性質を足場依存性 anchorage dependence という．これは，膜貫通

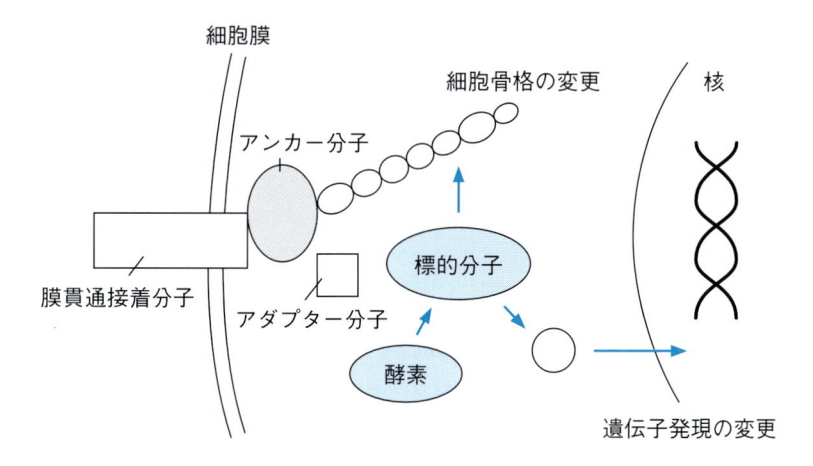

図 8・4・4　細胞接着によるシグナル伝達の基本形態

　細胞外マトリックスとの接着結合は，膜貫通タンパク質のインテグリンを介して細胞増殖や生存シグナルを細胞内に伝えている．

接着分子であるインテグリンが，細胞外マトリックス中のフィブロネクチンやビトロネクチンなどのインテグリン結合性分子に結合して接着斑を形成することにより，細胞内に伝えられるシグナルの働きにより担われている（図8・4・4）．インテグリンによるシグナル伝達機能の多くには，**接着斑キナーゼ focal adhesion kinase（FAK）**と呼ばれるタンパクチロシンキナーゼが関わっている．細胞外マトリックスと結合したインテグリンからのシグナル伝達により，接着斑に存在するFAKが活性化し，下流の分子に化学シグナルを伝えていく．また，インテグリンを介したシグナル伝達経路は，他の経路と協調して働き，細胞の増殖や生存を維持している．細胞外マトリックスを結合組織の作るシグナル分子と位置づけるならば，細胞外マトリックス存在様式の変化により，これと接着する細胞がそのふるまいを変化させることは理にかなっている．

8・4・5　細胞間の連絡結合

生体内の組織細胞の多くは，隣接細胞と直接の物質輸送を行っている．各細胞には膜タンパク質の**コネキシン connexin** が多量体化した**コネクソン connexson** と呼ばれる親水性のチャネルが存在している．隣り合った細胞のコネクソン同士が結合することにより，隙間約2〜4 nmで細胞同士がチャネルで直接結ばれる．1000ダルトン以下の小型分子やイオンはこのチャネルを通って細胞間を移動できるため，シグナル分子を隣接する細胞間で共有することにより，組織内で同調した細胞応答を行うことが可能となる（図8・4・5）．また，連結結合ができる場合にも，それに先だって接着結合により細胞が近づくことが必要である．

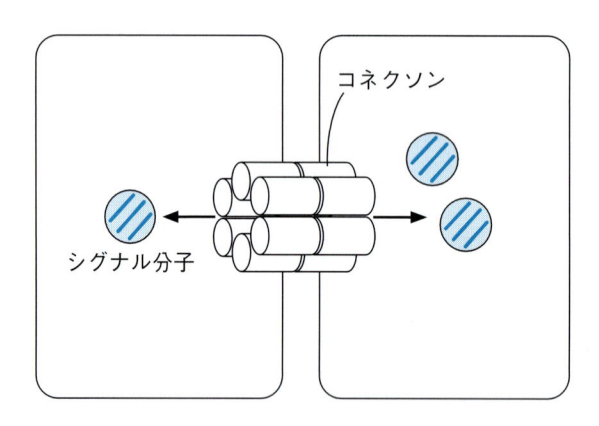

図8・4・5　細胞間のギャップ結合
膜貫通タンパク質のコネキシンが集合して，親水性チャネルのコネクソンを形成する．小型分子やイオンは，このチャネルを通して隣の細胞に移動できる．

8・5 神経細胞における情報のやりとり

　多細胞生物の細胞間コミュニケーションを行う生体内情報系統の代表は，神経系と内分泌系である．この節からは細胞間コミュニケーションの具体例を学んでいく．神経系は，伝達速度が大きいことと作用が一過的であることに特徴があり，遠く離れた2つの器官の間でのコミュニケーションを司る特殊な細胞から構成される．コミュニケーションのための情報の運搬は双方向であり，末端の感覚器官から中枢神経系へ，その逆に中枢神経系から筋肉や分泌腺へ向けて発信される．神経系の基本単位である神経細胞は他の細胞とは異なる形態をもっており，核を含む細胞体から多数の**樹状突起 dendrite** と1つの**軸索 axon** を伸ばしている．軸索は一細胞の構造体の長さとしては最大級であり，1 m に達する場合もある．軸索の末端は小さく枝分かれしており，隣接する神経細胞の樹状突起との間に隙間約 20 nm の接触構造を形成する．シナプスと呼ばれるこの構造を介して，多数の神経細胞が連なって，末端組織と中枢とを繋ぐネットワークが形成される．神経系での情報は，細胞間では神経伝達物質と呼ばれる化学物質により，また神経細胞内では**活動電位 action potential** と呼ばれる軸索上の連続した膜電位変化に変換して伝えられる（図8・5・1，図8・5・2）．神経伝達物質には，シナプス後細胞での活動電位の発生を妨げるものもある．つまり，シナプスを介した情報は，標的の神経細胞を興奮させる場合と抑制させる場合とがある．

　神経細胞における情報伝達機構を，樹状突起を起点としてたどってみる．神経末端から放出された神経伝達物質は，シナプス後細胞の樹状突起の細胞膜に存在する受容体に結合する．この受

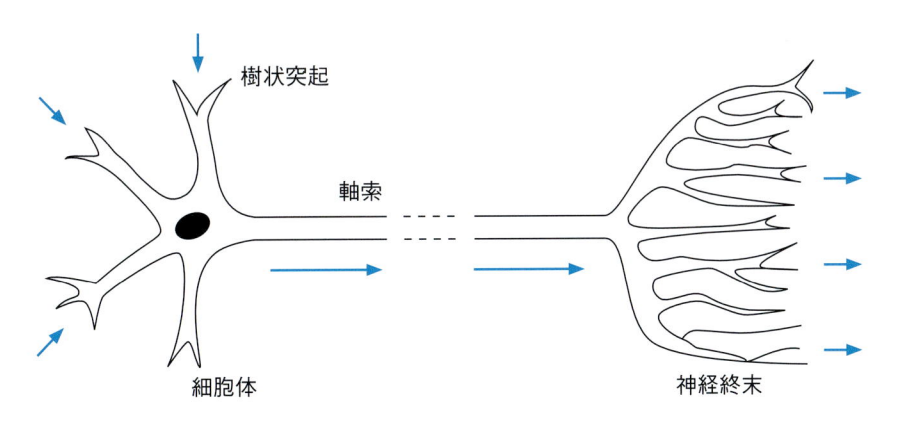

図 8・5・1　神経細胞とシグナル伝達の方向

神経細胞の軸索は細胞体からのシグナルを伝達し，神経末端から放出される神経伝達物質が他の神経細胞や筋細胞などの標的細胞にシグナルを伝える．矢印はシグナルが伝えられる方向を示す．

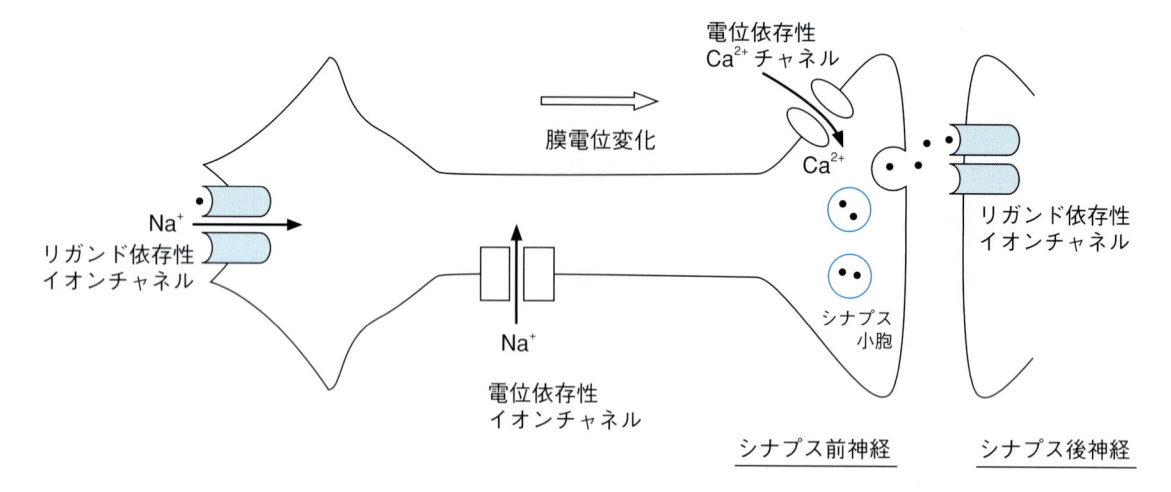

図 8・5・2　神経細胞の行うシグナル伝達

リガンド依存性イオンチャネルにより，神経伝達物質（化学シグナル）のシグナルが膜電位変化（電気シグナル）に変換されて軸索を伝わる．膜電位変化が神経末端に達すると，電位依存性カルシウムチャネルより流入したカルシウムイオンがシグナルとなり，シナプス小胞が細胞膜と融合し，神経伝達物質が間隙に放出される．神経系では，電気シグナルと化学シグナルとの変換を繰り返してシグナルが細胞間を伝わっていく．

容体は，リガンド依存性イオンチャネル ligand-gated ion channel であり，神経伝達物質の結合により開放してナトリウムイオンを流入させる．このために，樹状突起の細胞膜では脱分極が起こり，続いてこの膜電位変化が電位依存性イオンチャネル voltage-gated ion channel を開放させる．これにより，細胞内にはさらにナトリウムイオンが流れ込み，細胞内の正電位が増加してさらに脱分極が進む．これは軸索に沿って存在する同チャネルの開放を誘起して脱分極が次々と進行する．また，ナトリウムチャネルは一度開放すれば自動的に不活性状態となる性質をもち，数ミリ秒間は脱分極があっても開かない．このため，膜電位変化の伝搬は，樹状突起から軸索を介して神経末端への一方向に限定される．このようにして，樹状突起で始まった変化が軸索の末端まで到達する．すると，末端に存在する電位依存性カルシウムイオンチャネルが開き，神経末端で細胞内にカルシウムイオンが流入する．ここには，神経伝達物質が膜で包まれた小胞（シナプス小胞 synaptic vesicle）と，カルシウムイオン濃度の上昇を感知するカルシウムセンサータンパク質が存在しており，カルシウムイオン流入の情報は，センサータンパク質を介して，シナプス小胞と細胞膜との融合の誘導を引き起こす．シナプス間隙 synaptic cleft に放出された神経伝達物質がシナプス後神経細胞の樹状突起に作用して，上記の反応が繰り返される．また，間隙中に余った神経伝達物質は，シナプス前細胞の終末に存在する特異受容体により回収されることで，情報伝達が停止される．このように，神経細胞は受け取った化学シグナルを電気シグナルに変換して細胞内を移動させ，神経末端で電気シグナルを化学シグナルに戻して隣接する細胞にシグナルを伝えている．

神経伝達の異常はさまざまな疾患の原因となる．このため，神経伝達物質の合成と放出，受容体への結合，代謝を調節する薬物は，神経疾患の治療薬として利用される．また，神経伝達物質そのものが治療薬となる場合もある．

8・6　ホルモンによる情報のやりとり

　ヒトの体の機能を調節する手段のうち神経系と並んで大切なものが，内分泌系の連絡手段であるホルモンである．「刺激する」という意味のギリシャ語に語源をもつホルモンは，内分泌器官に存在する細胞から体液中に分泌され，循環系（主に血液）により運ばれて，体の別の部分にある器官に作用をおよぼすシグナル分子である．私達の体の**内分泌器官（内分泌腺）**を図 8・6・1に示す．汗，乳汁，消化液などを体外に分泌する**外分泌器官（外分泌腺）**が分泌のための導管をもつのに対して内分泌器官には導管がない．内分泌器官には血管系が発達しており，作られたホルモンは速やかに血流にのって体のすみずみへ運ばれる．ホルモンのシグナル分子としての特徴は，細胞内のシグナル伝達の過程で大きく増幅されるために生体内の作用濃度がきわめて低いこと，また，神経系とは逆に標的への伝わり方はゆっくりしているが，その効果は継続的かつ不可逆的な場合が多いことである．実際，ホルモンが調節する生理作用は，発生，成長，生殖機能

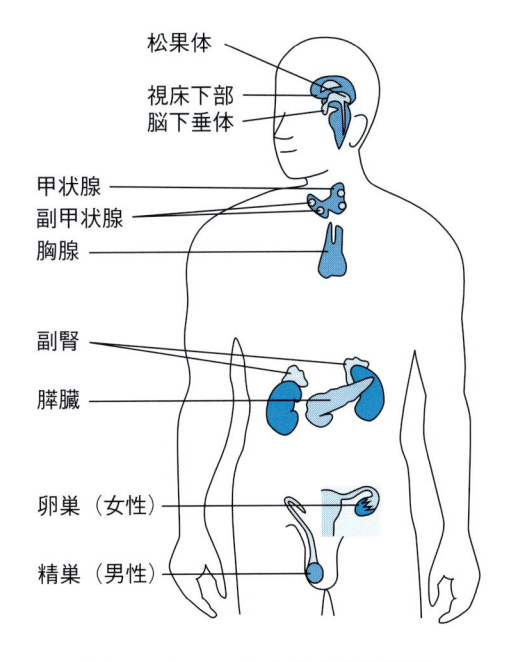

図 8・6・1　ヒトの内分泌器官

（石川　統編：大学生のための基礎シリーズ 2　生物学入門，p.221，図 6.43，東京化学同人を改変）

の発揮，そして体温・血圧・血糖量調節などの恒常性維持である．このことからも，生体は目的に応じて神経系や内分泌系の連絡手段を使い分けながら体の機能調節を行っていると考えることができる．ホルモンをその構造から分類すると，タンパク質性（タンパク質や特殊なアミノ酸由来など）と脂溶性（ステロイド，脂肪酸由来など）とに大別される．タンパク質性のホルモンは，ホルモンの中で最も種類が多い．また副腎皮質や生殖腺から出されるものの多くはステロイド系の構造をもつ．ホルモンの内分泌器官ごとの分類と作用は表8・6・1に示される．一方，脂肪酸由来のプロスタグランジンは，膜受容体を介してシグナル伝達する脂溶性ホルモンの代表であり，産生した細胞自身やすぐ近くの細胞への局所的なシグナル分子として働き，すぐに分解される特徴を有する．プロスタグランジンには，血液凝固，血管修復や平滑筋収縮を初めとする多彩な生理作用がある．

　自律神経系の中枢である間脳の視床下部は，神経伝達により内分泌器官の一つである脳下垂体に指令を与える．脳下垂体は脳の下部にある小さな器官であるが，そこから作られるホルモンは他の内分泌器官の働きを支配しているため，視床下部による脳下垂体のホルモン分泌調節が内分泌系の要である（図8・6・2）．また，体の各部の内分泌器官からのホルモンは，逆に脳下垂体に働きかけて脳下垂体から放出されるホルモンの量を調節している．このようなフィードバック機構により，体内のホルモンは互いにその濃度を調節しあっている．血中の血糖量調節は，自律神経とホルモンにより行われる生理機能の代表例である．膵臓は，血糖量の増減を自分自身で感知するとともに視床下部からの神経系による指令も受け，インスリン insulin を分泌して血中のグルコースをグリコーゲンとして肝臓に蓄えるよう促し，その結果として血糖量は低下する．また，血糖量が低くなれば，視床下部は膵臓からのグルカゴン glucagon や副腎髄質が産生するアドレナリン adrenalin 分泌を促し，蓄えたグリコーゲンの糖への分解を誘導して血中の血糖量を増加させる．

　環境中に存在する化学物質の中には，ホルモンのように作用したり，他のホルモンの働きを変化させるものが多数存在している．これは内分泌かく乱物質と呼ばれ，ホルモンと同様に低濃度で作用する．ヒトの体では，発生過程で胎児の各器官が分化する時や生殖過程の進行時にはホルモン分泌の厳密な制御が必要とされている．このような時期に器官が環境中の内分泌かく乱物質に曝されると，成人の器官ならば影響のないごく微量であっても敏感に影響し，生まれてくる子供の器官形成や生殖機能に異常の生じる例が報告されている．

表 8・6・1 ホルモンの分類と働き

内分泌腺			ホルモン	おもな働きなど
脳下垂体	前葉		成長ホルモン	全身の成長促進，タンパク質の合成促進，グリコーゲンの分解促進→血糖量増加［過剰：巨人症，不足：小人症］
			甲状腺刺激ホルモン	甲状腺ホルモン（チロキシン）の分泌促進
			副腎皮質刺激ホルモン	副腎皮質ホルモン（糖質コルチコイド）の分泌促進
			生殖腺刺激ホルモン　　ろ胞刺激ホルモン　　黄体形成ホルモン	ろ胞刺激ホルモン── 卵巣　ろ胞の発育促進／精巣　精巣の発育促進，精子の形成促進　　黄体形成ホルモン── 卵巣　排卵促進，黄体形成の促進／精巣　雄性ホルモンの分泌促進
			プロラクチン（黄体刺激ホルモン）	乳腺の発達，黄体ホルモンの分泌促進
	中葉		黒色素胞刺激ホルモン（インテルメジン）	メラニン顆粒の分散→体色黒化（両生類・魚類），メラニン合成促進（哺乳類）
	後葉		バソプレシン（抗利尿ホルモン，血圧上昇ホルモン）	腎臓での水の再吸収促進→尿量減少，毛細血管の収縮→血圧上昇［過剰：高血圧，不足：尿崩症］
			オキシトシン（子宮収縮ホルモン）	子宮平滑筋の収縮，乳汁分泌の促進
甲状腺			チロキシン	代謝の促進，中枢神経系の発達促進，両生類の変態促進，鳥類の換羽促進［過剰：バセドウ病，不足：クレチン症］
副甲状腺			パラトルモン	骨から Ca^{2+} を血液中に溶出→ Ca^{2+} 濃度上昇［不足：テタニー症］
副腎	髄質		アドレナリン	グリコーゲンの分解促進→血糖量増加，心臓拍動の促進→血圧上昇
	皮質		糖質コルチコイド	タンパク質の糖新生促進→血糖量増加
			鉱質コルチコイド	腎臓での Na^+ の再吸収と K^+ の排出促進［不足：アジソン病］
膵臓のランゲルハンス島	B(β)細胞		インスリン	組織での糖消費促進，グリコーゲンの合成促進→血糖量減少［不足：糖尿病］
	A(α)細胞		グルカゴン	グリコーゲンの分解促進→血糖量増加
生殖腺	卵巣		ろ胞ホルモン（エストロゲン）	雌の二次性徴の発現，子宮壁の肥厚
			黄体ホルモン（プロゲステロン）	妊娠の成立と維持，黄体形成ホルモンの分泌抑制（排卵抑制）
	精巣		雄性ホルモン（テストステロン）	雄の二次性徴の発現，精子形成促進

■＝タンパク質系ホルモン　　□＝ステロイド系ホルモン

（視覚でとらえるフォトサイエンス　生物図録，ホルモンによる調節（1），p.154，数研出版から改変）

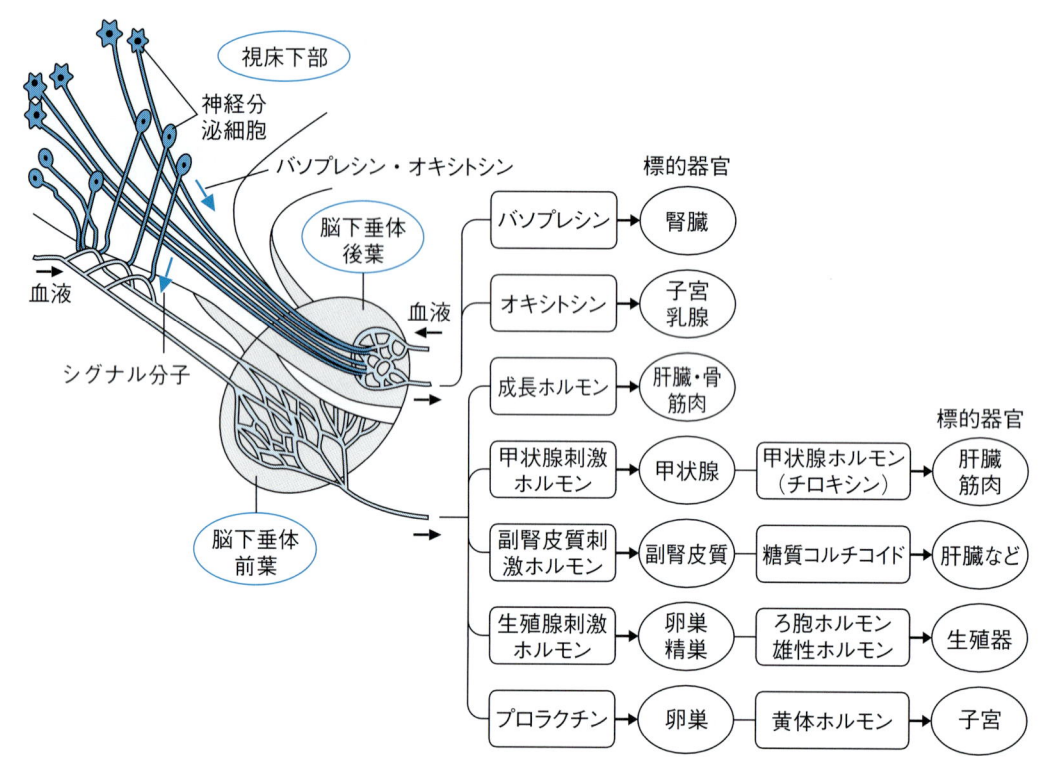

図 8・6・2 ホルモン分泌の調節
(視覚でとらえるフォトサイエンス 生物図録,ホルモンによる調節 (1), p.155, 数研出版から改変)

8・7 サイトカインによる情報のやりとり

　細胞が産生して放出し,局所的に働いて細胞応答を起こさせる細胞間シグナルタンパク質またはペプチドをサイトカインと呼ぶ.サイトカインの最初の発見は,抗ウイルス作用をもつ**インターフェロン interferon** であり,歴史的には**インターロイキン interleukin** を初めとする免疫機能調節分子がサイトカインと呼ばれ,増殖因子のように機能毎に名付けられた他の分子群とは区別されてきた.研究が進むにつれ,1種類の分子が免疫応答,細胞増殖,造血,遊走など複数の生理作用をもつこと,これらの因子間に構造類似性があることから,最近では,細胞が作る短射程でタンパク質性のシグナル分子をサイトカインと総称し,その下に機能や構造による分類がなされている.1つの細胞に複数種類のサイトカインが作用することも多く,複数の受容体からのシグナルの調節と統合により,多彩な生理作用が発揮される.また,タンパク質性のホルモンをシグナル伝達機構の類似性からサイトカインに含める考え方もあるが,内分泌の働きで血流により全身をめぐるホルモンと,局所的に働くサイトカインとは作用部位への伝わり方が異なり,

生体内シグナル分子の生理作用を理解する上で両者は区別する必要があろう．

8・8 免疫反応における情報のやりとり

　自己と非自己を認識して，非自己を生体から排除するしくみを免疫 immunity と呼ぶ．このしくみは，ヒトの細胞が，自己の細胞（または自分の体に元々存在する物質）を自己と認識できることがその根幹であり，非自己とは自己認識から外れたことを意味する．免疫系は，古くは外来微生物に対する白血球の応答と理解されていた．しかし，免疫によって排除されるものには，臓器移植された他人の細胞や，老化またはがん化した自分自身の細胞なども含まれる．そのため，免疫は微生物に限定した排除機構ではなく，ヒトにとって有害または不要となった細胞をその由来に拘わらず排除する生体防御応答と理解することができる．免疫は，ヒトの細胞が生まれつき備えている自然免疫 innate immunity と，免疫細胞が非自己情報を受け取って記憶することで成立する獲得免疫 acquired immunity とで構成される．前者はほとんどすべての多細胞生物に備わっているのに対して，後者は魚類，両生類，は虫類，鳥類，および哺乳類にのみ存在する．以前には，下等動物の自然免疫は高等動物の獲得免疫の原型であり，高等動物の自然免疫は下等動物のそれが進化過程で痕跡として残ったものであると考えられていた．しかし，自然免疫のしくみが明らかにされるにつれ，その考え方は誤りであり，自然免疫は獲得免疫とは異なる役割を有するだけでなく，両者は互いに関連性をもって機能すると理解されるようになった．微生物侵入を例として，ヒトの免疫系のしくみを両者を比較しながらみていこう（表 8・8・1）．

　生体の物理的障壁は，上皮細胞の作る密着結合によるバリアーである．これを破って微生物が生体内に侵入すると，まず初期防御機構である自然免疫が働き，それでも除ききれなかった微生物を獲得免疫で攻撃する．これらの 2 種類の免疫反応にはいくつかの違いがある．第一に，微生物侵入後に対応する時期である．生体に侵入した微生物に最初に立ち向かうのは自然免疫応答であり，獲得免疫応答はこれに遅れて起こる．これは，自然免疫応答では，微生物を排除するた

表 8・8・1　自然免疫と獲得免疫との比較

	自然免疫	獲得免疫
働く時期	初期	後期
役割	外敵除去・獲得免疫誘導	外敵除去
反応	外敵をグループ分けして対応	外敵の情報に 1 対 1 で対応
働く細胞	マクロファージ	樹状細胞
	顆粒球	リンパ球
	NK 細胞	マクロファージ

めの反応とともに，次の防御機構である獲得免疫を誘導するための変化が生じ，獲得免疫はその結果として働き始めるためである．2つ目の違いは，必要とされる細胞の種類である．自然免疫では，マクロファージ macrophage，ナチュラルキラー細胞 natural killer cell（NK 細胞），および顆粒球 granulocyte が働くのに対し，獲得免疫では，おもに樹状細胞 dendritic cell とリンパ球 lymphocyte が応答を担当する．三番目の違いは，微生物に対する反応の特異性である．自然免疫では，微生物はその表面構造を基準にいくつかのグループに大きく分類されており，グループごとに1つのしくみが対応する．獲得免疫では特異性が非常に厳密であり，微生物がもつ分子の厳密な構造ごとに個別のしくみが対応する．

　自然免疫応答を担う免疫細胞は，微生物の表層の構造を特徴づける限られた種類の物質を認識する．このような微生物表面の物質を PAMP（pathogen-associated molecular pattern），そして免疫細胞のもつ PAMP 受容体をパターン認識受容体 pattern recognition receptor（PRR）と呼ぶ．微生物の PAMP がマクロファージや顆粒球の PRR に結合すると，細胞内シグナル伝達により転写調節因子の活性化が起こり，タンパク質性の抗微生物物質の生産などが誘導される．このようにして，免疫細胞から放出された抗微生物物質により微生物が排除される機構を液性自然免疫応答と呼ぶ．一方，NK 細胞の PRR に PAMP が結合すると，微生物を直接攻撃

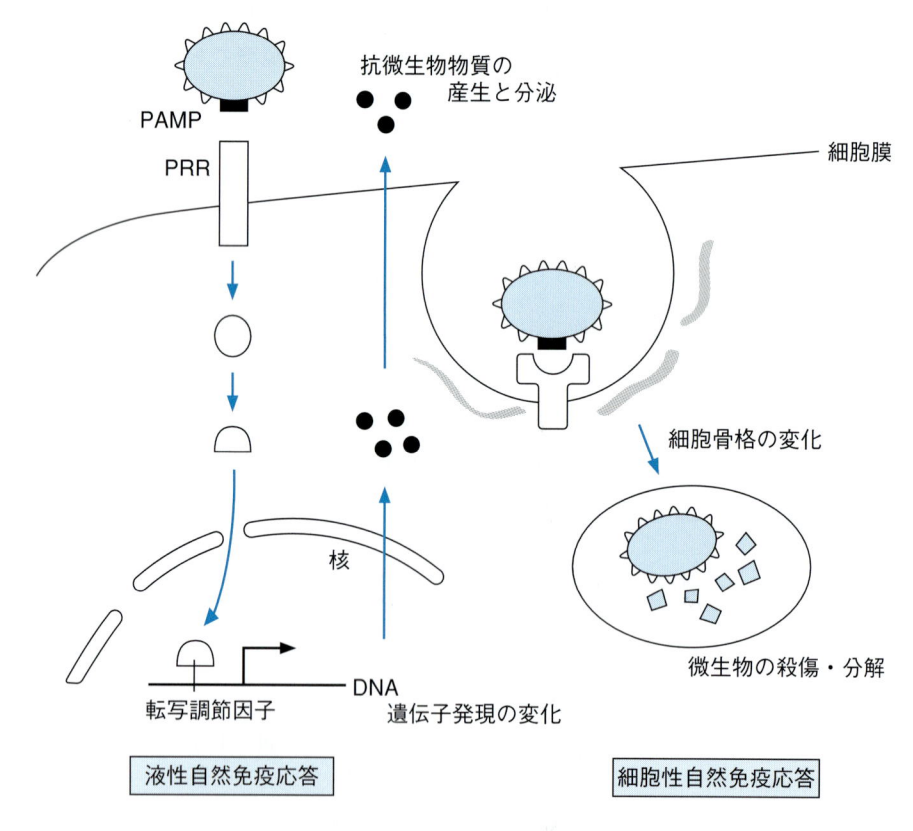

図 8・8・1　自然免疫応答

して破壊するようになる．PAMP が顆粒球やマクロファージに作用すると，微生物は細胞内に取り込まれ，エンドソーム/リソソームの活性酸素や分解酵素によって殺傷と分解を受ける．これらの反応は細胞性自然免疫応答と呼ばれる（図 8・8・1）．

獲得免疫では，非自己であるという識別が細胞や分子のグループではなく，1 つの抗原 antigen の存在有無で判定される．ある分子の一部の立体構造が，この抗原として機能する．自然免疫応答で殺傷および破壊された微生物の一部が抗原となる場合もある．樹状細胞は細胞性自然免疫応答により取り込んだ微生物を分解して，微生物由来の分解産物であるペプチドを細胞表面に輸送する．このような樹状細胞はリンパ管を通ってリンパ節に移動し，そこで T 細胞（T リンパ球）T cell に抗原の存在を伝える．T 細胞は T 細胞受容体 T cell receptor（TCR）を使った抗原ペプチドの認識と，CD4 または CD8 と呼ばれるタンパク質を使った樹状細胞との結合により，以下に説明する獲得免疫応答を行う．樹状細胞によるこのような T 細胞の活性化は抗原提示 antigen presentation と呼ばれ，樹状細胞の他に，B 細胞（B リンパ球）B cell やマクロファージも行うことが知られる（図 8・8・2）．抗原情報を受け取った T 細胞の応答には 2 種類ある（図 8・8・3）．1 つは，抗原刺激を受けた T 細胞がヘルパー T 細胞に分化して，B 細胞に抗体 antibody の産生を誘導する反応である．私達の細胞の表面には，ヒト組織適合抗原

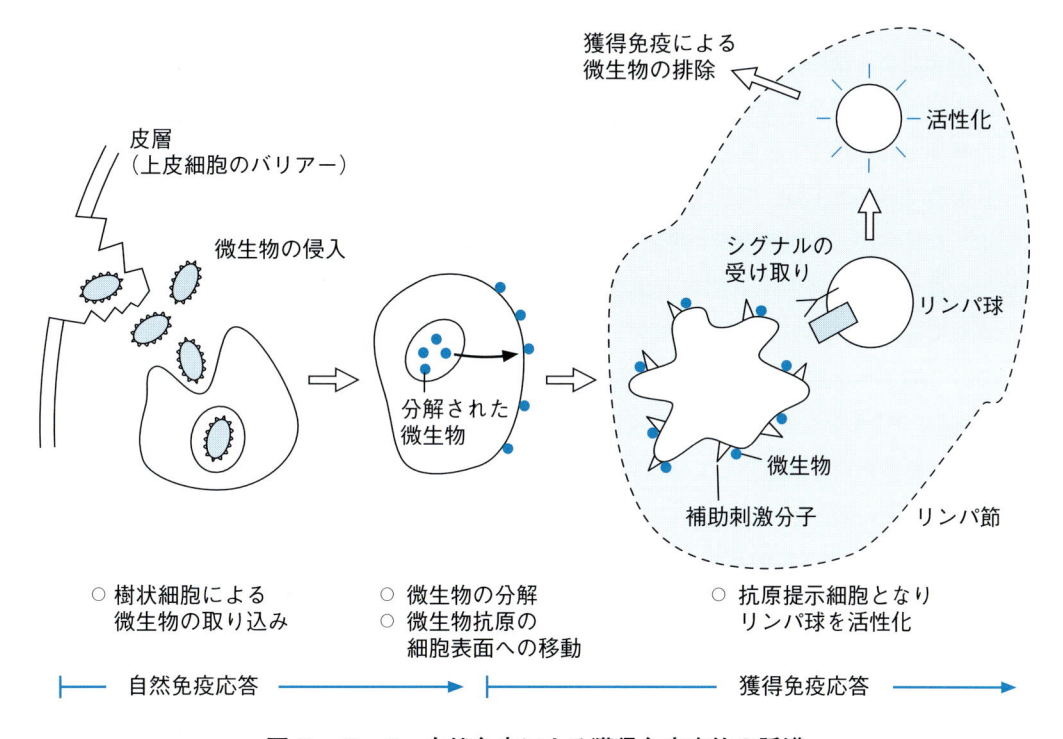

図 8・8・2 自然免疫による獲得免疫応答の誘導

樹状細胞は，自然免疫応答により取り込んで分解した微生物の一部を使って，獲得免疫応答を誘導する．この際には，微生物の一部だけではなく，補助刺激因子分子からのシグナルも必要である．

```
          抗原提示されたT細胞
              ↙        ↘
      ヘルパーT細胞        細胞傷害性T細胞
   ・抗原の認識（T細胞受容体）  ・抗原の認識（T細胞受容体）
   ・HLAの認識（CD4）       ・HLAの認識（CD8）
           ↓                    ↓
   B細胞による抗体産生        両者をあわせもつ細胞の攻撃
   [液性獲得免疫応答]          [細胞性獲得免疫応答]
```

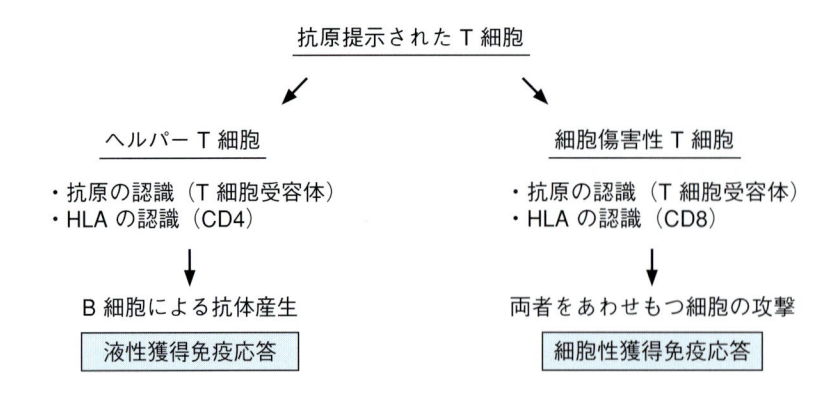

図 8・8・3 獲得免疫応答

(HLA) と呼ばれるタンパク質が存在する．HLA の構造は私達ひとりひとりで異なっており，免疫細胞に自分自身の細胞であることを示す目印分子として働く．ヘルパーT細胞は，刺激を受けた抗原をT細胞受容体で，自己の HLA を CD4 と呼ばれるタンパク質でそれぞれ認識し，両者を認識することでB細胞の抗体産生を促す．抗体はイムノグロブリン immunoglobulin と呼ばれるタンパク質であり，抗原や抗原をもつ細胞などに結合して，それらの生体からの排除に働く．このような免疫応答は，液性獲得免疫応答と呼ばれる．もう1つの反応は，抗原刺激を受けたT細胞が，細胞傷害性T細胞 cytotoxic T cell（キラーT細胞とも呼ばれる）に分化して，微生物感染細胞などを殺傷する能力を獲得する反応である．細胞傷害性T細胞は，刺激を受けた抗原と自己の HLA をあわせもつ細胞を特異的に攻撃する．この際に細胞傷害性T細胞は，T細胞受容体と CD8 と呼ばれるタンパク質を使って抗体と HLA とをそれぞれ認識する．このような反応は，細胞性獲得免疫応答と呼ばれる．抗原か HLA かのどちらが欠けても，その細胞はもはや細胞傷害性T細胞に認識されなくなる．そのため，ある種の微生物は，侵入した宿主細胞での HLA の発現を低下させて，細胞傷害性T細胞からの攻撃をのがれる術を身につけている．このような感染細胞は，先に述べた細胞性自然免疫応答により除去される．すなわち，NK細胞が，HLA をもたない細胞を抗原の有無にかかわらず攻撃して破壊する．このように，自然免疫と獲得免疫とは連動して活性化されるだけでなく，それぞれの短所を補って生体恒常性の維持に働いている．

　免疫を担当するすべての細胞は，骨髄中に存在する造血幹細胞が分化して生じる．幹細胞 stem cell とは自己増殖能と分化能（多様性の獲得能）とを兼ね備えた細胞である．初期胚胞期の内部細胞塊に存在する胚性幹細胞 embryonic stem cell（ES 細胞）は，どの細胞にも分化できる全能性幹細胞であり，これは将来，生殖細胞に分化する生殖幹細胞とそれ以外の細胞になる体性幹細胞 somatic stem cell とに分かれる．後者は分化してさらに多様性の範囲が狭まり，各組織特有の幹細胞となる．造血幹細胞は複数種類の血液細胞に分化する多機能幹細胞であり，異なる組み合わせのサイトカインが作用して，赤血球，各種リンパ球，樹状細胞，マクロファージそして血小板に分化する（図 8・8・4）．

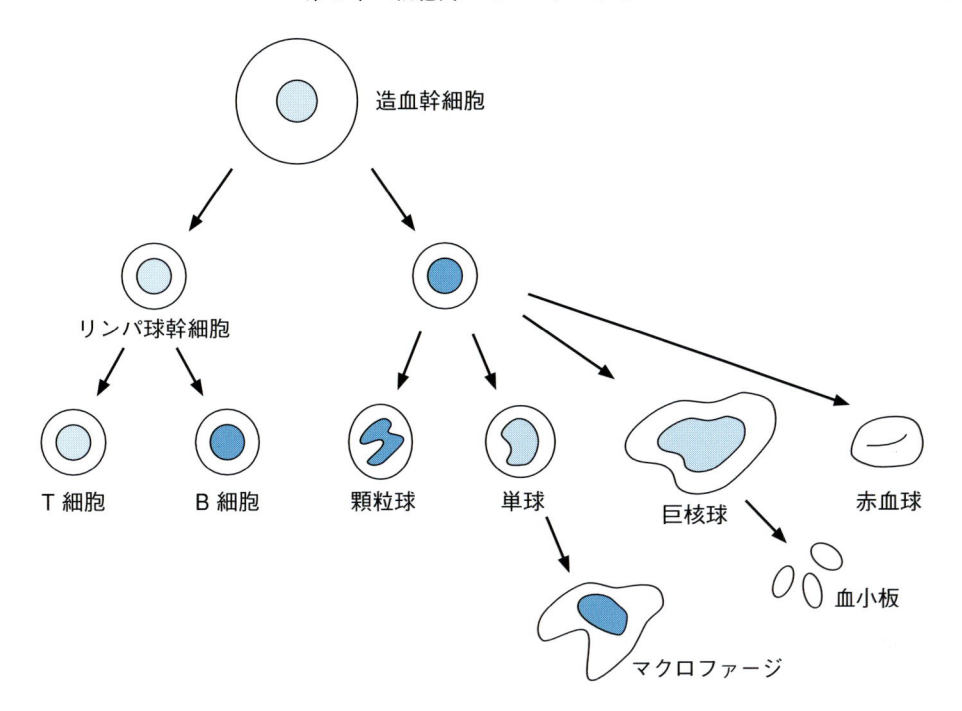

図 8・8・4 幹細胞からの血液細胞の分化
異なるサイトカインの組み合わせにより，造血幹細胞から血液細胞が分化する．

　免疫は「疫を免れる」と表現されるが，免疫の働きにより生体にさまざまな不都合が生じる場合がある．これは，免疫のしくみを調節する細胞間コミュニケーションがうまく行われないために生じる．生体には免疫応答を抑制する機能があり，免疫は活性化と抑制とのバランスにより成り立っている．この調節が崩れて起こる疾患の1つがアレルギー allergy である．アレルギーは「力が変化する」という意味のラテン語から生まれた言葉であり，外来の物質との接触により生体応答が変化することを意味している．生体が本来反応しないはずの物質に対して異常な細胞応答をして，炎症を起こす物質を放出することがその原因である．自己免疫疾患 autoimmune disease は，自己成分に反応する抗体が生体内に生産されて，免疫細胞が正常な自己細胞を攻撃破壊することで起こる．自己抗体生産の原因はまだよく理解されてはいないが，リンパ球の分化段階で自己反応性リンパ球の除去がうまく行われない場合や，普段は細胞外に出ない自己成分が大量に漏れだして抗原提示細胞にとらえられるしくみが考えられている．

日本語索引

ア

アウエルバッハ神経叢　32
悪性腫瘍　68
アクチンフィラメント　203
アゴニスト　164, 166
足場依存性　205
アセチル CoA　36
アダプタータンパク質　179
アデニル酸シクラーゼ　169
アデニン（A）　111
アデノシン 5′-三リン酸　5, 36
アドレナリン　210
アポトーシス　64, 91, 115
　誘導機構　62
アミノアシル tRNA　134
アレルギー　217
暗号コード　3
アンタゴニスト　165
アンチコドン　131
アンチポート　157
α ヘリックス　146
INK4 ファミリー　59
IP$_3$ 感受性 Ca^{2+} チャネル　175
IP$_3$ 受容体　175
R ポイント　57
RNA プロセッシング　129
RNA ポリメラーゼⅡ　127

イ

胃　29
イオン選択性　150
イオンチャネル　150, 165, 199
イオンチャネル（内蔵）型受容体
　165, 166
　構造　167
異化　36
異化代謝　37
異型配偶子　103
異染色質　17
1 型糖尿病　46
一次能動輸送　155, 156
一次メッセンジャー　173
一酸化窒素（NO）　173, 177
遺伝　3, 78, 93
遺伝学　95
遺伝コード　131, 132

遺伝子　109
　構造　121
遺伝子型　94
遺伝子増幅　114
遺伝子発現　164
遺伝子変異　114
遺伝病　103
イノシトール 1,4,5-トリスリン酸
　173, 174
イムノグロブリン　216
飲作用　158
インスリン　210
　分泌機構　47
インスリン依存型糖尿病　46
インスリン非依存型糖尿病　46
インターフェロン　212
インターロイキン　180, 212
インテグリン　69, 205
ES 細胞　51, 92, 216

ウ

運搬体　149, 153

エ

栄養素　28
エキソサイトーシス　34, 158
壊死　64, 91
エネルギー　28
エネルギー代謝　41
エネルギー変換　36
嚥下　29
エンドサイトーシス　158, 169,
　200
A キナーゼ　173
ABC トランスポーター　155
ANP 受容体　178
ATP アーゼ　155
F アクチン　20
M 期　54
MAP キナーゼ　183
Na$^+$, K$^+$-ATP アーゼ　155
NF1 遺伝子　122
NK 細胞　214
NO 受容タンパク質　178
S 期　54

オ

岡崎フラグメント　113
オキサロ酢酸　36
オクルーディン　202
オーファン受容体　168

カ

外胚葉　89
核　4, 7, 17
核局在化シグナル　185
拡散　148
核小体　17, 124
獲得免疫　213
　応答の誘導　215
獲得免疫応答　215
核内受容体　164, 184
　構造と機能領域　185
核分裂　57
核膜　4, 18
核膜孔　18
活性型酸素種　73
活動電位　152, 207
滑面小胞体　12
カドヘリン　203, 204
　E-カドヘリン　204
　N-カドヘリン　204
　P-カドヘリン　204
カフェイン　174
鎌状赤血球貧血　103
可溶性型グアニル酸シクラーゼ
　178
顆粒球　214
カルシウムイオン（Ca^{2+}）　176,
　199
カルシウム受容タンパク質　177
カルモジュリン　176, 177
カロリー制限　75
肝　36
がん遺伝子　68
がん化　64
還元分裂　80
幹細胞　53, 216
がん細胞　66
がん腫　69
完全優性　95
完全劣性　95

感知器　152
がん抑制遺伝子　60, 68
γアミノ酪酸　167

キ

飢餓　42
機械刺激依存性チャネル　152
器官　6
器官形成　88
危機管理システム　74
基底膜　21
キナーゼ関連型受容体　166
逆方向反復　186
ギャップ結合　206
吸収　28
胸腺　50
共役輸送体　149, 156, 157
キラーT細胞　216
キロミクロン　34
筋　38
筋線維　23
筋組織　23

ク

グアニル酸シクラーゼ　177
グアニン（G）　111
グアニンヌクレオチド交換因子　171
空腸　32
クエン酸回路　37
グラーフ卵胞　86
グリア細線維酸性タンパク質　20
グリコサミノグリカン　69
グルカゴン　45, 210
グルコーストランスポーター　154
グレリン　44
クローディン　202
クロマチン　17, 54
　　構造と変化　124
クロロフィル　5

ケ

形質膜　2, 137
形成体　90
系統樹　3
血液精巣関門　203
血液脳関門　202
血液・リンパ系細胞　52

結合・支持組織　22
結合組織　22
血小板由来増殖因子　180
血糖　45
血友病　105
ケト原性アミノ酸　38
ゲノム　93, 109, 121
原核細胞　4, 54
嫌気性生物　5
原始卵胞　86
減数分裂　78, 80
　　模式図　81
原腸胚形成　88
倹約遺伝子型　44

コ

後期エンドソーム　16
好気性生物　5
口腔　29
抗原　215
光合成　5
交差　102
交雑　95
交差リン酸化　179
抗体　215
交配　95
高FFA血症　48
古細菌　3
骨細胞　23
骨組織　23
固定結合　201, 203
　　細胞–細胞外マトリックス　204
コドン　3, 131
コネキシン　206
コネクソン　206
コラーゲン　205
コラーゲン線維　23
ゴルジ装置　13
コレステロール　138
コンホメーション　152
　　転換　162

サ

サイクリック（環状）AMP　172, 173
サイクリックGMP　173
サイクリン　57
サイクリン依存性キナーゼ　58, 60

サイクリン依存性キナーゼ阻害因子　58
サイトカイン　194
　　情報　212
サイトケラチン　20
細胞　2
　　構造　7
　　寿命　70
　　情報伝達　161
　　接着と結合　201
細胞応答　196
細胞外マトリックス　67, 195
細胞間コミュニケーション　189
　　一般則　194
　　シグナル分子　193
　　多細胞生物　190
細胞間質　23
細胞骨格　8, 18, 143
細胞死　91
細胞質　2, 7
細胞周期チェックポイント　62
細胞傷害性T細胞　216
細胞小器官　8, 10, 190
細胞生物学　6
細胞接着
　　シグナル伝達　205
細胞接着分子　195
細胞内情報因子　172
細胞分裂　54
細胞分裂周期　56
細胞膜　2, 7, 8, 137
　　機能　139
　　シグナル分子　199
細胞膜貫通型グアニル酸シクラーゼ　178
細胞膜受容体　162, 164
　　シグナル伝達　178
　　分類　165
残渣小体　16
三胚葉　89

シ

ジアシルグリセロール　173, 174
自家ファゴソーム　16
シグナル調節分子　197
シグナル伝達
　　細胞接着　205
　　神経細胞　207
シグナル分子　191
　　受け取り方　198
　　細胞間コミュニケーション

　　　　193
　　細胞膜　199
　　種類　194
　　発信と受け取り　195
始原生殖細胞　82
自己免疫疾患　217
脂質　28, 34
脂質二重層　138, 198
　　物質透過性　143
自然免疫　213
自然免疫応答　214, 215
シトクロム c　66
シトシン（C）　111
シナプス　194
シナプス間隙　208
シナプス小胞　208
脂肪組織　39
遮断薬　165
十二指腸　32
縦列反復　186
樹状細胞　214
受精　82, 87
受精卵　82, 88
受動輸送　148, 149, 199
腫瘍壊死因子　45
受容体　162, 192
受容体アゴニスト　164
消化　28
常染色体劣性遺伝病　104
小腸　32
上皮増殖因子　180
上皮組織　21
情報信号分子　191
小胞体　11, 141
情報伝達　161
情報伝達系　162
初期エンドソーム　16
初期発生　88
食作用　158
植物極　87
食物　28
食欲　43
腎　41
進化　3
真核細胞　4, 54
神経細胞　24
　　シグナル伝達　207
神経組織　24
神経単位　24
神経伝達物質　194, 208
真正細菌　3
新陳代謝　49

浸透圧　145
心房性ナトリウム利尿ペプチド
　　177
シンポート　157
C キナーゼ（PKC）　176
cAMP ホスホジエステラーゼ
　　174
cGMP ホスホジエステラーゼ
　　170
CIP/KIP ファミリー　58
G_0 期　55
G_1 期　55
G_2 期　55
G キナーゼ　177
G タンパク質共役型受容体　165
　　構造　168
G タンパク質共役型受容体キナーゼ　169
GDP-GTP 交換反応　170
GTP アーゼ活性化因子　172

ス

膵　32
膵臓ランゲルハンス島 β 細胞　47
水平拡散　142
ステロイド　199
ストレス・ファイバー　69
スフィンゴ糖脂質　138
スフィンゴミエリン　138
スプライシング　129
スプライソソーム　129

セ

生活環　79
性決定　103
精原細胞　82
精細管　85
精細胞　82
精子　82
精子形成　82
静止膜電位　152
成熟卵胞　86
生殖　78
精巣　82
生体膜
　　機能と性質　138
　　脂質　139
　　模式図　139
　　流動性　142
成長　49

生命　1
生命の維持　27
生命の継続　77
セカンド（二次）メッセンジャー
　　172
赤血球　40
接合体　80
絶食　42
接着結合　203
接着斑　205
接着斑キナーゼ　206
線維芽細胞　23
センサー　152
染色質　17
染色体　4, 7, 54, 109
染色体の乗換え　103
染色分体　80
先体　83
先体反応　87
選択的スプライシング　131
線毛　18

ソ

増殖　54
増殖因子　179
相同組換え　120
相同組換え修復　118
相同染色体　80
藻類の生活環　79
促進拡散　148
側方拡散　142
組織　6, 20
粗面小胞体　11

タ

体細胞分裂　54
体性幹細胞　216
大腸　33
胎盤　88
対立遺伝子　94
多型　115
多剤排出輸送体　156
多細胞生物　4
脱感作　169
脱分極　152
単位膜　9
単純拡散　148, 149
炭水化物　28
単相世代　78
胆嚢　33

タンパク質　28, 35, 93
TATA 配列　126
TATA ボックス　122

チ

チトクローム c　66
チミン（T）　111
チャネル　149, 150, 199
　　特徴　151
中間径フィラメント　20, 203
中心小体　18
中胚葉　89
超低密度リポタンパク質　38
チロシンキナーゼ　179
チロシンキナーゼ受容体　179
チロシンリン酸化　182

テ

デオキシリボ核酸　2, 93
デオキシリボヌクレオチド　110
テオフィリン　174
デスミン　20
デスモソーム　203
テロメア　74, 114
電位依存性イオンチャネル　208
電位依存性カルシウムチャネル
　152
電位依存性チャネル　151
電位依存性ナトリウムチャネル
　152
電気化学的勾配　150, 151
転写因子　184
転写調節因子　45
DNA 型がんウイルス　68
DNA 修復　115
DNA 複製　111, 113
DNA ポリメラーゼ　112
T 細胞　215
T 細胞受容体　215
T リンパ球　215

ト

同化代謝　37
同型配偶子　103
糖原形成　34
糖原性アミノ酸　37
動原体　80
糖原分解　38
糖脂質　138

糖質　33
糖新生　36
糖尿病　41, 45
動物極　87
トランスポーター　149, 199
トロポニン C　177
貪食　200
貪食胞　200

ナ

内在性膜タンパク質　146
内胚葉　89
内分泌器官　209
ナチュラルキラー細胞　214
ナトリウムグルコース共輸送体
　157
ナトリウムポンプ　155
7 回膜貫通型受容体　168
軟骨細胞　23
軟骨組織　23
軟骨膜　23

ニ

二価染色体　80
2 型糖尿病　46
肉腫　69
ニコチン性アセチルコリン受容体
　166
二次能動輸送　157
二倍体　78
ニューロフィラメントタンパク質
　20
ニューロン　25

ヌ・ネ

ヌクレオチド除去修復　117

ネクローシス　64, 91

ノ

脳　40
能動輸送　148, 156, 199
濃度勾配　144, 148
乗換え　102

ハ

胚　88

配位子リガンド　166
配偶子　78
配偶子形成　82
胚性幹細胞　51, 92, 216
胚盤胞　88
排卵　87
パターン認識受容体　214
発生　78
半数体　78
伴性劣性遺伝　105
ハンチントン舞踏病　104
反転拡散　142

ヒ

微細管　18
非受容体型チロシンキナーゼ
　180
非相同組換え　119
ビタミン　28, 35
ヒトゲノム　109
ビトロネクチン　205
肥満　41
ビメンチン　20
表現型　94, 95
表在性膜タンパク質　146
B 細胞　215
B リンパ球　215
P 糖タンパク質　156
PCR 反応　111
PI レスポンス　175

フ

ファゴソーム　16
ファゴライソソーム　16
ファースト（一次）メッセンジャー　173
フィックの法則　149
フィードバック機構　210
フィブロネクチン　69, 205
フェニルケトン尿症　103
フォーカル・コンタクト　69
不完全優性　99
複製フォーク　113
複相世代　78
不死化　70
付着リボソーム　12
物質輸送　137, 147
プライモソーム　113
フリップ・フロップ　142
プログラム細胞死　91, 115

プロスタグランジン 200
プロセシング 129
プロテインキナーゼ 163
プロテインキナーゼA 173
プロテインキナーゼB 183
プロテインキナーゼC 175
プロテインキナーゼG 177
プロテインホスファターゼ 171
プロテオグリカン 69, 205
プロトンポンプ 155
分化 88
分化因子 179
分泌刺激ホルモン 164
分裂期 54

ヘ

閉塞結合 201, 202
ヘテロクロマチン 17, 124
ヘテロ接合体 94
ペプチジルtRNA 134
ペプチドトランスポーター1型 158
ヘミデスモソーム 205
ペルオキシソーム 16
変異 3, 115
ペントースリン酸回路 36
鞭毛 18

ホ

保因者 104
紡錘体 81
胞胚 88
ホスファチジルイノシトール4,5-ビスリン酸（PIP_2） 174
ホスファチジルコリン 138
ホスホリパーゼC（PLC） 169, 174, 183
哺乳動物の生活環 79
ホモ接合体 94
ポリソーム 12
ホリデイ構造 119
ホルモン 43, 194
　情報 209
　分泌の調節 212
　分類と働き 211

ホルモン応答配列 186
ポンプ 149, 155, 199
翻訳 131

マ

マイクロフィラメント 20
マイスナー神経叢 32
膜 2
膜貫通タンパク質 146
膜タンパク質 138, 145
　機能 146
膜電位 144
膜透過 137
膜動輸送 148, 158
膜輸送 148
　様式 148
膜輸送タンパク質 138, 148, 149
マクロファージ 158, 214

ミ・ム

密着結合 202
ミトコンドリア 4, 10
ミネラル 28, 35

無糸分裂 54
無性生殖 78

メ・モ

メッセンジャーRNA 108
免疫 213
免疫応答 215
免疫グロブリン 123
免疫反応 213
メンデルの法則 95

モーガンの実験 102

ユ・ヨ

有糸分裂 54, 58
有性生殖 78
遊離脂肪酸 42, 48
遊離リボソーム 12
ユークロマチン 124

輸送系 147
輸送単体 149
輸送担体 153
ユニポート 157

葉緑体 5

ラ

ライソソーム 15
ラギング鎖 113
卵 82, 87
卵割 88
卵管 87
卵形成 87
卵原細胞 86
Rasタンパク質 182
Ras-MAPキナーゼ系 182

リ

リガンド 166
リガンド依存性イオンチャネル 208
リガンド依存性チャネル 151
リガンド開口性イオンチャネル 166
リーディング鎖 113
リボソーム 11
リポソーム 141
リポタンパク質リパーゼ 34
流動性 142
流動モザイクモデル 143
両親媒性 138
良性腫瘍 68
リン酸化 162
リン脂質 138
リンパ球 214

レ・ロ

連鎖 102
連絡結合 201, 206

老化 64
老化促進モデルマウス（SAM） 73

外国語索引

A

ABC transporter　155
absorption　28
acquired immunity　213
acrosome　83
acrosome reaction　87
actin filament　203
action potential　152, 207
active transport　148, 199
adaptor protein　179
adenosine 5′-triphosphate
　（ATP）　5, 36
adenylyl cyclase　169
adherence junction　203
adipose tissue　39
adrenalin　210
agonist　164
A kinase　173
allele　94
allergy　217
ALT　72
alternative lengthening of
　telomeres　72
γ-aminobutyric acid　167
amitosis　54
amphipathic　138
anchorage dependence　205
anchoring junction　201
animal pole　87
ANP　177
antagonist　165
antibody　215
antigen　215
antigen presentation　215
antiport　157
apoptosis　91, 115
archaebacteria　3
asexual reproduction　78
ATM　62
ATP　5, 36
ATPase　155
ATR　62
atrial natriuretic peptide　177
attached ribosomes　12
Auerbach's plexus　32
autoimmune disease　217
autophagosome　16

autosomal recessive inherited
　disease　104

B

basement membrane　21
B cell　215
benign tumor　68
biomembrane　138
bivalent chromosome　80
blastcyst　88
blastula　88
blocker　165
blood-brain barrier　203
blood-testis barrier　203
BMI　42
body mass index　42
bone tissue　23
brain　40

C

Ca^{2+}-binding protein　177
cadherin　203
calmodulin（CaM）　177
CaM　177
cAMP　66, 172
cAMP phosphodiesterase　174
carbohydrate　28, 33
carcinoma　69
carrier　104
cartilage tissue　23
catabolism　36
CDK　58
cell adhesion molecule　195
cell biology　6
cell division　54
cell membrane　7, 8
cell organella　8
centromere　80
centrosome　18
cGMP　173, 177
cGMP phosphodiesterase　170
channel　149, 150, 199
chlorophyll　5
chloroplast　5
cholesterol　138
chondrocyte　23
chromatid　80

chromatin　17, 54
chromosome　4, 7, 54
chylomicron　34
cilia　18
CKI　58
cleavage　88
codon　131
collagen　205
collagen fiber　23
communicating junction　201
complete dominance　95
complete recessive　95
concentration gradient　144,
　148
conformation　152
conformational change　162
connective and supporting
　tissue　22
connective tissue　22
connexin　206
connexson　206
continuity of life　78
cotransporter　149, 157
coupled transporter　149, 157
crossing over　102
cyclic AMP（cAMP）　172
cyclic GMP（cGMP）　173
cyclin-dependent kinase
　（CDK）　58
cyclin-dependent kinase
　inhibitor（CDKI）　58
cytokeratin　20
cytokine　194
cytoplasm　2, 7
cytosis　148
cytoskeleton　8, 18, 143
cytotoxic T cell　216

D

death domain　65
dendritic cell　214
deoxyribonucleic acid（DNA）
　2, 93
deoxyribonucleotide　110
depolarization　152
desensitization　169
desmin　20
desmosome　203

DG 173, 174
diacylglycerol（DG） 173
differentiation 88
differentiation factor 179
diffusion 148
digestion 28
diploid 78
diplophase 78
DNA 2, 93, 110
DNA polymerase 112
DNA replication 111
duodenum 32

E

early embryogenesis 88
early endosome 16
ECM 67, 195
ectoderm 89
EGF 180
egg 82
electrochemical potential 150
embryo 88
embryogenesis 78
embryonic stem cell 51, 92, 216
endocytosis 158, 169, 200
endoderm 89
endoplasmic reticulum 11, 141
epidermal growth factor 180
epithelial tissue 21
epithelium 21
erythrocyte 40
eubacteria 3
euchromatin 124
eukaryote 4, 54
EVI2A 122
EVI2B 122
evolution 3
exocytosis 34, 158
extracellular matrix（ECM） 67, 195

F

facilitated diffusion 148
FAK 206
fasting 42
fertilization 82
fertilized egg 82
FFA 42, 48
fibroblasts 23
fibronectin 69, 205

Fick's law 149
first messenger 173
flagella 18
flip・flop 142
fluid mosaic model 143
focal adhesion kinase（FAK） 206
focal contact 69
free fatty acid（FFA） 42, 48
free ribosomes 12

G

GABA 167
gallbladder 33
gamete 78
GAP 172
gastric inhibitory polypeptide 45
gastrulation 88
GDP-GTP exchange 170
GEF 171
gene amplification 114
gene expression 164
genetic code 131
genetics 95
genome 93
genotype 94
ghrelin 44
GIP 45
glial fibrillary acidic protein 20
glucagon 45, 210
glucogenic amino acid 37
gluconeogenesis 36
glucose transporter 154
glycogenesis 34
glycogenolysis 38
glycolipid 138
glycosaminoglycan 69
Golgi apparatus 13
GPCR 165
G protein-coupled receptor（GPCR） 165
G protein-coupled receptor kinase 169
Graafian follicle 86
granulocyte 214
Grb2 182
GRK 169
growth factor 179
GTPase activating factor（GAP） 172

guanine nucleotide-exchange factor（GEF） 171
guanylyl cyclase 177

H

haploid 78
haplophase 78
α-helix 146
hemidesmosome 205
hemophilia 105
hereditary disease 103
heredity 78
heterochromatin 124
heterogamete 103
heterozygote 94
high mobility group I 45
HMGI 45
homogamete 103
homologous chromosome 80
homologous recombination repair 118
homozygote 94
hormone 194
hormone-response element 186
H-ras 67
Huntington's disease 104
hybridization 95

I

IDDM 46
immunity 213
immunoglobulin 216
incomplete dominance 99
INK4a 61
innate immunity 213
inositol-1,4,5-trisphosphate（IP_3） 173
insulin 210
insulin-dependent diabetes mellitus 46
insulin receptor substrate 182
integral（internal）membrane protein 146
integrin 69, 205
intercellular substance 23
interferon 212
interleukin（IL） 180, 212
intermediate filament 20, 203
ion channel 150, 165, 199

ionotropic receptor 165
ion selectivity 150
IP$_3$ 173, 174
IP$_3$ receptor 175
IP$_3$-sensitive Ca^{2+} channel 175
IRS 182

J・K

Janus kinase (JAK) 180
jejunum 32

karyokinesis 57
ketogenic amino acid 38
kidney 41
kinase-related receptor (receptor kinase) 166
K-ras 67

L

large intestine 33
late endosome 16
ligand 166
ligand-gated ion channel 151, 166, 208
linkage 102
lipid 28, 34
lipoprotein lipase 35
liposome 141
liver 36
lymphocyte 214
lysosome 15

M

macrophage 214
malignant tumor 68
MAPK 183
mating 95
meiosis 78, 80
Meissner's plexus 32
membrane 2
membrane potential 144
membrane protein 138
membrane receptor 162
membrane transport 148
membrane transport protein 138, 148
Mendel's law 95
mesoderm 89
messenger RNA (mRNA) 108

microfilaments 20
microtubules 18
mineral 28, 35
mitochondrion 4, 10
mitogen-activated protein kinase 183
mitosis 54
mitotic stage 54
MMP 69
MPF 59
multidrug transporter 156
muscle 38
muscular tissue 23
mutation 3, 115

N

Na$^+$ glucose cotransporter 157
Na$^+$, K$^+$-ATPase 155
natural killer cell 214
necrosis 91
nerve cell 24
nervous tissue 24
neurofilament proteins 20
neuron 24
neurotransmitter 194
nicotinic acetylcholine receptor 166
NIDDM 46
nitric oxide (NO) 173, 177
NLS 185
non-homologous recombination repair 119
non-insulin-dependent diabetes mellitus 46
non-receptor tyrosine kinase 180
nuclear division 57
nuclear envelope 4, 18
nuclear localization signal (NLS) 185
nuclear pore 18
nuclear receptor 164, 184
nucleolus 17, 124
nucleus 4, 7, 17
nutrient 28

O

occluding junction 201
OGMP 122
oogenesis 87

oogonium 86
oral cavity 29
organ 6
organelle 191
organizer 90
organogenesis 88
osmotic pressure 145
osteocyte 23
oviduct 87
ovulation 87
ovum 82, 87

P

p53 60
palindrome repeat 186
PAMP 214
pancreas 32
passive transport 148, 199
pathogen-associated molecular pattern 214
pattern recognition receptor (PRR) 214
PDGF 180
pentose phosphate cycle 36
peptide transporter 1 158
perichondrium 23
peripheral membrane protein 146
peroxisome 16
P-glycoprotein 156
phagocytosis 158, 200
phagolysosome 16
phagosome 16, 200
phenotype 95
phenylketonuria 103
phosphatidylcholine 138
phospholipase C 169, 174
phospholipid 138
phosphorylation 162
photosynthesis 5
phylogenetic tree 3
PI-3 kinase (PI-3K) 183
pinocytosis 158
PIP$_2$ 174
PI response 175
PKC 176
placenta 88
plasma membrane 2, 137
platelet-derived growth factor 180
PLC 183

polymerase chain reaction　111
polymorphism　115
polysomes　12
PPARγ　44
pRB　60
primary active transport　155
primodial follicle　86
primodial germ cell　82
primosome　113
processing　129
programmed cell death　91
prokaryote　4, 54
prostaglandin　200
protein　28, 35, 93
protein kinase　163
protein kinase A　173
protein kinase B　183
protein kinase C　175
protein kinase G　177
protein phosphatase　171
proteoglycan　69, 205
proton pump　155
PRR　214
PTB　179
pump　155, 199

R

Ras protein　182
reactive oxygen species　73
receptor　162, 192
receptor agonist　164
receptor kinase　166
replication origin　113
reproduction　54, 78
rER　11
residual body　16
resting membrane potential　152
restriction point　57
ribosomes　11
risk and crisis management　74
RNA　110
ROS　73
rough-surfaced endoplasmic reticulum（rER）　11

S

SAM　73
sarcoma　69
secondary active transport　157
second messenger　172
sensor　152
sER　12
seven-transmembrane receptor　168
sex-linked recessive inheritance　105
sexual reproduction　78
SH2　179
SH3　179
sickle cell anemia　103
signaling molecule　191
signal transducer and activator of transcription（STAT）　180
signal transduction system　162
Simian virus 40　67
simple diffusion　148
small intestine　32
smooth-surfaced endoplasmic reticulum（sER）　12
sodium pump　155
solute carrier protein　149
somatic cell division　54
somatic stem cell　216
Sos　182
spermatid　82
spermatogenesis　82
spermatogonium　82
spermatozoon　82
sphingoglycolipid　138
sphingomyelin　138
spindle　81
splicing　129
splisosome　129
Src homology 2（SH2）　179
Src homology 3（SH3）　179
starvation　42
STAT　180
stem cell　216
steroid　199
stomach　29
stress fiber　69
stress-gated channel　152
SV40　67
symport　157
synapse　194
synaptic cleft　208
synaptic vesicle　208

T

tandem（or direct）repeat　186
T cell　215
T cell receptor　215
TCR　215
telomere　114
testis　82
TGFβ　181
tight junction　202
TIMP　69
tissue　6, 20
TNF-α　45
transcription factor　184
transforming growth factor（TGF）β　181
transmembrane protein　146
trans-phosphorylation　179
transporter　149, 199
transport system　147
tRNA　134
tropic hormone　164
troponin C　177
tumor necrosis factor-α　45
type 1 diabetes mellitus　46
type 2 diabetes mellitus　46
tyrosine kinase　179
tyrosine kinase receptor　179

U・V

uniport　157
unit membrane　9

vegetal pole　87
very low-density lipoprotein（VLDL）　38
vimentin　20
vitamin　28, 35
vitronectin　205
VLDL　38
voltage-gated calcium channel　152
voltage-gated channel　151
voltage-gated ion channel　208
voltage-gated sodium channel　152

Z

zygote　80

細 胞 生 物 学

定　価（本体 4,000 円 + 税）

編集　堅田利明

発行者　廣川節男
東京都文京区本郷 3 丁目 27 番 14 号

平成 17 年 3 月 31 日　初版発行©
平成 19 年 3 月 1 日　3 刷発行

編者承認
検印省略

発行所　株式会社　廣川書店

〒113-0033　東京都文京区本郷 3 丁目 27 番 14 号
〔編集〕電話 03(3815)3656　FAX 03(5684)7030
〔販売〕　　03(3815)3652　　　03(3815)3650

Hirokawa Publishing Co.
27-14, Hongō-3, Bunkyo-ku, Tokyo

廣川書店の新刊書・改稿版

廣川 薬科学大辞典 [第4版]

薬科学大辞典編集委員会 編　　　　　　　　　　　　　　　A5判　2,400頁〈近刊〉

最近，薬学領域で用いられている医療用語，ライフサイエンス用語を出来るだけ加え，一層の充実を計った．第15改正日本薬局方が多くの項目を追加収載し，また，化学構造式の表示法，化合物の名称を変更したのを受け，本辞典もこれを採用した．英語，独語，仏語，ラテン語を併記しているが，今回，特に独語の充実を計り，学術用語辞典としても利用し得るようにした．わかり易いカラー人体解剖図を口絵に，抗生物質の構造式を附録に入れてある．

フルカラー レーニンジャーの新生化学 [第4版] [上・下]

山科　郁男　監修／川嵜　敏祐・中山　和久　編集　B5判〔上〕940頁・〔下〕940頁　各9,240円

5年ぶりの改訂．ゲノム科学を中心に驚くほどの進展を遂げた生化学・分子生物はもちろん，細胞生物学，免疫学，神経科学など周辺領域についても，歴史的業績から最先端の研究成果まで，豊富で明快なグラフィックスを駆使して説明した本格的で完成した教科書．確かな化学に立脚した本書の特徴は新鮮さを感じさせる．

実習に行く前の 覚える医薬品集 ―服薬指導に役立つ―

岐阜薬科大学教授　平野　和行　他著　　　　　　　　　　　B5判　300頁〈近刊〉

実務実習を充実させるために，臨床で使用されている基本的な医薬品を効率よく学習することを意図して，本書を企画した．医薬品の一般名，商品名・規格，効能・効果，用法・用量，警告，禁忌，副作用，服薬指導事項，取り扱い周知事項等の項目から構成される．

わかりやすい 調剤学 [第5版]

神戸薬科大学教授　　　　　　　岩川　精吾　　　　　　　　B5判　510頁　7,140円
北陸大学学長　　　　　　　　　河島　進
東京医科歯科大学付属病院教授・薬剤部長　安原　眞人　編集
京都薬科大学教授　　　　　　　横山　照由

本書は，調剤の基本的知識，医薬品情報，服薬指導など薬剤師職務に必要な事項を総合的に解説した．6年制薬学教育の実務実習コア・カリキュラムの調剤関連項目も取り入れ，医療安全管理など21世紀に必要な統合的な調剤学として編集している．第15改正日本薬局方，調剤指針第12改訂に伴う改訂も行っている．

医療薬学 [第4版]

京都大学名誉教授　　　　　　　　堀　了平　監修　　　　　B5判　420頁　7,140円
京都大学医学部付属病院教授・薬剤部長　乾　賢一　編集
姫路獨協大学教授・神戸大学名誉教授　奥村　勝彦

医薬分業の進展，医療技術の高度化・多様化への対応，医療安全対策など，質の高い薬剤師の養成が緊急課題とされている．2004年春には実務実習必修化を含む薬学教育6年制も決定し，また薬剤師国家試験出題基準の改訂も行われた．本書は，こうした新しい時代に対応した薬剤師に必要とされる知識・技術・態度をコンパクトに解説した指針であり，教科書である．

2007年版 常用 医薬品情報集

◆薬剤師のための◆　金沢大学教授　辻　彰　総編集　　　　B6判　1,450頁　6,090円

収載1,400品目．日常必須の情報＝化学構造式/物性値/作用機序/体内動態パラメータ/服薬指導＝を記載した．

廣川書店
Hirokawa Publishing Company

113-0033　東京都文京区本郷3丁目27番14号
電話03(3815)3652　FAX03(3815)3650